示范性高等职业院校重点建设专业
计算机网络技术专业课程改革规划教材

服务器与存储项目实践教程

主 编 黄昊晶 关 巍

副主编 韩小莲

中国水利水电出版社
www.waterpub.com.cn

内 容 提 要

随着信息技术的发展，IDC（互联网数据中心）技术及行业蓬勃发展，相关企业的技术支持人才需求量大，而掌握操作系统、数据库、服务器及存储等 IT 应用技术是技术支持岗位的基本技能要求。

本教材改变以往同类教材按知识章节编排和先理论后实践的编写思路，重点突出岗位工作过程和训练项目实践能力，在实践中学习理论。教材选取目前 IDC 技术支持岗位要求掌握的经典知识，编写 4 个学习情境，其中 3 个为企业真实案例改编的项目实践，包括一个 IDC 服务商项目和两个企业数据中心项目。教材以主流服务器硬件与存储设备为理论基础知识点，结合 Linux 和 Windows 操作系统常用的网络服务安装配置、数据库及虚拟化软件应用等技术编写，是一本体现 IDC 技术支持岗位工作过程的、可实施教学做一体化的项目教材。

本书针对高职院校计算机专业人才培养的需求编写，可作为计算机网络、计算机应用及电子信息等相关专业学生学习服务器、存储和操作系统等应用技术的课程或实验实训教材，也可作为企业技术人员的技能培训教材。

图书在版编目（CIP）数据

服务器与存储项目实践教程 / 黄昊晶，关巍主编
. -- 北京：中国水利水电出版社，2012.1（2016.6重印）
示范性高等职业院校重点建设专业计算机网络技术专业课程改革规划教材
　ISBN 978-7-5084-9354-1

Ⅰ. ①服… Ⅱ. ①黄… ②关… Ⅲ. ①网络服务器－高等职业教育－教材②信息存贮－高等职业教育－教材 Ⅳ. ①TP368.5②TP333

中国版本图书馆CIP数据核字(2011)第281399号

策划编辑：杨庆川　　责任编辑：张玉玲　　加工编辑：刘晶平　　封面设计：李 佳

书　　名	示范性高等职业院校重点建设专业计算机网络技术专业课程改革规划教材 **服务器与存储项目实践教程**
作　　者	主　编　黄昊晶　关　巍 副主编　韩小莲
出版发行	中国水利水电出版社 （北京市海淀区玉渊潭南路1号D座　100038） 网址：www.waterpub.com.cn E-mail：mchannel@263.net（万水） 　　　　sales@waterpub.com.cn 电话：（010）68367658（发行部）、82562819（万水）
经　　售	北京科水图书销售中心（零售） 电话：（010）88383994、63202643、68545874 全国各地新华书店和相关出版物销售网点
排　　版	北京万水电子信息有限公司
印　　刷	三河市鑫金马印装有限公司
规　　格	184mm×260mm　16开本　11.75印张　290千字
版　　次	2012年1月第1版　2016年6月第3次印刷
印　　数	4001—6000 册
定　　价	22.00 元

凡购买我社图书，如有缺页、倒页、脱页的，本社发行部负责调换

版权所有·侵权必究

前 言

　　无数的商业成功诞生在软件与互联网行业，随着行业分工和外包业务的发展，IDC（互联网数据中心）子行业已成为互联网和软件行业最重要的运行基础，其影响和应用日益广泛。IDC 行业包括电信运营商、服务商和代理商等多种企业，这些企业的蓬勃发展带动了 IDC 运行与维护技术支持岗位需求的不断增加。服务器和存储设备，包括操作系统和数据库等软件的应用能力是对 IDC 技术支持人员的基本要求。

　　本书主要针对高职类 IT 专业学生或 IDC 运行与维护类从业人员，可作为课程、实训或培训教材。在高职类 IT 教材中，大部分服务器教材主要以操作系统的网络服务安装配置知识为主，以知识性内容教学为主，先理论后实践，较少涉及包含服务器与存储硬件设备的一体化、项目化内容，对应该越来越多的存储应用知识也很少涉及。本书基于项目工作过程的改革，以项目实践作为学习内容。首先分析 IDC 技术支持职业岗位的工作过程和要求，根据岗位要求确定所学知识，再把经典知识编写成若干项目实践案例。学生在学习项目案例时，并不是学习理论知识再做项目。而是先从了解项目背景出发，分析项目技术和知识的需求情况，根据需求进行项目规划和设计，然后学习项目所需的知识，最后通过完整的工作过程实施项目。学生通过完整的项目实施训练，可快速了解经典理论知识、掌握项目实施方法、锻炼职业技能。本书配套资源包含服务器应用与管理课程网站和项目实施软件包，网站资源包括课程教材及 PPT 电子文档、主讲教师教学视频等，软件包包含项目实施所需要的软件。

　　本书分 4 个学习情境，其中 3 个学习情境为项目实践，每个情境自成一体。学习情境 1 IDC 行业企业与职业岗位认知，主要介绍了近年来 IDC 行业的发展情况及行业内的 3 种主要企业：机房、服务商和代理商；详细阐述了 IDC 技术支持和企业数据中心管理员的岗位要求及项目工作过程。学习情境 2 Windows 服务器安装配置与存储设备应用——.NET 企业网站运行及数据存储配置，这是一个 Windows 架构的网站服务器与数据库存储配置项目，使用的主要硬件包括机架式服务器联想 R510、H3C Neocean EX 800 存储及 HP 磁带机等，软件包括 Windows Server 2003、SQL Server 2005、ASP.NET 2.0 网站、IIS、Backup Exec 等,包含的知识点有 SAN 和 NAS 存储、RAID1 和 RAID5 独立冗余磁盘阵列、SCSI、iSCSI、数据备份等。学习情境 3 Linux 服务器应用与管理——基于 LAMP 架构的企业信息系统构建，这是基于 Linux 的开源系统服务器与数据存储安装配置项目，使用的硬件包括机架式服务器联想 R520 和 PC 等，主要使用虚拟化软件 VMware 实现，软件包括 VMware Workstation 7、RedHat AS 5、CRM 系统、PHP、MySQL、Apache、邮件系统（Postfix、Webmail）、NAS 存储软件等，涉及的知识点包括 Linux 服务器及软件、数据备份、软件 RAID5 等。学习情境 4 高可用邮件服务器群集应用与管理——虚拟化 Exchange 邮件服务器群集实现，这是一个 Exchange 高可用服务器群集及虚拟共享存储安装配置项目，主要使用 VMware 虚拟化软件实现，软件包括 Windows Server 2003、VMware Workstation 7、Exchange 2003、Windows Clustering 和 DNS 等，涉及的知识点包括刀片服务器、虚拟化软件、邮件服务器、服务器群集、共享存储及活动目录等。

　　本书由黄昊晶任第一主编，负责全书的设计、编写、统稿、修改和定稿工作，关巍任第二主编，韩小莲任副主编，张天俊、卢少明参加编写，其中卢少明编写 2.5~2.6.4 节，关巍编写学习情境 3，张天俊编写 4.5 和 4.6 节。广东轩辕网络科技股份有限公司的李楚威经理和广东省 Linux 公共服务技术支持中心韩小莲部长为本书项目案例编写提供了许多有益的建议和无私的帮助，中国水利水电出版社的相关负责同志对本书的出版给予了大力支持。在此，谨向这些著作者和为本书出版付出辛勤劳动的同志表示感谢！

编 者

2011 年 10 月

目 录

前言

学习情境 1　IDC 行业企业与职业岗位认知 1

1.1　IDC 行业与企业 1
 1.1.1　IDC 机房 1
 1.1.2　IDC 服务商 3
 1.1.3　IDC 代理商 4
1.2　IDC 产业发展 4
1.3　IDC 服务商项目工作过程 6
1.4　技术支持/系统管理员岗位要求 7
1.5　思考与总结 7

学习情境 2　Windows 服务器安装配置与存储设备应用——.NET 企业网站运行及数据存储配置 8

2.1　项目背景 8
2.2　实施角色 8
2.3　需求分析 8
2.4　项目设计 8
 2.4.1　硬件选型 9
 2.4.2　IP 规划 12
2.5　项目关键技术 12
 2.5.1　机架式服务器 12
 2.5.2　iSCSI 13
 2.5.3　RAID 15
 2.5.4　SAN 18
 2.5.5　NAS 20
 2.5.6　备份实现方式 21
 2.5.7　磁带机 22
 2.5.8　SCSI 22
 2.5.9　Backup Exec 23
 2.5.10　MS SQL Server 数据库 24
2.6　项目实施与测试 24
 2.6.1　数据库服务器安装配置 24
 2.6.2　应用服务器安装配置 27
 2.6.3　EX800 存储安装 31
 2.6.4　SAN 资源创建 42
 2.6.5　NAS 资源创建 59
 2.6.6　Backup Exec 11d 安装及应用 65
2.7　思考与总结 78

学习情境 3　Linux 服务器应用与管理——基于 LAMP 架构的企业信息系统构建 79

3.1　项目背景 79
3.2　实施角色 79
3.3　需求分析 79
3.4　项目设计 80
3.5　项目关键技术 81
 3.5.1　LAMP 81
 3.5.2　DNS 82
 3.5.3　NAS 83
 3.5.4　E-mail 83
 3.5.5　Apache 84
 3.5.6　PHP 85
 3.5.7　MySQL 85
 3.5.8　VMware 虚拟化技术 88
 3.5.9　SSL 与 HTTPS 协议 88
3.6　项目实施与测试 90
 3.6.1　安装配置 DNS 服务器 90
 3.6.2　安装配置 NAS 服务器 102
 3.6.3　安装配置邮件服务器 115
 3.6.4　安装配置 Web 服务器 120
 3.6.5　安装配置 CRM 服务器 126
3.7　思考与总结 132

学习情境 4　高可用邮件服务器群集应用管理——虚拟化 Exchange 邮件服务器群集实现 133

4.1　项目背景 133
4.2　实施角色 133
4.3　需求分析 133

4.3.1	软件要求 ········· 133	4.6.2	NODEA 安装 DNS Server ······ 148
4.3.2	硬件要求 ········· 133	4.6.3	NODEA 中 DC 的部署 ········ 149
4.4	项目设计 ············· 134	4.6.4	部署 NODEB 中的 DC ········ 151
4.4.1	存储配置 ········· 134	4.6.5	NODEA 上部署群集 ········· 153
4.4.2	软件环境 ········· 135	4.6.6	NODEB 群集部署 ··········· 160
4.4.3	网络配置 ········· 135	4.6.7	安装 Microsoft 分布式事务协调器 ··· 167
4.5	项目关键技术 ··········· 136	4.6.8	安装 Exchange Server 2003 ······ 168
4.5.1	刀片服务器 ······· 136	4.6.9	创建配置 Exchange 2003 群集虚拟服务器 ············ 173
4.5.2	MSCS 服务器群集 ····· 139		
4.5.3	Exchange 2003 ······· 142	4.6.10	测试 ············· 180
4.6	项目实施与测试 ········· 143	4.7	思考与总结 ············· 181
4.6.1	虚拟共享磁盘的配置 ····· 143	**参考资料** ··················· 182

学习情境 1　IDC 行业企业与职业岗位认知

1.1　IDC 行业与企业

互联网数据中心（Internet Data Center，IDC）指一种拥有完善的网络基础架构，包括高速互联网接入带宽、高性能局域网络、安全可靠的机房环境等，以及专业化的管理、完善的应用级服务的服务平台。IDC 行业主要由 3 类企业构成，分别是上游的 IDC 机房、中游的 IDC 服务商、下游的 IDC 代理商。

1.1.1　IDC 机房

IDC 机房指利用已有的互联网通信线路、带宽资源，建立标准化的专业级机房环境。国内的 IDC 机房大部分是由提供网络宽带接入业务的电信运营商建设，如电信、联通等；也有民营建设的 IDC 机房，如广州新一代数据中心。图 1-1 至图 1-3 所示为 IDC 机房的内部环境及设备情况。经过电信重组和三网融合建设后，国内主要的电信运营商有中国电信（铁通）、中国联通（网通）、中国移动和广电等。IDC 机房为企业和政府提供机房出租、机架出租、带宽出租、IP 地址出租和电力出租等基础业务，也有网管专家技术咨询、7×24 小时远程维护、服务器远程视频监控服务、MRTG 流量监控、服务器出租和 DDoS 防攻击服务等增值服务，是 IDC 服务商的上游企业。图 1-4 所示为部分电信的 IDC 机房名录。

图 1-1　IDC 机房

图 1-2 IDC 机柜

图 1-3 IDC 机房监控室

- 中海电信滨江机房
- 扬州电信数据中国数据中心
- 长沙电信数据中国数据中心
- 南昌电信数据中国数据中心
- 湖南株州电信数据中心
- 江西电信景德镇IDC机房
- 湖北省黄冈市电信分公司IDC机房
- 上海电信金华机房
- 厦门电信江头机房
- 广东电信茂名IDC机房
- 广东电信东莞东城枫桦园IDC机房
- 上海电信福山路机房
- 四川成都第二枢纽中心机房
- 安徽省铜陵电信数据中心机房
- 温州数据中心电信机房
- 福建福州电信分公司机房
- 山东电信IDC机房
- 吉林电信枢纽机房
- 四川省电信莲花枢纽机房

- 上海市北数据中心
- 江西赣州电信机房
- 黄冈idc三星级机房
- 福州电信马尾数据中心
- 中国电信潮州分公司IDC机房
- 江西电信南昌IDC机房
- 中国电信国家干线唐山节点IDC机房
- 北京电信上地机房
- 上海电信张东机房
- 深圳电信龙岗枢纽IDC机房
- 深圳鸿波电信机房
- 保定3G测试点机房
- 福建漳州电信数据中心机房
- 芜湖电信IDC数据中心机房
- 浙江宁波电信IDC机房
- 山东淄博电信IDC机房
- 上海电信陆家嘴IDC机房
- 重庆电信五里店机房
- 重庆电信机房

图 1-4 国内部分电信 IDC 机房名录

随着数据中心作用及云计算技术的发展，企业和单位自建数据中心越来越多。数据中心可以为企业和单位提供全方位的网络服务及资源服务基础架构，提高 IT 办公效率，优化网络硬件资源，简化管理方法，因此未来 IT 行业发展对数据中心的依赖仍将不断增加。

1.1.2 IDC 服务商

IDC 服务商也被称为 IDC 企业，指拥有境内合法经营 ICP 的资格（或 ISP 证），并正在开展 IDC 业务的企业，大多数为民营企业，如中国万网、新一代等 IDC 企业。IDC 服务商为企业和 ISP、ICP、ASP 等客户提供互联网基础平台服务及各种增值服务。IDC 服务商提供的主要业务包括申请域名、主机托管（机位、机架、VIP 机房出租）、资源出租（如服务器空间、虚拟主机、数据存储）、系统维护（系统配置、数据备份、故障排除服务）、管理服务（如带宽管理、流量分析、负载均衡、入侵检测、系统漏洞诊断）以及 SEO 网站优化、CDN 网络加速等其他支撑、运行服务等。通过使用 IDC 业务，企业或政府单位无需再建立自己的专门机房、铺设昂贵的通信线路，也无需高薪聘请网络工程师去维护各种应用系统和硬件，即可满足互联网业务的许多专业需求。图 1-5 所示为国内著名 IDC 服务商中国万网网站，图 1-6 所示为广东地区部分 IDC 服务商名录。

图 1-5　中国万网网站

图 1-6　广东地区部分 IDC 服务商名录

部分拥有雄厚实力的 IDC 机房本身也是 IDC 服务商，特别是 ISP 如中国电信的部分 IDC 机房，既有出租机房等基础业务，也提供各种增值服务。

1.1.3 IDC 代理商

IDC 代理商，顾名思义是 IDC 服务商的代理，其主要依靠 IDC 服务商的技术支持，从事 IDC 业务的分销，是 IDC 服务商拓展渠道和业务、增加市场份额的重要合作伙伴。图 1-7 所示是一个 IDC 代理商网站。

图 1-7 IDC 代理商网站

1.2 IDC 产业发展

随着信息技术行业的发展，各种依靠互联网发展的信息产业蓬勃发展。IDC 产业作为网络技术的重要行业发展形式，据中国IDC圈与赛迪顾问联合发布的《2009～2010 年中国 IDC 业务市场研究报告》显示，2009 年以来，随着整体经济企稳向好，IDC 产业市场回暖迅速，截至 2009 年年底，中国 IDC 市场规模已达到 72.8 亿元人民币，同比增长 49.5%，增速较 2008 年增加了 8.7 个百分点。

一方面，在 3G 大规模商用的背景下，在网游、视频、SNS社交网站等业务的推动下，IDC 市场需求呈现继续增加的趋势；另一方面，国际经济危机对于部分小企业来说，面临着严酷的变革，随着企业两极分化加剧，IDC 行业的集中度将进一步提高。图 1-8 所示为 2005～2009 年中国 IDC 市场规模及增长情况。

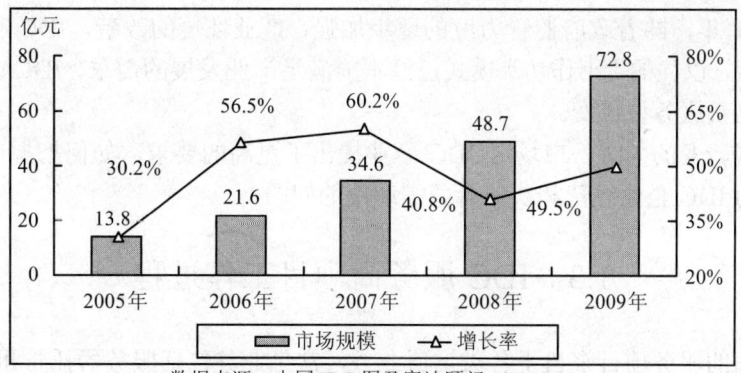

图 1-8 2005～2009 年中国 IDC 市场规模及增长情况

2009 年以来，IDC 业务种类也由当初的网站和服务器托管、应用托管等基础业务延伸到网络加速、负载均衡、网络安全方案、虚拟专用网等增值业务范畴。从业务收入角度来看，中国 IDC 市场基础业务收入达到 56 亿元人民币，占业务总收入的 76.9%，增值业务增长较快，达到 16.8 亿元人民币，占业务总收入的 23.1%，远远超过 2008 年 18.8%的比例。图 1-9 和图 1-10 所示为 2005～2009 年中国 IDC 市场基础业务和增值业务的规模及增长情况。

图 1-9 2005－2009 年中国 IDC 市场基础业务规模及增长

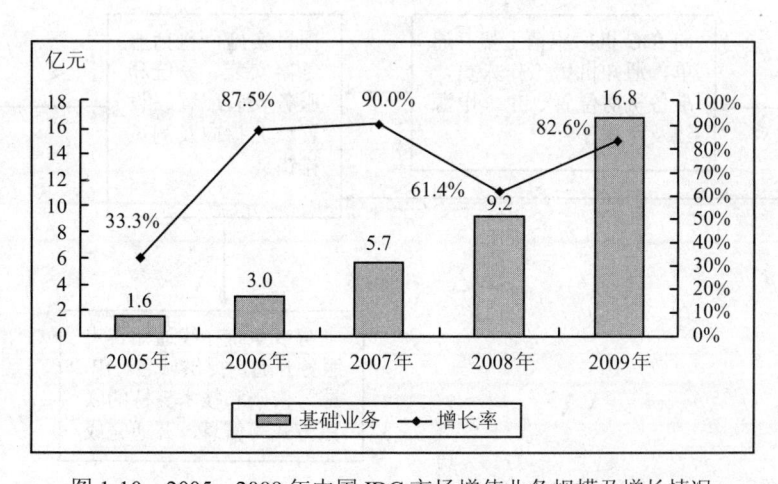

图 1-10 2005～2009 年中国 IDC 市场增值业务规模及增长情况

2010～2011 年，随着政府监管力度的逐步加强、产业环境的改善，IDC 行业迎来了一个崭新的发展时期，以往的"小作坊"模式已经不能满足产业发展的需求，IDC 产业逐渐由资源"倒卖"型向创新服务型转变。

在经营模式转变的同时，市场对 IDC 企业提出了更高的要求，如何把握市场需求、提升企业竞争力成为 IDC 企业经营和决策者急需解决的问题。

1.3 IDC 服务商项目工作过程

IDC 服务商的服务项目来自于各类增值业务，常见业务包括服务器托管租用、域名申请、虚拟主机、电子邮局、数据存储备份、SEO 和 CDN 等，项目一般是多项业务的组合，由客户的需求决定项目的内容。IDC 项目过程实施由客户、客户服务专员（业务经理）和技术支持 3 类角色共同协作完成，工作过程如图 1-11 所示。

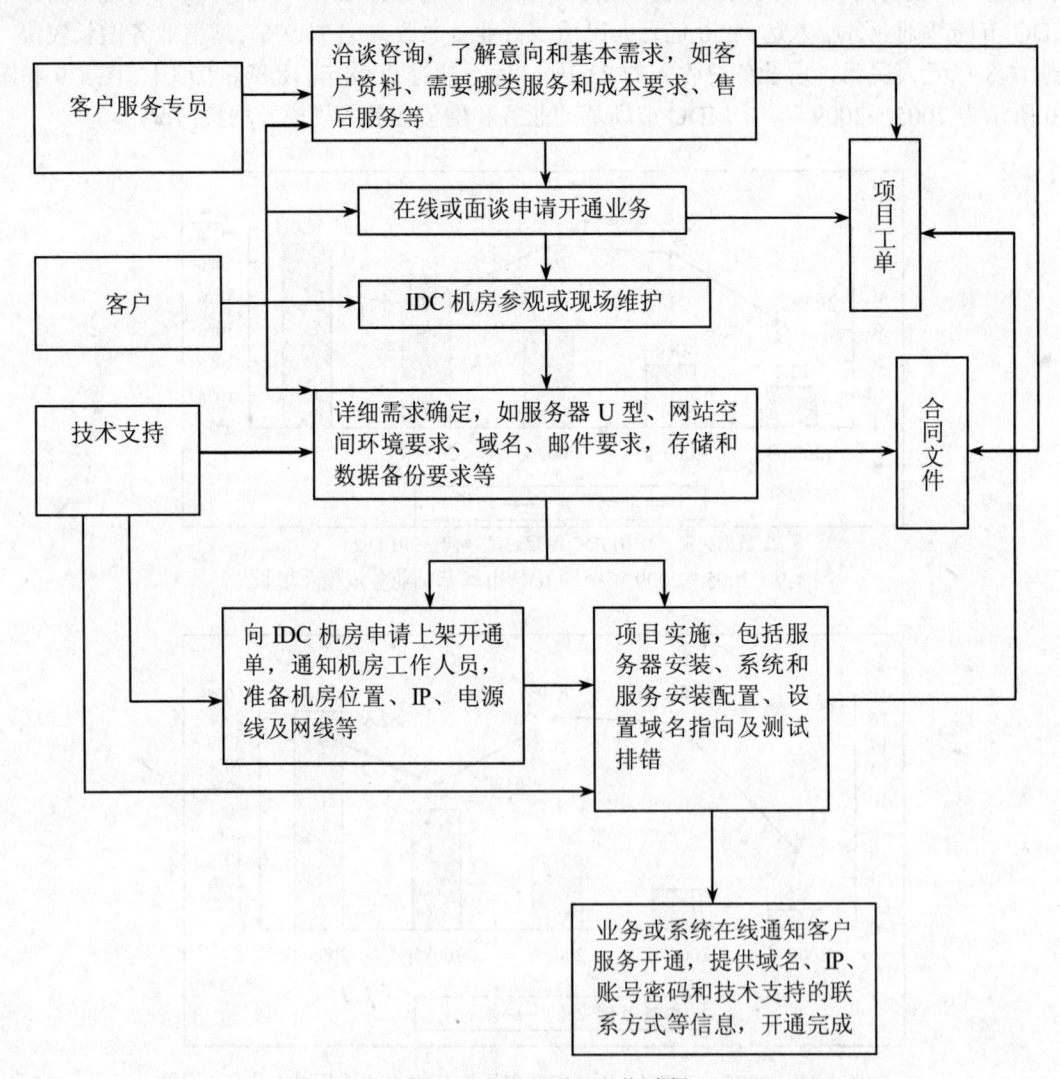

图 1-11　IDC 项目工作过程

1.4 技术支持/系统管理员岗位要求

IDC 技术支持岗位主要从事保障 IDC 机房基础业务和增值业务正常运行的技术支持活动。IDC 机房和 IDC 服务商的技术支持的工作性质不完全相同，一般情况下，IDC 机房的技术支持人员需要 24 小时在机房轮流值班；IDC 服务商技术支持则是当有业务或者维护需求时才到机房处理业务或故障。

企业自建的数据中心系统管理员或服务器管理员需要根据企业自身的业务及技术需求来完成岗位工作。通常情况下，管理员的工作要求和任务较稳定，不需要涉及多种技术的应用。

通过分析，IDC 技术支持和企业数据中心系统管理员的岗位技能要求包含但不限于以下内容：

- 网络基础技术。
- 服务器上架加电等基本操作。
- 操作系统安装配置：Windows、Linux。
- 应用服务器安装配置：IIS /Apache/Tomcat、DNS、FTP、AD。
- 邮件服务器安装配置：Winwebmail/Imail/Sendmail/Exchange/Postfix。
- 脚本语言支持：PHP/ASP.NET/JSP。
- 数据库服务安装配置：SQL Server/My SQL。
- 存储技术应用：磁盘配额、RAID、DAS、NAS、SAN。
- 数据备份及容灾技术应用：磁带机、磁带库、备份软件。
- 杀毒软件安装应用。
- 服务安全设置。
- 虚拟化技术应用。

1.5 思考与总结

本章介绍了近年来 IDC 行业产业的发展情况及行业内的 3 种主要企业：机房、服务商和代理商；详细阐述了 IDC 技术支持和企业数据中心管理员的岗位要求及项目工作过程。结合本章内容，思考以下问题：

1. 简述 IDC 机房、IDC 服务商及代理商三者之间的关系。
2. 企业和单位自建数据中心越来越多，已成为 IDC 机房的新生力量，列举至少 5 种需要自建数据中心的行业或企业。
3. 简述 IDC 服务商提供的常用网络服务。
4. 调查最近企业 IDC 机房管理员的工作职责及技能要求。
5. 调查最近 IDC 服务商对技术支持的工作技能及岗位要求。
6. 请查阅资料，简述云计算技术为数据中心发展带来的新机遇。

学习情境 2　Windows 服务器安装配置与存储设备应用
——.NET 企业网站运行及数据存储配置

2.1　项目背景

世纪人力资源公司是一家专业从事人力资源开发、交流和管理服务的小型企业。目前已发展成为以劳务派遣（人才租赁）为核心，社保代理、大中专毕业生就业（实习）推荐和指导、人事代理、人才猎头、培训咨询等服务为主体业务的综合性人力资源服务公司。

随着发展，公司原有的企业信息发布网站功能已无法满足不断增加的业务需求。因此已委托专业开发团队开发集信息发布管理、自动化计算和分类登录导航等功能于一体的信息化系统。公司为了减少运行维护成本，决定租用 IDC 服务商的服务器空间运行网站，基于网站数据的重要性，对 IDC 的数据安全保障能力提出了较高要求。

2.2　实施角色

IDC 服务商技术支持。

2.3　需求分析

客户网站使用 ASP.NET 2.0+SQL Server 2005 架构开发，因此 IIS 服务器需要支持 ASP.NET 2.0，数据库服务器为 SQL Server 2005。根据客户的预算及需求，IDC 使用性价比较高的机架服务器、IP 存储、磁带机等设备和 IIS、SQL Server、Backup Exec 等软件实现该项目。由于网站保存大量有价值的数据，为保证数据的安全性，服务器硬盘使用冗余磁盘阵列技术保护操作系统安全运行；网站运行采用应用服务器与数据库分离的设计方法，服务器通过网络连接存储设备存储数据、直连磁带机使用 Backup Exec 完全备份数据，达到多重数据保护的目的。

2.4　项目设计

根据需求，项目采用应用服务器与数据库服务器分离的设计方法；服务器安装 RAID1 磁盘阵列保护操作系统；存储设备硬盘采用安全性和效率并重的 RAID5 磁盘阵列保护数据。应用服务器通过文件传输协议 CIFS 连接到存储设备的 NAS 资源，网站文件可备份到应用服务器可访问的存储设备共享文件夹内；数据库服务器安装 iSCSI 协议，通过 SAN 存储区域网络连接 SAN 资源，网站数据库文件存储在 SAN 资源上；服务器安装 SCSI 连接卡，通过 SCSI 连接线缆连接磁带机，在服务器上安装 Backup Exec 备份软件，使数据可完全备份在磁带机的磁带上。图 2-1 所示为项目的拓扑图。

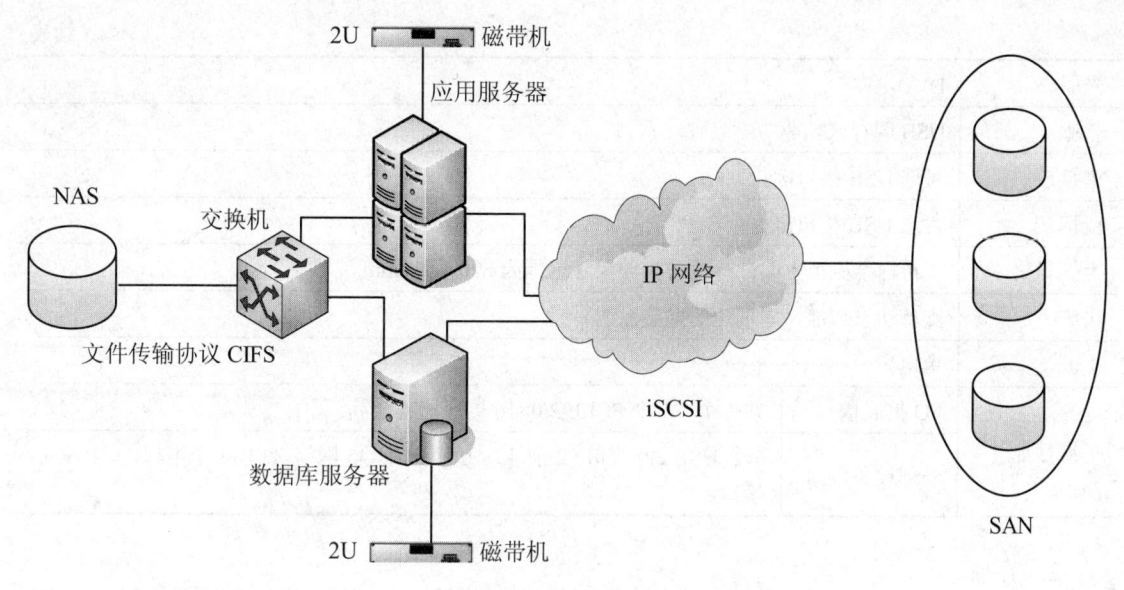

图 2-1 项目拓扑图

2.4.1 硬件选型

1. 服务器

联想 R510 G7 是一款 2 路入门级服务器，采用全新架构的 5500/5600 系列处理器，配合 DDR3 内存，提供高计算性能，为应用特别优化设计，减少了不必要的冗余部件，具备出色的性价比。通过静态能耗优化和动态能耗优化设计提供优异的能效比，特别适合互联网内容提供商的 IDC 大规模集中部署，比如网络游戏服务器。R510 G7 支持 RLPC 机柜规划工具、万全导航系统和慧眼 IV 监控管理系统，极大地简化了中小企业客户的日常维护和管理工作。其 QPI 处理器总线配合三通道内存带宽，强劲的计算性能适用于高性能计算节点机。其外形和参数如图 2-2 和表 2-1 所示。

图 2-2 联想 R510 G7 服务器

表 2-1 联想 R510 G7 服务器参数

项目	描述
机箱形态	（1U）机架式
处理器	四核英特尔至强处理器 E5506 2.13GHz
Cache	4MB
内存	2GB R-ECC DDR3-1333 内存
热插拔硬盘	146GB 热插拔 SAS 3.5 英寸硬盘（15000r/min）
网卡	集成 Intel 双千兆自适应网卡

续表

光驱	DVD-RW
软驱	USB 闪存式软驱
键盘	可选 USB 接口键盘
鼠标	可选 USB 接口鼠标
上架导轨	支持标准机柜上架；导轨可拉伸尺寸范围为 620～930mm
风扇	支持动态智能风扇调速的散热系统
电源	单电源
扩展性能	I/O 扩展槽：共 1 个：1 个 PCI-E 2.0×16 扩展槽（全高）
	外部设备接口：6 个 USB 2.0 接口（2 前 4 后），2 个 RJ-45 网络接口，1 个串口，1 个 VGA 接口

2. 存储

Neocean EX800 是 H3C 公司推出的面向中小企业市场，包括政府、教育、媒体、网吧等的网络存储产品，它能够提供 IP SAN/NAS 一体化访问特性，易部署，易管理，具备高品质和良好的备件服务，其外形和参数如图 2-3 和表 2-2 所示。

图 2-3 H3C Neocean EX800

表 2-2 Neocean EX800 参数

项目	描述
存储控制器/内存	最大支持 1 个 Xeon 处理器、2GB 内存
管理接口	1 个 10/100Mb/s 以认网接口
业务接口	4 个 10/100/1000Mb/s 以认网接口
SNS 客户机连接数量	32 个
磁盘柜高度	2U（87mm）
磁盘数量	支持 8 块企业级 SATA 磁盘
最大存储容量	4TB
RAID 级别	支持 RAID0、RAID1、RAID10、RAID5 和 RAID50

续表

项目	描述
支持的客户端操作系统	Microsoft Windows 和 Linux
外形尺寸（高×宽×深）	87mm×430mm×715mm（不带挂耳或机柜滑轨）
最大整机功耗	310W
电源模块	100～127V/200～240V AC：50Hz/60Hz
电源功率	700W
重量	• 裸机重量：16.5kg • 磁盘演配置重量：23.0kg
工作环境温度	10～35℃
工作环境温度	20%～80%（未凝结）
储存环境温度	−40～+70℃
储存环境温度	10%～90%（未凝结）
海拔	−60～+3000m

3. 磁带机

HP StorageWorks DAT160 是惠普的一款外置式自动磁带机，使用 SCSI 接口连接备份服务器，适合中小企业的应用和数据库服务器的关键数据备份，其外形和参数如图 2-4 和表 2-3 所示。

图 2-4 HP 磁带机

表 2-3 HP StorageWorks DAT160 磁带机参数

项目	描述
型号	StorageWorks DAT160(Q1574A)
其他性能	压缩后传输率：13.8MB/s；平均无故障时间：125000 小时；磁带尺寸：0.157 英寸；存储技术：DAT、DDS；记录密度：174500bpi；读带速度：0.482ips；装带方式：自动；内外置：外置
主要参数	存储容量：80GB；压缩后存储容量：160GB；接口类型：SCSI 接口；持续传输：6.9MB/s；支持的介质：DDS-3、DDS-4、DAT72；质量：2250g

2.4.2 IP 规划

1. 数据库服务器

IP 地址：10.1.1.2
子网掩码：255.255.255.0
DNS：10.1.1.10

2. 应用服务器

IP 地址：10.1.1.3
子网掩码：255.255.255.0
DNS：10.1.1.10

3. 存储

IP 地址：10.1.1.1
子网掩码：255.255.255.0
DNS：10.1.1.10

2.5 项目关键技术

2.5.1 机架式服务器

一般来说，服务器按照系统架构来分，主要分为两种类型：一种是基于 x86 体系系统架构，采用 AMD 的 Opteron 和 Intel 的 Xeon/Itanium 等处理芯片，支持标准的 Windows 和 Linux 操作系统的，是一个通用开放的系统；另一种是基于专有的 64 位 RISC 芯片体系的系统架构。由各厂商自己开发芯片和操作系统，各家产品互不兼容，也不兼容大量 x86 平台上的软件。通常采用 UNIX 操作系统，一般都称为小型机。像美国 Sun 公司等的小型机是基于 SPARC 处理器架构，而 HP 公司的则基于 PA-RISC 架构，Compaq 公司的是 Alpha 架构，IBM 等的也都各不相同，这就意味着各公司小型机机器上的插卡，如网卡、显卡、SCSI 卡等可能也是专用的。如按照服务器的外形尺寸分类，可分为刀片服务器、机架服务器和塔式服务器等。

对于信息服务企业（如 ISP、ICP、ISV、IDC）而言，选择服务器时首先要考虑服务器的体积、功耗、发热量等物理参数。因为信息服务企业通常使用大型专用机房统一部署和管理大量的服务器资源，机房通常设有严密的保安措施、良好的冷却系统、多重备份的供电系统，其机房的造价相当昂贵。如何在有限的空间内部署更多的服务器直接关系到企业的服务成本，通常选用机械尺寸符合 19 英寸工业标准的机架式服务器。机架式服务器的外形看起来不像计算机，而像交换机，安装在标准的 19 英寸机柜里面。这种结构的多为功能型服务器。

机架式服务器有多种规格，如 1U（4.45cm 高）、2U、4U、6U、8U 等，如图 2-5 所示。通常 1U 的机架式服务器最节省空间，但性能和可扩展性较差，适合一些业务相对固定的使用领域。4U 以上的产品性能较高，可扩展性好，一般支持 4 个以上的高性能处理器和大量的标准热插拔部件；管理也十分方便，厂商通常提供相应的管理和监控工具，适合大访问量的关键应用，但体积较大，空间利用率不高。

图 2-5 机架式服务器

2.5.2 iSCSI

iSCSI（互联网小型计算机系统接口）是一种在 TCP/IP 协议上运行 SCSI 指令集传输数据块的标准，由 Cisco 和 IBM 两家发起，并且得到了各大存储厂商的大力支持。iSCSI 可以实现在 IP 网络上运行 SCSI 协议，使其能够在诸如高速千兆以太网上进行快速的数据存取备份操作。iSCSI 标准在 2003 年 2 月 11 日由 IETF（互联网工程任务组）认证通过。由于 iSCSI 继承了两大传统技术，即 SCSI 和 TCP/IP 协议，这为 iSCSI 的发展奠定了坚实的基础。图 2-6 所示为 iSCSI 卡。

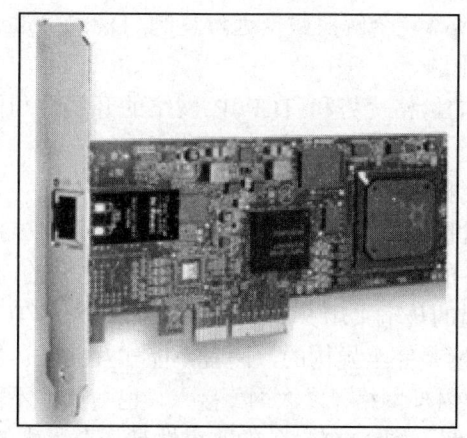

图 2-6 iSCSI 卡

基于 iSCSI 的存储系统只需要不多的投资便可实现 SAN 存储功能，甚至直接利用现有的 TCP/IP 网络。相对于以往的网络存储技术，它解决了开放性、容量、传输速度、兼容性、安全性等问题，其优越的性能使其备受关注与青睐。

（1）iSCSI 的数据包结构如图 2-7 所示。

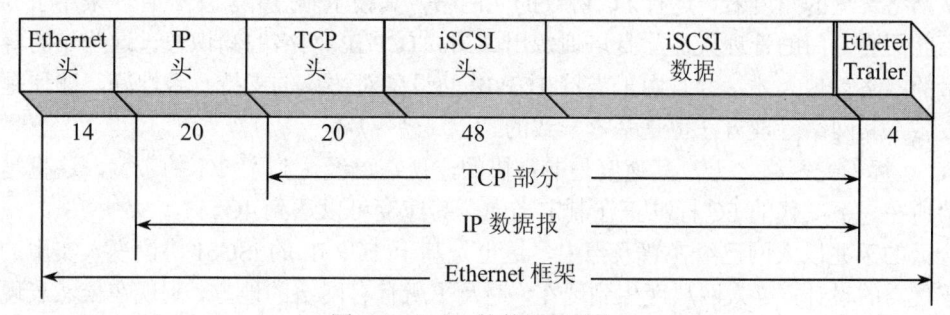

Ethernet 头	IP 头	TCP 头	iSCSI 头	iSCSI 数据	Etheret Trailer
14	20	20	48		4

TCP 部分
IP 数据报
Ethernet 框架

图 2-7 iSCSI 的数据包结构

（2）工作流程。

1）iSCSI 系统由 SCSI 适配器发送一个 SCSI 命令。

2）命令封装到 TCP/IP 包中并送入以太网。

3）接收方从 TCP/IP 包中抽取 SCSI 命令并执行相关操作。

4）把返回的 SCSI 命令和数据封装到 TCP/IP 包中，将它们发回到发送方。

5）系统提取出数据或命令，并把它们传回 SCSI 子系统。

（3）安全性描述。

iSCSI 协议本身提供了 QoS 及安全特性，可以限制 initiator 仅向 target 列表中的目标发出登录请求，再由 target 确认并返回响应，之后才允许通信；通过 IPSec 将数据包加密之后传输，包括数据完整性、确定性及机密性检测等。

（4）iSCSI 的优势。

1）广泛分布的以太网为 iSCSI 的部署提供了基础。

2）千兆/万兆以太网的普及为 iSCSI 提供了更大的运行带宽。

3）以太网知识的普及为基于 iSCSI 技术的存储技术提供了大量的管理人才。

4）由于基于 TCP/IP 网络，完全解决数据远程复制（Data Replication）及灾难恢复（Disaster Recover）等传输距离上的难题。

5）得益于以太网设备的价格优势和 TCP/IP 网络的开放性和便利的管理性，设备扩充和应用调整的成本付出小。

（5）iSCSI 与 FC（光纤通道）的比较。

FC 光纤通道用于计算机设备之间的数据传输，传输率达到 2G（将来会达到 4G）。光纤通道用于服务器共享存储设备的连接、存储控制器和驱动器之间的内部连接。

从传输层看，光纤通道的传输采用其 FC 协议，iSCSI 采用 TCP/IP 协议。

FC 协议与现有的以太网是完全异构的，两者不能相互接驳。因此光纤通道是具有封闭性的，而且不仅与现有的企业内部网络（以太网）接入，也与其他不同厂商的光纤通道网络接入（由于厂家对 FC 标准的理解不同，FC 设备的兼容性是一个巨大的难题）。因此，对以后存储网络的扩展由于兼容性的问题而成为了难题。而且，FC 协议由于其协议特性，网络建完后，加入新的存储子网时，必须要重新配置整个网络，这也是 FC 网络扩展的障碍。

iSCSI 基于的 TCP/IP 协议，它本身就运行于以太网之上，因此可以和现有的企业内部以太网无缝结合。TCP/IP 网络设备之间的兼容性已经无需讨论，迅猛发展的 Internet 上运行着全球无数家网络设备厂商提供的网络设备，这是一个最好的佐证。

从网络管理的角度看，运行 FC 协议的光网络，其技术难度相当大。管理采用了专有的软件，因此需要专门的管理人员，且培训费用高昂。TCP/IP 网络的知识通过这些年的普及，已有大量的网络管理人才，并且由于支持 TCP/IP 的设备对协议的支持一致性好，即使是不同厂家的设备，其网络管理方法也是基本一致的。

FC 运行于光网络之上，其速度是非常快的，现在已经达到了 2G 的带宽，这也是它的主要优势所在。下一代的 FC 标准正在制定当中，其速度可以达到 4G。

今天的千兆以太网已经在普及当中，这也是基于 TCP/IP 的 iSCSI 协议进入实用的保证。得益于优秀的设计，以太网从诞生到现在，遍及了所有有网络的地方，到现在依然表现出非凡的生命力，在全球无数网络厂商的共同努力下，以太网的速度稳步提升，千兆网络已经实际应用,万兆网络呼之欲出,以太网的主要部件交换机和路由器均已有万兆级别的产品。随着产品的不断丰富,以及设备厂商间的剧烈竞争,其建设成本在不断下降,万兆网络的普及已日益临近。当 iSCSI 以 10Gb 的高速传输数据时,基于 iSCSI 协议的存储技术将无可争议地成为网络存储的王者。

2.5.3 RAID

RAID(Redundant Array of Inexpensive Disks)为廉价磁盘冗余阵列。RAID 技术将一个个单独的磁盘以不同的组合方式形成一个逻辑硬盘,从而提高了磁盘读取的性能和数据的安全性。不同的组合方式用 RAID 级别来标识。

RAID 技术是由美国加州大学伯克利分校 D.A. Patterson 教授于 1988 年提出的,作为高性能、高可靠的存储技术,在今天已经得到了广泛的应用。

1. RAID 相关技术

(1)镜像技术。镜像(Mirror)就是在两个或多个独立的硬盘驱动器或者驱动器阵列上存放数据的多个副本。系统会同时把数据写在作为镜像的两个硬盘上,这就是 RAID 中的冗余技术,用来防止数据意外丢失。当其中一个硬盘或者 RAID 出现问题时,系统可以访问镜像的硬盘或者 RAID 继续工作,使数据恢复时间缩短,方便从完好的备份上恢复数据。

(2)奇偶校验技术。奇偶校验是应用于 RAID 中的另一种冗余技术,类似于内存的计算技术。奇偶校验把数据分为 X 位数字,使用异或运算(XOR)产生一个奇偶校验位 X+1,如果这 X+1 位中任何一位丢失,剩下的 X 位可修复这个数据。该技术可把整个硬盘数据进行异或运算,只需要一个硬盘就可以保证数据的完整性。

(3)条块技术。条块技术采用并行处理的方式把数据分布到 RAID 阵列的所有驱动器上,可把一个大的文件分成小块存储在多个硬盘上,读取时可同时从多个硬盘调用。同理,写入数据时也是一样。使磁盘系统传输性能成倍提高。条块技术的数据分片有两种级别:一种是字节一级的条块;另一种是数据块一级的条块。

2. RAID 级别

RAID 技术经过不断的发展,现在已拥有了 RAID0~RAID5 六种明确标准级别的 RAID 级别。另外,其他还有 6、7、10(RAID1 与 RAID0 的组合)、01(RAID0 与 RAID1 的组合)、30(RAID3 与 RAID0 的组合)、50(RAID0 与 RAID5 的组合)等。不同 RAID 级别代表着不同的存储性能、数据安全性和存储成本,下面将介绍几种常见的 RAID 级别。

(1)RAID0。RAID0 也称为条带化(Stripe),将数据分成一定的大小顺序写到阵列的磁盘里,RAID0 可以并行地执行读写操作,可以充分利用总线的带宽,理论上讲,一个由 N 个磁盘组成的 RAID0 系统,它的读写性能将是单个磁盘读取性能的 N 倍,且磁盘空间的存储效率最大(100%)。RAID0 有一个明显的缺点:不提供数据冗余保护,一旦数据损坏,将无法恢复。

例如,系统向 RAID0 系统(4 个磁盘组成)发出的 I/O 数据请求被转化为 4 项操作,其中的每一项操作都对应于一块物理硬盘。通过建立 RAID0,原先顺序的数据请求被分散到 4 块硬盘中同时执行。从理论上讲,4 块硬盘的并行操作使同一时间内的磁盘读写速度提升了 4 倍。但由于总线带宽等多种因素的影响,实际的提升速度会低于理论值,但是大量数据并行传输与串行传输比较,性能必然大幅提高。RAID0 应用于对读取性能要求较高且所存储的数据为非重要数据的情况下。

（2）RAID1。RAID1 使用镜像技术，它将数据完全一致地分别写到工作磁盘和镜像磁盘，因此它的磁盘空间利用率为 50%，在数据写入时时间会有影响，但是读的时候没有任何影响，RAID0 提供了最佳的数据保护，一旦工作磁盘发生故障，系统自动从镜像磁盘读取数据，不会影响用户工作。RAID1 应用于对数据保护极为重视的应用中。图 2-8 所示为 RAID1 的工作原理。

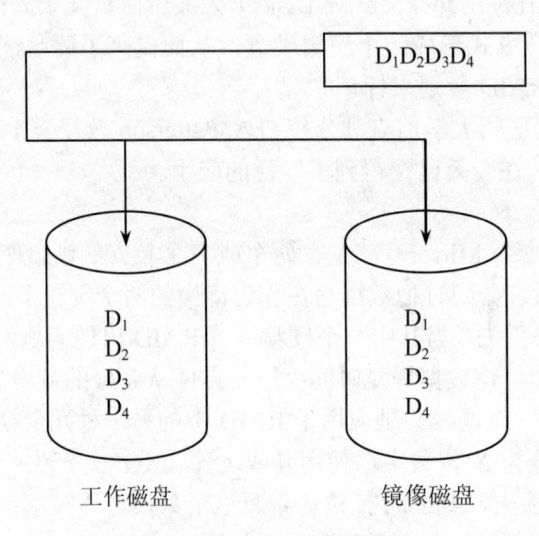

$D_1D_2D_3D_4$

D_1
D_2
D_3
D_4

D_1
D_2
D_3
D_4

工作磁盘　　　　　　　镜像磁盘

图 2-8　RAID1 的工作原理

（3）RAID2。RAID2 称为纠错海明码磁盘阵列，阵列中序号为 2N 的磁盘（第 1，2，4，6，…）作为校验盘，其余的磁盘用于存放数据，磁盘数目越多，校验盘所占比率越少。RAID2 在大数据存储的情况下性能很高，RAID2 的实际应用很少。

（4）RAID3。RAID3 采用一个硬盘作为校验盘，其余磁盘作为数据盘，数据按位或字节的方式交叉地存取到各个数据盘中。不同磁盘上同一带区的数据作异或校验，并把校验值写入到校验盘中。RAID3 系统在完整的情况下读取时没有任何性能上的影响，读性能与 RAID0 一致，却提供了数据容错能力，但是在写时性能却大为下降，因为每一次写操作，即使是改动某个数据盘上的一个数据块，也必须根据所有同一带区的数据来重新计算校验值写入到校验盘中，一个写操作包含了写入数据块、读取同一带区的数据块、计算校验值、写入校验值等操作，系统开销大为增加。

当 RAID3 中有数据盘出现损坏时，不会影响用户读取数据，如果读取的数据块正好在损坏的磁盘上，则系统需要读取所有同一带区的数据块，然后根据校验值重新构建数据，系统性能受到影响。

RAID3 的校验盘在系统接受大量的写操作时容易形成性能瓶颈，因而适用于有大量读操作如 Web 系统及信息查询等应用或持续大块数据流（如非线性编辑）的应用。

（5）RAID4。RAID4 与 RAID3 基本一致，区别在于条带化的方式不一样，RAID4 按照块的方式存放数据，所以在写操作时只涉及两块磁盘：数据盘和校验盘，提高了系统的 I/O 性能。但面对随机的分散的写操作，单一的校验盘往往成为性能瓶颈。

（6）RAID5。RAID5 使用数据块为单位的条块技术和分布式奇偶校验技术实现。数据校验的信息被均匀地分散到阵列的各个磁盘上，这样就不存在并发写操作时的校验盘性能瓶颈。RAID5 阵列的磁盘上既有数据又有数据校验信息，数据块和对应的校验信息会存储于不同的磁盘上，当一个数据盘损坏时，系统可以根据同一带区的其他数据块和对应的校验信息来重构损坏的数据。图 2-9 所示为 RAID5 的工作原理。

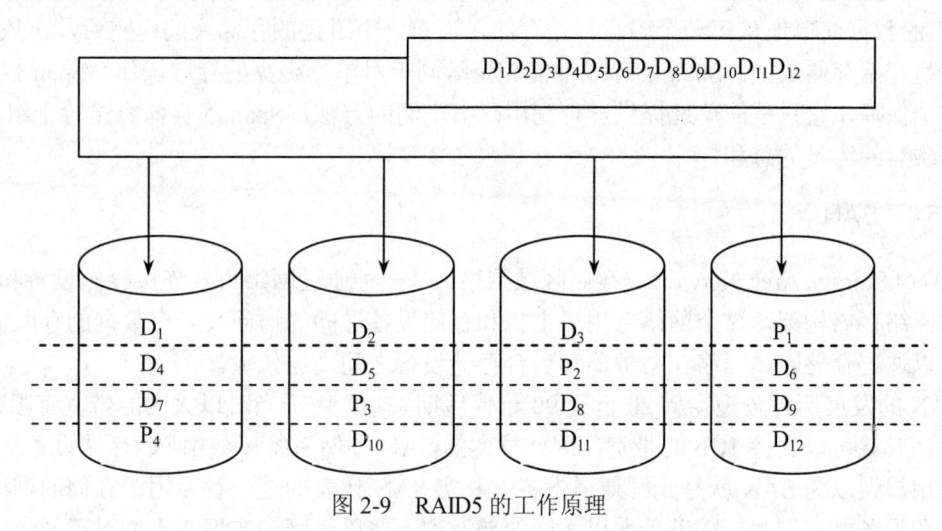

图 2-9　RAID5 的工作原理

（7）RAID6。RAID6 提供两级冗余，即阵列中的两个驱动器失败时，阵列仍然能够继续工作。

一般而言，RAID6 的实现代价最高，因为 RAID6 不仅要支持数据的恢复，还要支持校验的恢复，这使得 RAID6 控制器比其他级 RAID 更复杂和更昂贵。

1）RAID6 的校验数据。当对每个数据块执行写操作时，RAID6 做两个独立的校验计算，因此它能够支持两个磁盘的失败。为了实现这个思想，目前基本上有两个已经接受的方法：

● 使用多种算法，如 XOR 和某种其他的函数。
● 在不同的数据分条或磁盘上使用排列的数据。

2）RAID6 的一维冗余。RAID6 的第一种方法是用两种不同的方法计算校验数据。实现这个思想最容易的方法之一是用两个校验磁盘支持数据磁盘，第一个校验磁盘支持一种校验算法，而第二个磁盘支持另一种校验算法，使用两种算法称为 P+Q 校验。一维冗余是指使用另一个校验磁盘，但所包含的分块数据是相同的。例如，P 校验值可能由 XOR 函数产生，这样 Q 校验函数需要是其他的某种操作，一个很有力的候选者是 Reed Solomon 误差修正编码的变体，这个误差修正编码一般用于磁盘和磁带驱动器。假如两个磁盘失败，那么通过求解带有两个变量的方程可以恢复两个磁盘上的数据，这是一个代数方法，可以由硬件辅助处理器加速求解。

（8）RAID10。RAID10 是 RAID1 和 RAID0 的结合，也称为 RAID(0+1)，先做镜像然后做条带化，既提高了系统的读写性能，有提供了数据冗余保护，RAID10 的磁盘空间利用率和 RAID1 是一样的，为 50%。RAID10 适用于既有大量的数据需要存储，又对数据安全性有严格要求的领域，如金融、证券等。

（9）RAID01。RAID01 也是 RAID0 和 RAID1 的结合，但它是对条带化后的数据进行镜像。与 RAID10 不同，一个磁盘的丢失等同于整个镜像条带的丢失，所以一旦镜像盘失败，则存储系统成为一个 RAID0 系统（即只有条带化）。RAID01 的实际应用非常少。

（10）JBOD。JBOD（Just Bundle Of Disks，简单磁盘捆绑）通常又称为 Span。JBOD 不是标准的 RAID 级别，它只是在近几年才被一些厂家提出，并被广泛采用。

Span 是在逻辑上把几个物理磁盘一个接一个串联到一起，从而提供一个大的逻辑磁盘。Span 上的数据简单地从第一个磁盘开始存储，当第一个磁盘的存储空间用完后，再依次从后面的磁盘开始存储数据。Span 的存取性能完全等同于对单一磁盘的存取操作。Span 也不提供数据安全保障，它只是简单地提供一种利用磁盘空间的方法，Span 的存储容量等于组成 Span 的所有磁盘的容量的总和。

2.5.4 SAN

SAN（Storage Area Network，存储区域网络）是一种通过网络方式连接存储设备和应用服务器的网络存储构架，这个网络专用于主机和存储设备之间的访问。当有数据的存取需求时，数据可以通过存储区域网络在服务器和后台存储设备之间高速传输。

SAN 的发展历程较短，从 20 世纪 90 年代后期兴起，由于当时以太网的带宽有限，而 FC 协议在当时就可以支持 1Gb 的带宽，因此早期的 SAN 存储系统多数由 FC 存储设备构成，导致很多用户误以为 SAN 就是光纤通道设备，其实 SAN 代表的是一种专用于存储的网络架构，与协议和设备类型无关，随着千兆以太网的普及和万兆以太网的实现，人们对于 SAN 的理解将更为全面。

1. SAN 的组成

SAN 由服务器、后端存储系统、SAN 连接设备组成；后端存储系统由 SAN 控制器和磁盘系统构成，控制器是后端存储系统的关键，它提供存储接入、数据操作及备份、数据共享、数据快照等数据安全管理及系统管理等一系列功能。后端存储系统为 SAN 解决方案提供了存储空间。使用磁盘阵列和 RAID 策略为数据提供存储空间和安全保护措施。连接设备包括交换机、HBA 卡和各种介质的连接线。图 2-10 所示为 SAN 的拓扑结构。

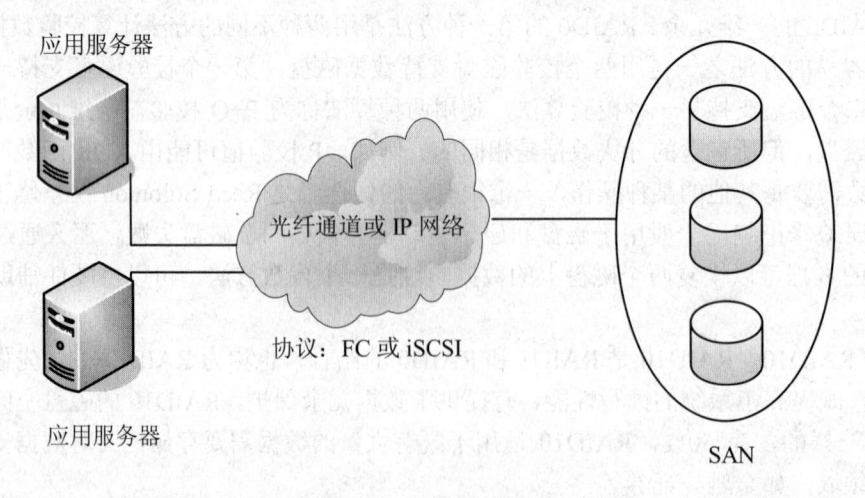

图 2-10 SAN 拓扑结构

2. SAN 的优点

（1）设备整合。多台服务器可以通过存储网络同时访问后端存储系统，不必为每台服务器单独购买存储设备，降低存储设备异构化程度，减轻维护工作量，降低维护费用。

（2）数据集中。不同应用和服务器的数据实现了物理上的集中，空间调整和数据复制等工作可以在一台设备上完成，大大提高了存储资源的利用率。

（3）高扩展性。存储网络架构使得服务器可以方便地接入现有的 SAN 环境，较好地适应应用变化的需求。

（4）总体拥有成本低。存储设备的整合和数据集中管理大大降低了重复投资率和长期管理维护成本。

3. FC SAN 的问题

（1）兼容性差。FC 协议发展时间短，开发和产品化的大厂商较少，而且厂商之间各自遵循内部标准，导致不同厂商的 FC 产品之间兼容性和互操作性差，即使同一厂商的不同版本、不同型号的 FC 产品也存在类似的问题。

（2）成本高昂。FC SAN 的成本包括先期设备成本和长期维护成本，由于 FC 协议在成熟度和互联性上无法与以太网相比，导致 FC 协议只能局限于存储系统应用，无法实现大规模推广，这直接导致了 FC 产品价格的昂贵；同样与 FC-SAN 相关的所有产品都身价高昂，无论是备份软件的 FC-SAN 模块，还是 SCSI 硬盘简单更换连接口成为 FC 硬盘，都要翻上几倍的价钱；另外兼容性差也导致了用户无法自己维护 FC 设备，必须购买昂贵的厂商服务，如果用户的环境中包括多种 FC 存储设备，用户每年花在 FC-SAN 的系统保修服务的费用占当年采购成本的 15%左右。如果再算上系统安装部署阶段的专业服务费用支出，以 5 年计算，整个服务费用支出与系统采购达到 1:1。

（3）扩展能力差。FC-SAN 高昂的成本和协议封闭，使得产品的开发、升级、扩容代价高昂。从 2000 年以来，存储市场中最大的中端部分就一直 5 年不变地维持着前端两个存储控制器，后端两个（最多 4 个）光纤环路的结构。不仅产品本身无法进行性能和处理能力扩展，产品型号向上升级付出的代价几乎相当于购买一套新的设备。

（4）异构化严重。各厂商按照自有标准开发各种功能，如快照、复制、镜像等，导致不同厂商存储设备之间功能无法互通，结果又出现了 DAS（直接连接存储）方式的各种问题，重复投资、难以管理的局面。

SAN 的出现，从根本上是要建立一个开放、高性能、高可靠性、高可扩展性的存储资源平台，从而能够应对快速的业务变化和数据增长，然而以上问题使得用户使用网络存储的目标产生了严重的偏离，很多用户甚至开始质疑为什么要放弃传统的 DAS 而使用昂贵复杂的 FC-SAN。

4. IP SAN

IP 网络是一个开放、高性能、高可扩展性、高可靠性的网络平台。

（1）IP 网络是国际互联网和企业内部网络的主要形式。经过多年发展，IP 网络实现了最高的可管理性和互操作性。

（2）TCP/IP 协议弹性强，适应网络的各种变化，无需停止服务即可实现网络变更。

（3）1G 的以太网已经普及，2006 年扩展到了 10G。FC 在 2008 年才能达到 4G。

（4）不同厂家的 IP 网络设备兼容性好，网络设备采购成本低廉。

（5）以太网知识普及，以太网多年的发展培养了无数的网络管理人员。

IP SAN 的基本想法是通过高速以太网络连接服务器和后端存储系统。将 SCSI 指令和数据块经过高速以太网传输，继承以太网的优点，实现建立一个开放、高性能、高可靠性、高可扩展性的存储资源平台。

将数据块和 SCSI 指令通过 TCP/IP 协议承载，通过千兆/万兆专用的以太网络连接应用服务器和存储设备，这样的解决方案称为 IP SAN。

iSCSI（互联网小型计算机系统接口）是一种在 TCP/IP 上进行数据块传输的标准。IP SAN 遵循 IETF 的 iSCSI 标准，通过以太网实现对存储空间的块级访问，由于早先以太网速度、数据安全性及系统级高容错要求等问题，这一标准经历了 3 年的认证过程，在包括 IBM、HP、SUN、COMPAQ、DELL、Intel、Microsoft、EMC、HDS、Brocade 等众多家厂商的努力和千兆/万兆以太网 10Gb Ethernet 的支撑下，IP SAN/iSCSI 已解决了网络瓶颈、数据安全和容错等问题，进入了实用阶段。

IP SAN 继承了 IP 网络的优点：
- 实现弹性扩展的存储网络，能自适应应用的改变。
- 已经验证的传输设备保证运行的可靠性。
- 以太网从 1G 向 10G 及更高速过渡，只需要通过简单的升级便可得到极大的性能提升，并保护投资。
- IP 跨长距离扩展能力，轻松实现远程数据复制和灾难恢复。
- 大量熟悉网络技术和管理的人才，减少培训和人力成本。
- 将以太网的经济性引入存储，降低用户总体拥有成本。

2.5.5 NAS

NAS（Network Attached Storage，网络附加存储）是一种文件存储和备份共享设备，拥有自己的文件系统，通过 NFS 或 CIFS 等协议对外提供文件访问服务，也称为网络直联存储设备、网络磁盘阵列。

NAS 设备主要由 CPU、文件系统和文件服务管理工具、存储器件（如硬盘驱动器阵列、CD 或 DVD 驱动器、磁带驱动器或可移动的存储介质）组成。一般装有专门的操作系统，通常是简化的 UNIX/Linux 操作系统，或者是一个特殊的 Windows 内核。它为文件系统管理和访问做了专门的优化。利用 NFS 或 CIFS 文件系统充当远程文件服务器，对外提供文件级的访问。

1. NAS 的优点

（1）可以即插即用。

（2）通过 TCP/IP 网络连接到应用服务器，因此可以基于已有的企业网络方便连接。

（3）专用的操作系统支持不同的文件系统，提供不同操作系统的文件共享。

（4）经过优化的文件系统提高了文件的访问效率，也支持相应的网络协议。即使应用服务器不再工作了，仍然可以读出数据。

2. NAS 的缺点

（1）NAS 设备与客户机通过企业网进行连接，因此数据备份或存储过程中会占用网络的带宽，这必然会影响企业内部网络上的其他网络应用。共用网络带宽成为限制 NAS 性能的主要问题。

学习情境 2　Windows 服务器安装配置与存储设备应用——.NET 企业网站运行及数据存储配置

（2）NAS 的可扩展性受到设备大小的限制。增加另一台 NAS 设备非常容易，但是要想将两个 NAS 设备的存储空间无缝合并并不容易，因为 NAS 设备通常具有独特的网络标识符，存储空间的扩大上有限。

（3）NAS 访问需要经过文件系统格式转换，所以是以文件一级来访问，不适合 Block 级的应用，尤其是要求使用裸设备的数据库系统。

图 2-11 所示为 NAS 的拓扑结构。

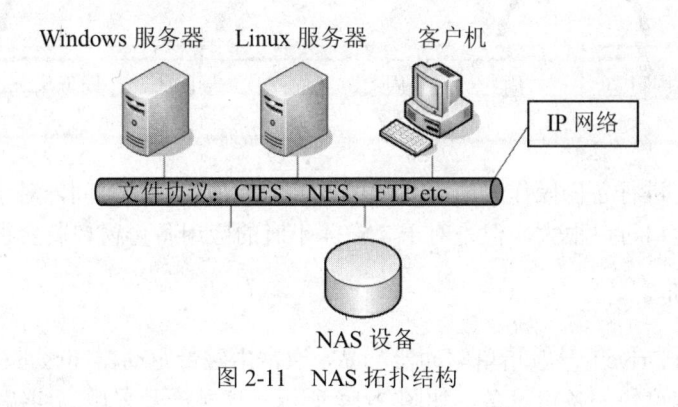

图 2-11　NAS 拓扑结构

2.5.6　备份实现方式

通常一套完整的备份系统包含备份软件、磁带机/磁带库和备份服务器。具体的备份策略的制定、备份介质的管理及一些扩展功能的实现，都是由备份软件来最终完成的。在备份服务器上安装备份软件的服务器端，在应用服务器端安装备份软件的客户端代理，如果是数据库应用还需要相应的数据库接口程序，客户端代理软件和服务器端软件协调工作，按照预先制定的备份策略自动或手动地将数据备份到磁带上。然而一个具有一定规模的数据中心的数据备份要涉及多种 UNIX 平台和不同的数据库类型，可以想象每天的备份工作对于管理员来说都是一个挑战。

备份策略制定是备份工作的重要部分。一般来说，需要备份的数据存在一个 2/8 原则，即 20%的数据被更新的概率是 80%。这个原则说明，每次备份都完整地复制所有数据是一种非常不合理的做法。事实上，真实环境中的备份工作往往是基于一次完全备份之后的增量备份或差量备份。一般有 3 种备份方式：完全备份、增量备份和差量备份。

完全备份很好理解，即把所有数据进行一次完整的备份，当进行恢复时只需要一盘磁带。

增量备份是只有那些在上次完全备份或者增量备份后被修改了的文件才会被备份，如图 2-12 所示，优点是备份数据量小、需要的时间短；缺点是恢复的时候需要多盘磁带、出问题的风险较大。

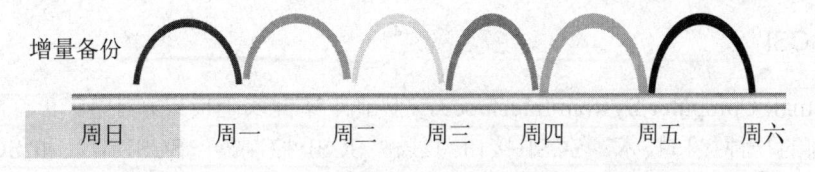

图 2-12　增量备份原理

差量备份是备份那些自从上次完全备份之后被修改过的文件,如图 2-13 所示,因此从差量备份中恢复速度是很快的,因为只需要两份磁带:最后一次完全备份和最后一次差量备份;缺点是每次备份需要的时间较长。

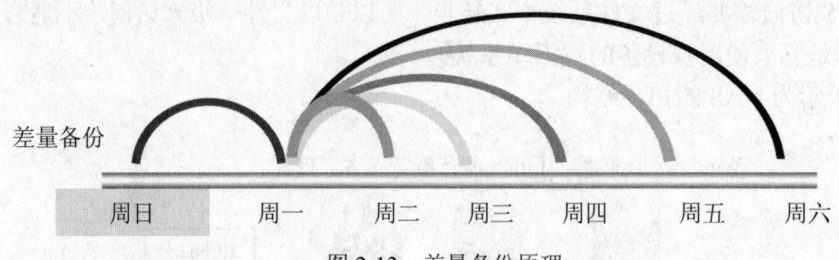

图 2-13 差量备份原理

备份窗口是在进行备份操作时应用系统可以接受的最长备份时间,对于某些 5×8 类型的非关键应用备份窗口可以很大,但是对于 7×24 小时的应用备份窗口就会很小。

2.5.7 磁带机

磁带机(Tape Drive)一般指单驱动器产品,通常由磁带驱动器和磁带构成,是一种经济、可靠、容量大、速度快的备份设备,如图 2-14 所示。这种产品采用高纠错能力编码技术和写后即读通道技术,可以大大提高数据备份的可靠性。目前提供磁带机的厂商很多,IT 厂商中 HP(惠普)、IBM 等均有磁带机产品,另外专业的存储厂商如 StorageTek、ADIC、Spectra Logic 等公司均以磁带机、磁带库等为主推产品。磁带机适用于大多数环境的高性能备份解决方案,有以下特点:

(1)为中小型企业环境和大型企业工作组提供出色的性价比。例如,HP DAT 320 磁带机的单盘磁带存储容量为 320GB,备份速度为 86GB/h,也就是说,单盘磁带的备份时间约为 4 小时。

(2)提供外置或内置机型,可满足服务器、工作站和机架安装套件的使用需求。应用广泛的 SAS、SCSI 或 USB 端口可即插即用。

(3)有助于防止对磁带介质进行未授权访问(防止磁带丢失或被盗)。基于磁带机的加密可避免因基于主机的加密而引起的性能下降问题。

图 2-14 磁带机

2.5.8 SCSI

SCSI(Small Computer System Interface),小型计算机系统接口,于 1979 首次提出,是为小型机研制的一种接口技术。SCSI 接口总线由 SCSI 控制器(SCSI 卡)和 SCSI 电缆及 SCSI 终结器组成,图 2-15 所示为 SCSI 卡,现在已完全普及到了小型机、高低端服务器及普通 PC 上，可连接硬盘驱动器、光驱、磁带驱动器、刻录机、扫描仪等，每个设备指定一个 SCSI-ID（1~16），SCSI 控制器 ID 为 7，可并行存取访问。SCSI 终结器是一种衰减信号设备，标志总线设备的终结位置，SCSI 设备一般带有自终结设备，如果没有可加装物理总线终结器。

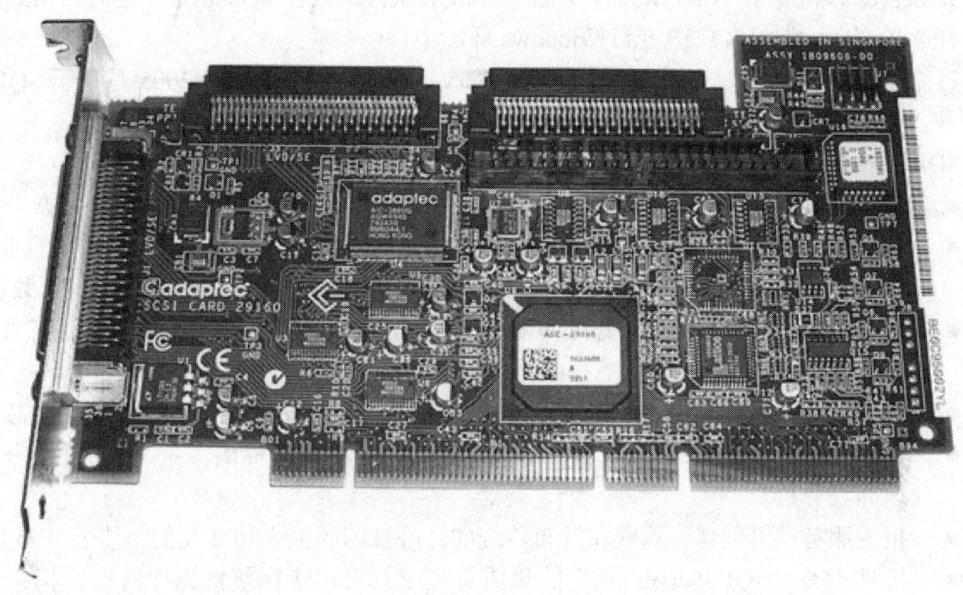

图 2-15　SCSI 卡

SCSI 可以划分为 SCSI-1、SCSI-2、SCSI-3，SCSI-3 是最新的，也是目前应用最广泛的 SCSI 版本。

（1）SCSI-1。1979 年提出，支持同步和异步 SCSI 外围设备；支持 7 台 8 位的外围设备，最大数据传输率为 5MB/s。

（2）SCSI-2。1992 年提出，也称为 Fast SCSI，数据传输率提高到 20MB/s。

（3）SCSI-3。1995 年提出，Ultra SCSI（Fast-20）。Ultra 2 SCSI（Fast-40）出现于 1997 年，最高传输率可达 80MB/s。1998 年 9 月，Ultra 3 SCSI（Utra 160 SCSI）正式发布，最高数据传输率为 160MB/s。Ultra 320 SCSI 的最高数据传输率已经达到 320MB/s。

2.5.9　Backup Exec

Backup Exec 是原 Seagate Soft 公司的一款数据备份软件产品，在低端市场的占用率很高。Backup Exec 在 Windows 平台具有相当大的普及率和认可度，微软公司不仅在公司内部全面采用这款产品进行数据保护，还将其简化版打包在 Windows 操作系统中，现在在 Windows 系统中使用的"备份"功能就是 OEM 自 Backup Exec 的简化版。

2000 年初，Veritas 公司收购了 Seagate Soft 之后，在原来的基础上对这个产品进一步丰富和加强。目前，Veritas 已被 Symantec 收购。Backup Exec 从 10d 版本开始，UI 发生了较大的变化，但是 10d（10.1）较之前的 10.0 版本在功能上并没有太大的变化，d 表示 disk，即用于持续数据保护的 CPS 组件。

2.5.10 MS SQL Server 数据库

SQL Server 是 Microsoft 公司的一个关系数据库管理系统，从 20 世纪 80 年代后期开始开发，最早起源于 1987 年的 Sybase SQL Server，发布了用于 Windows NT 操作系统的 SQL Server，将 SQL Server 移植到了 Windows NT 平台上。SQL Server 只在 Windows 上运行，Microsoft 这种专有策略的目标是将客户锁定到 Windows 环境中。

目前最新的 MS SQL Server 版本为 SQL Server 2005，SQL Server 2005 是基于 SQL Server 2000 强大功能之上推出的一个完整的数据管理和分析的解决方案。

SQL Server 数据平台包括以下工具：

- 关系型数据库：关系型数据库引擎，支持结构化和非结构化（XML）数据。
- 复制服务：数据复制可用于数据分发、处理移动数据应用、系统高可用、企业报表解决方案的后备数据可伸缩存储、与异构系统的集成等，包括已有的 Oracle 数据库等。
- 通知服务：用于开发、部署可伸缩应用程序的通知服务，能够向不同的连接和移动设备发布及时的信息更新。
- 集成服务：可以支持数据仓库和企业范围内数据集成的抽取、转换和装载能力。
- 分析服务：联机分析处理（OLAP）功能可用于多维存储的大量、复杂的数据集的快速高级分析。
- 报表服务：可创建、管理和发布传统的、可打印的报表和交互的、基于 Web 的报表。
- 管理工具：SQL Server 包含的集成管理工具可用于高级数据库管理，构建于 SQL Server 内的内嵌 Web Service 支持确保了和其他应用及平台的互操作能力。
- 开发工具：SQL Server 为数据库引擎、数据抽取、转换和装载（ETL）、数据挖掘、OLAP 和报表提供了和 Microsoft Visual Studio 相集成的开发工具，以实现端到端的应用程序开发能力。SQL Server 中每个主要的子系统都有自己的对象模型和 API，能够以任何方式将数据系统扩展到不同的商业环境中。

安装 SQL Server 2005 的软硬件需求如表 2-4 所示。

表 2-4　安装 SQL Server 2005 的最低软硬件需求

处理器	Intel Pentium 或兼容的 166MHz 或更高速度的处理器
操作系统	运行在 Microsoft Windows NT Server 版本 4.0 Service Pack 5(SP5)或更高版本、Microsoft Windows 2000 Server、Microsoft Windows 2000 Advanced Server 和 Microsoft Windows Server 2003
内存	64MB RAM，建议使用 128 MB
硬盘	95～270MB 可用空间用于服务器，250MB 用于典型安装

2.6　项目实施与测试

2.6.1　数据库服务器安装配置

（1）在数据库服务器上安装 SQL Server 2005 数据库安装包，然后升级到 SP3 版本。

学习情境 2　Windows 服务器安装配置与存储设备应用——.NET 企业网站运行及数据存储配置

（2）配置 SQL Server 2005，启动程序，建立用户，输入用户名 sa，密码 123456。选择网站的数据库 MDF 文件，把数据库附加上去。以下是附加数据库步骤的截图说明。

1）登录数据库，如图 2-16 所示。

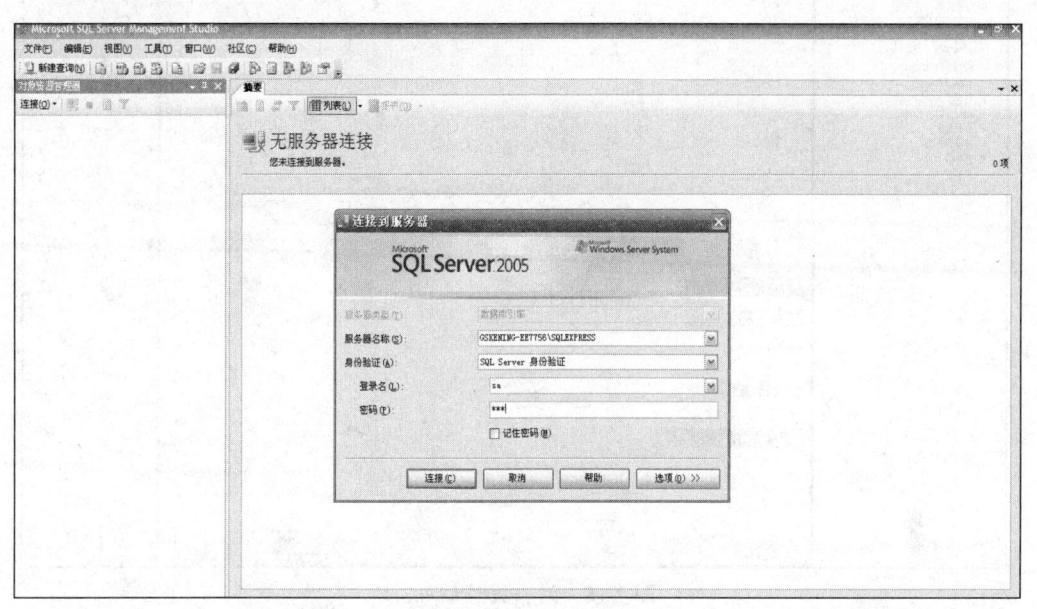

图 2-16　登录窗口

2）选中"数据库"并右击，在弹出的快捷菜单中选择"附加"命令，如图 2-17 所示。

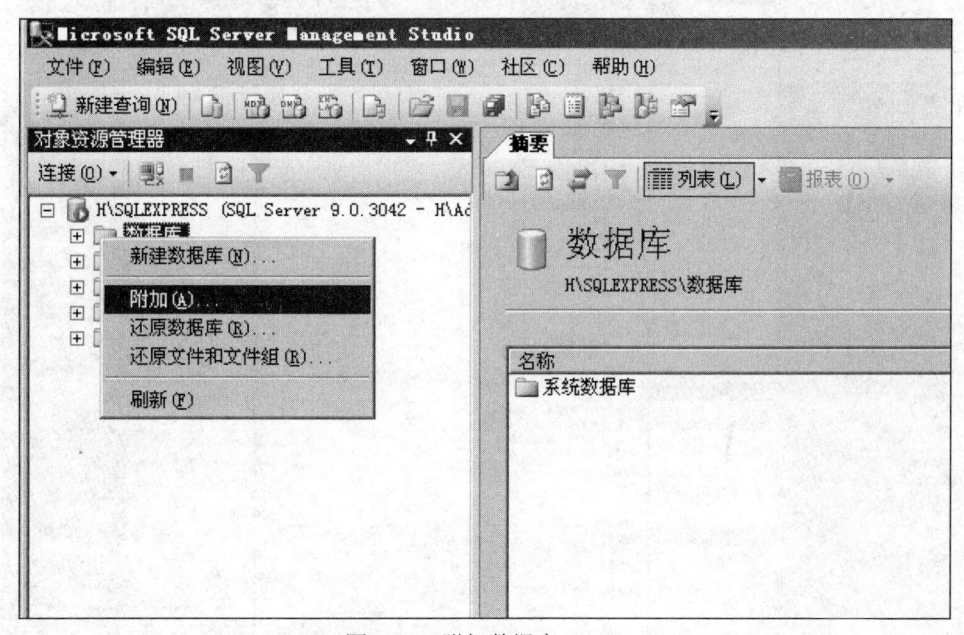

图 2-17　附加数据库（一）

3）单击"添加"按钮，如图 2-18 所示。

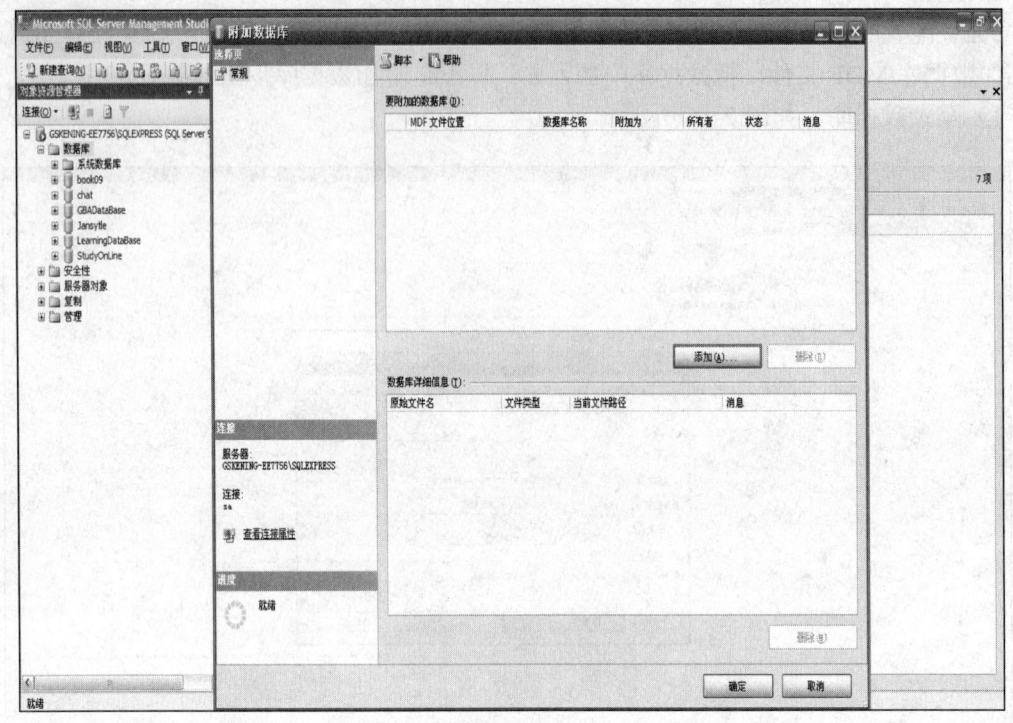

图 2-18 附加数据库（二）

4）找到数据库文件所在的路径，双击后缀名为.mdf 的数据库文件，如图 2-19 所示。

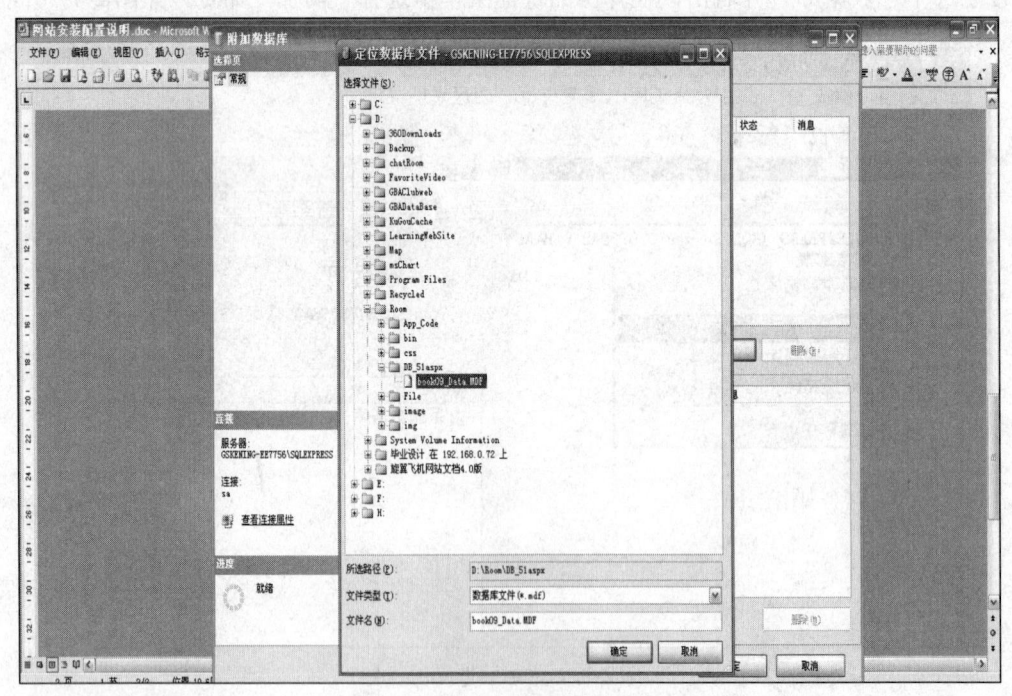

图 2-19 附加数据库（三）

5）单击"确定"按钮，完成数据库的添加，如图 2-20 所示。

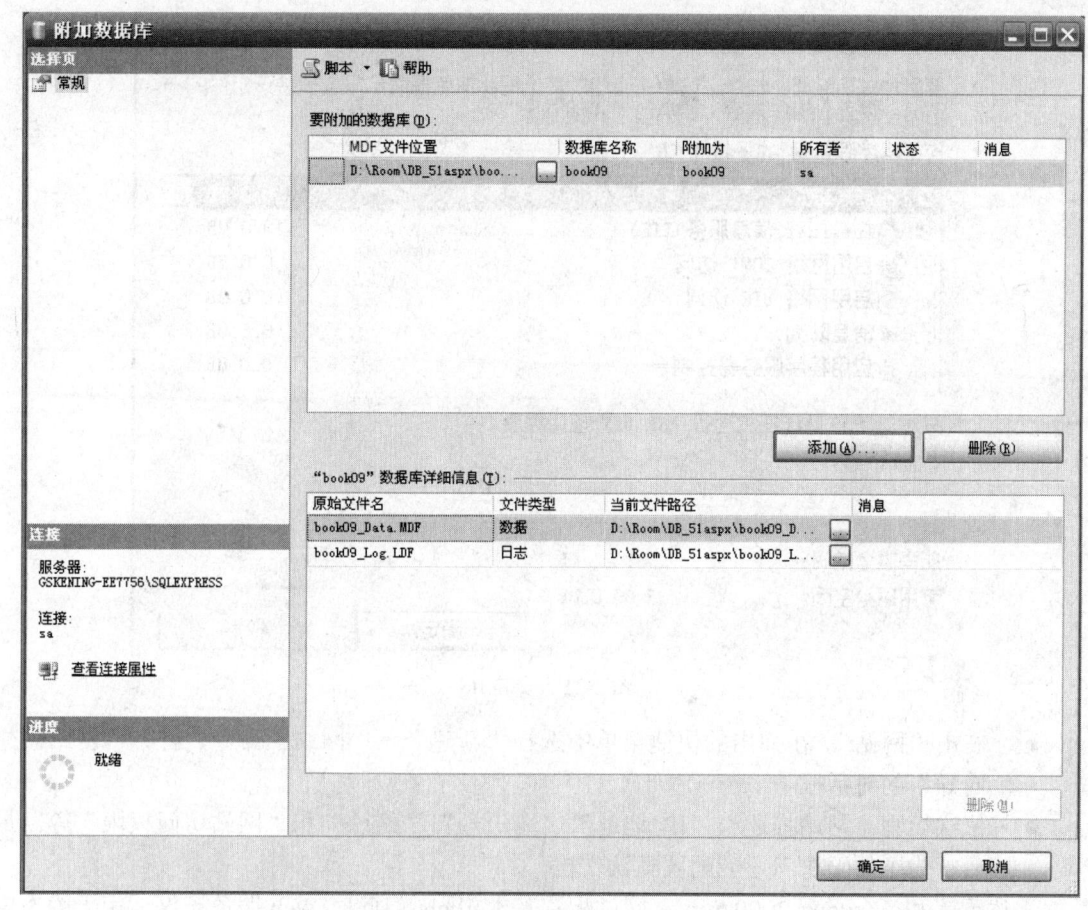

图 2-20　附加数据库（四）

2.6.2　应用服务器安装配置

（1）检测系统是否已安装 IIS 6.0 或者以上版本，没有安装则进入"控制面板"，双击"添加/删除程序"选项，通过 Windows 2003 Server 安装盘的 I386 文件夹安装 IIS 服务器，步骤如下：

1）进入"控制面板"。
2）双击"添加或删除程序"选项。
3）单击"添加/删除 Windows 组件"。
4）在"组件"列表框中双击"应用程序服务器"选项，弹出如图 2-21 所示的对话框。
5）双击"Internet 信息服务（IIS）"选项。
6）从中选择"万维网服务"及"文档传输协议（FTP）服务"。
7）双击"万维网服务"，从中选择 Active Server Pages 及"万维网服务"等。
8）安装好 IIS 后，接着配置 Web 服务器，具体做法如下：
- 在"开始"菜单中选择"管理工具"→"Internet 信息服务（IIS）管理器"。
- 在"Internet 信息服务（IIS）"管理器中双击"本地电脑"选项。

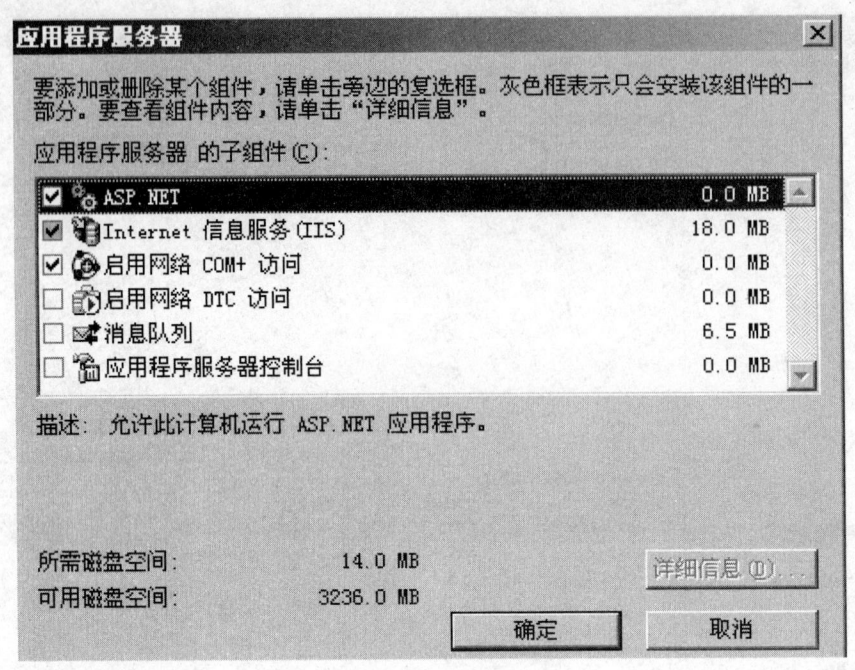

图 2-21　安装 IIS

- 右击"网站",在弹出的快捷菜单中选择"新建"→"网站"命令,打开"网站创建向导"的对话框。
- 依次填写"网站描述"、"IP 地址"、"端口号"、"路径"和"网站访问权限"等。最后,为了便于访问还应配置默认文档。

上述配置和 Windows 2000 Server 网站配置基本相同,但此时 Web 服务还仅适用于静态内容,即静态页面能正常浏览,常用 Active Server Pages(ASP)功能没有被启用,所以还应在"Internet 信息服务(IIS)"管理器的"Web 服务扩展"中选择"Active Server Pages"复选框。

另外,还应注意假如 Web 服务主目录所在分区是 NTFS 格式,网页有写入操作时(如用到新闻后台管理功能的),要注意配置写入及修改权限。

(2)安装.NET Framework 2.0 或 3.5。

随着微软操作系统及开发技术的不断更新,目前大部分 ASP.NET 的网站运行都必须有.NET Framework 2.0 或以上版本才能支持。

1)可以通过微软的官方网站下载.NET Framework 2.0。

解压.NET Framework 安装包后,双击安装目录下的 dotnbetfx2.0.exe 安装文件。

2)配置网站以支持.NET 2.0。

依次选择"开始"→"程序"→"控制面板"→"管理工具"→"Internet 信息服务",在弹出的"Internet 信息服务"管理器中右击"默认网站",在弹出的快捷菜单中选择"属性"命令,在弹出的"默认网站属性"对话框中单击 ASP.NET 选项卡,并在 ASP.NETversion 中选择 2.0.50727。同时还可以看到其安装路径等信息。

(3)配置 IIS,建立一个新的网站,默认端口为 80,选择程序所在的路径,ASP.NET 配置为 2.0 版本,配置步骤如下:

1)选择网站,新建网站,单击"下一步"按钮,如图 2-22 所示。

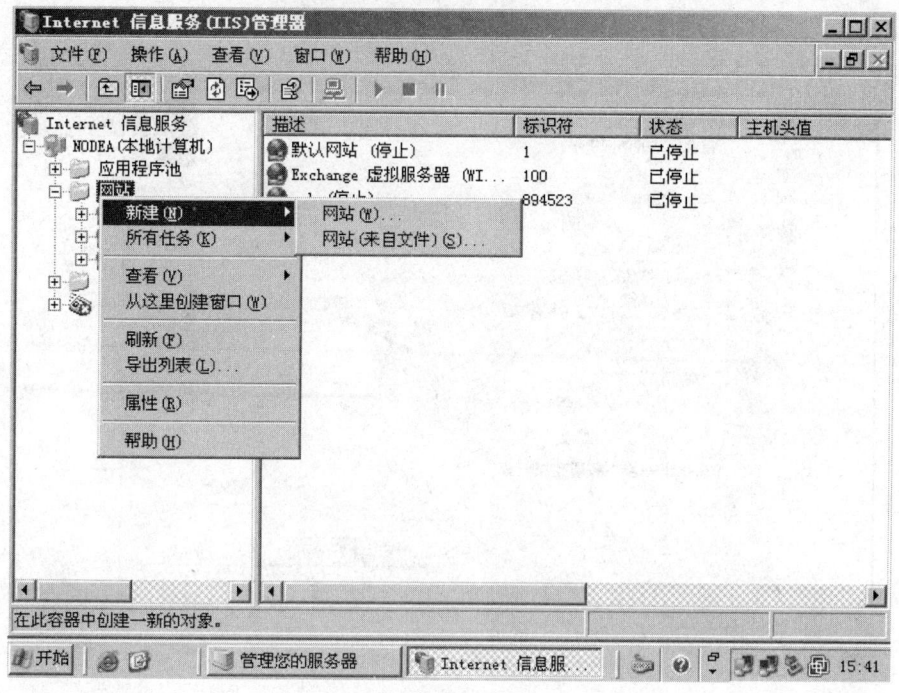

学习情境 2　Windows 服务器安装配置与存储设备应用——.NET 企业网站运行及数据存储配置

图 2-22　创建网站（一）

2）找到网站所在路径，如图 2-23 所示。

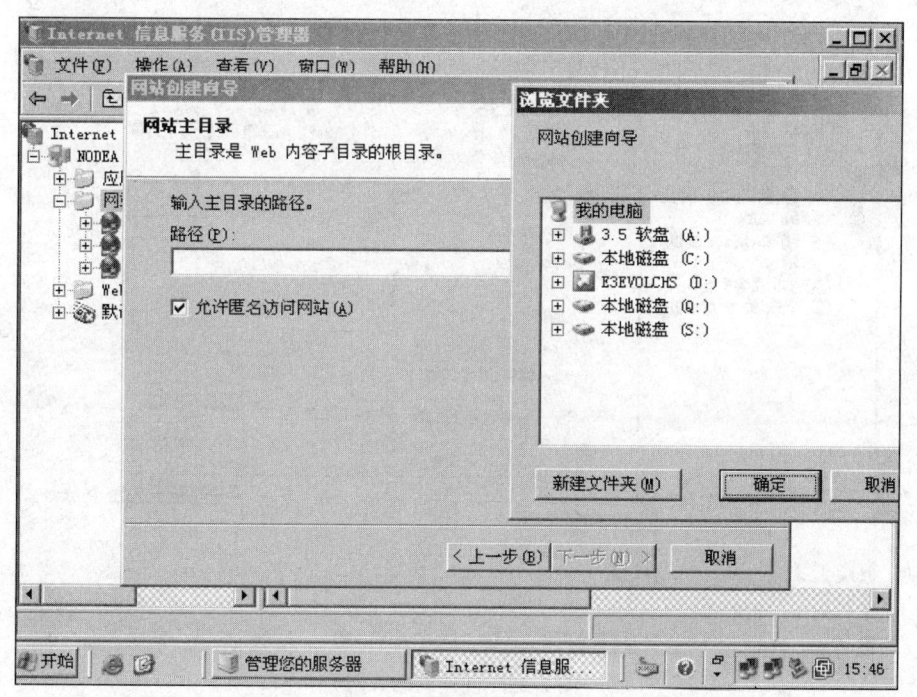

图 2-23　创建网站（二）

3）设置网站目录访问权限，单击"下一步"按钮，完成网站创建，如图 2-24 所示。

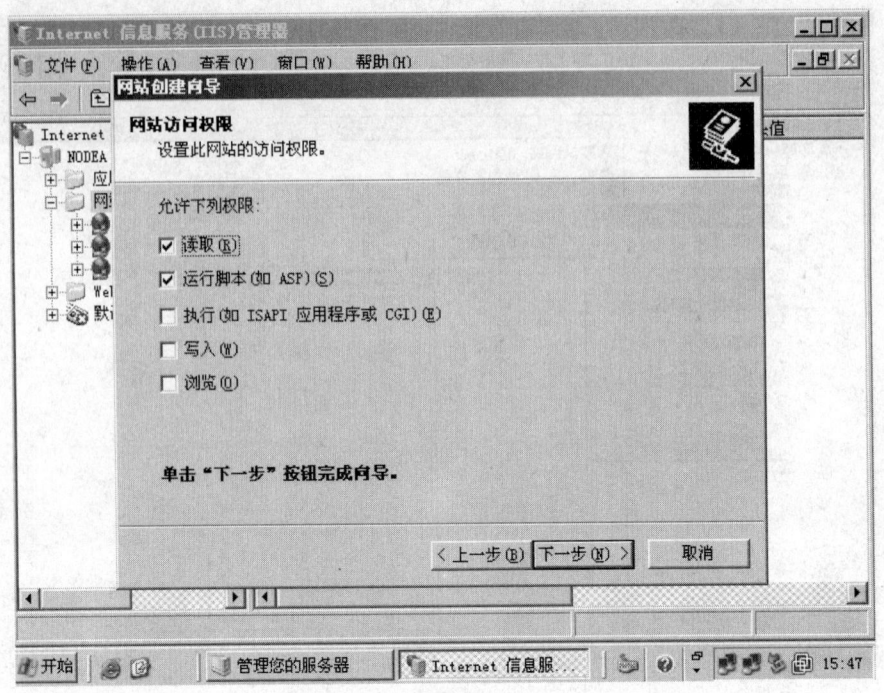

图 2-24 创建网站（三）

4）找到刚才新建的网站并右击，从弹出的快捷菜单中选择"属性"命令，如图 2-25 所示。

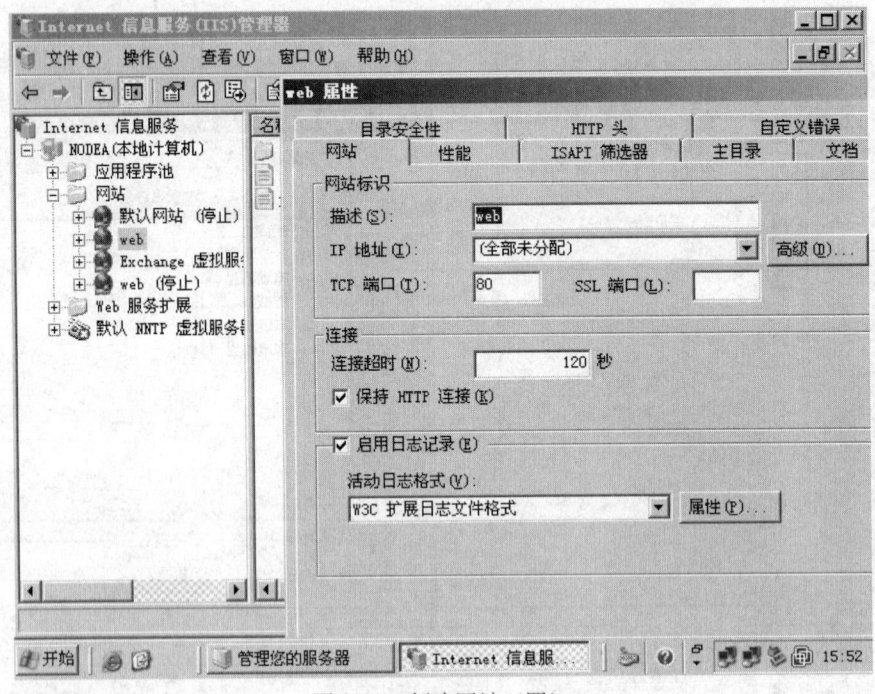

图 2-25 创建网站（四）

5）选择 ASP.NET 选项卡，选择 ASP.NET 版本为 2.0 并单击"确定"按钮，如图 2-26 所示。

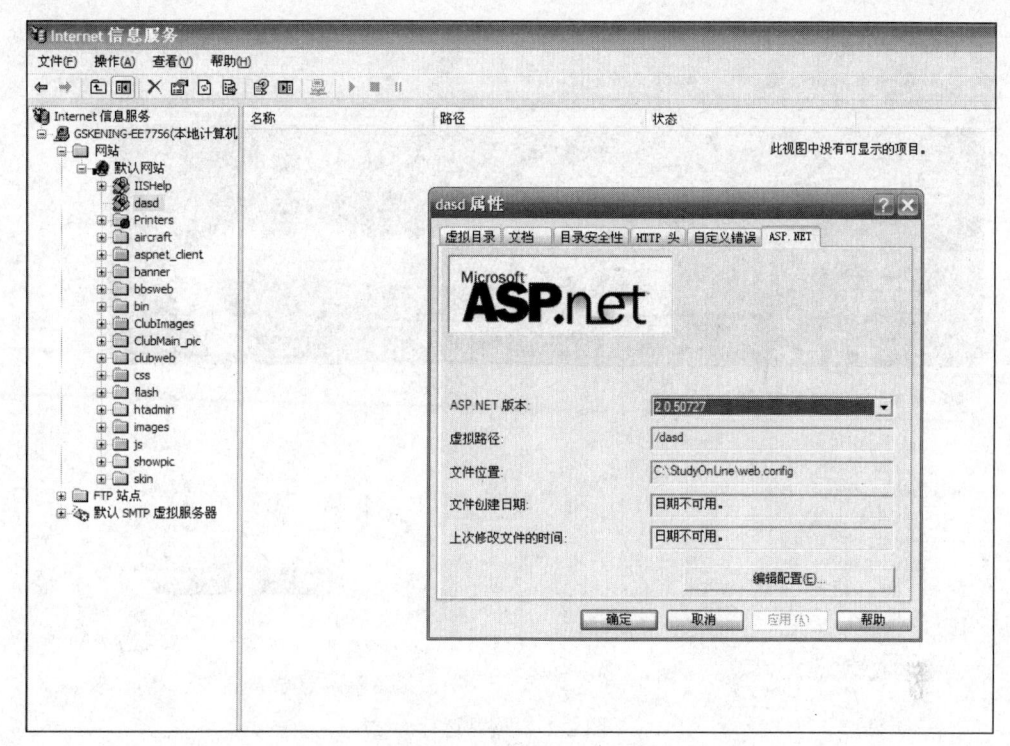

图 2-26　创建网站（五）

（4）配置 web.config 文件，把数据库连接字符串的地址配置完成。

1）找到 web.config 文件，如 E:\StudyOnLine\WebSites\web.config。

2）找到以下代码：

<connectionStrings>

<add name="MySqlConnection" connectionString="Data Source=服务器地址;Initial Catalog=数据库名; PWD=数据库密码; UID=数据库用户名; Connect Timeout=120;"

providerName="System.Data.SqlClient"/>

</connectionStrings>

修改成：

<connectionStrings>

<add name="MySqlConnection" connectionString="Data Source=10.1.1.2;Initial Catalog=database; UID=sa; PWD=123456; Connect Timeout=120;" providerName="System.Data.SqlClient"/>

</connectionStrings>

（5）在浏览器中输入网站域名，系统运行测试如图 2-27 所示。

2.6.3　EX800 存储安装

（1）安装准备。网络连接正确后，运行 NeoStor 控制台的客户端计算机必须能与存储管理网段通信。客户端建议配置为 IE 6.0 浏览器，如果不能按照以下步骤正常安装 JRE 控制台可能是浏览器的安全设置及相关插件的影响，应检查 IE。

（2）连接好存储的所有线缆后，在 IE 地址栏中输入 http://EX800 设备管理网口的 IP 地址，本项目中连接 G0/0 接口的地址为 http://10.1.1.1（其中，ETH0：192.168.1.1；ETH1：10.1.1.1；ETH2：10.1.2.1；ETH3：10.1.3.1；ETH4：10.1.4.1）。系统默认用户名为 root，默认密码为 passwd。

图 2-27 网站运行

（3）系统将提示单击页面中的 here 链接，如图 2-28 所示，进行下载并安装 J2SE Runtime Environment（JRE）。根据提示信息安装完成控制台，详细安装过程如图 2-29 至图 2-34 所示。

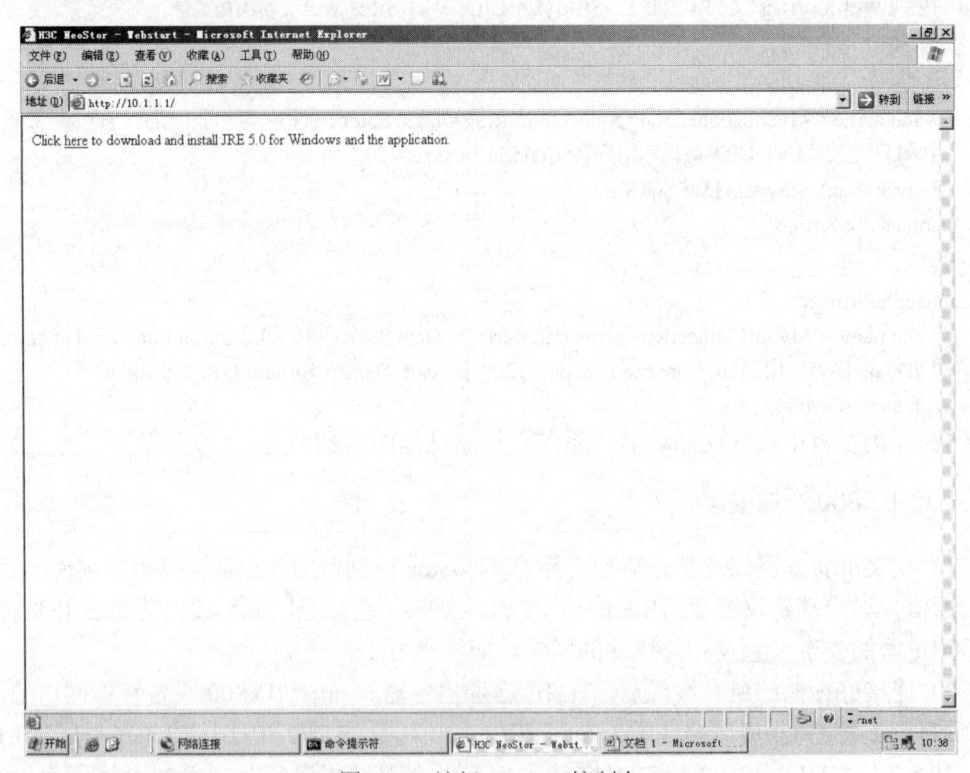

图 2-28 访问 NeoStor 控制台

学习情境 2　Windows 服务器安装配置与存储设备应用——.NET 企业网站运行及数据存储配置

图 2-29　下载 JRE

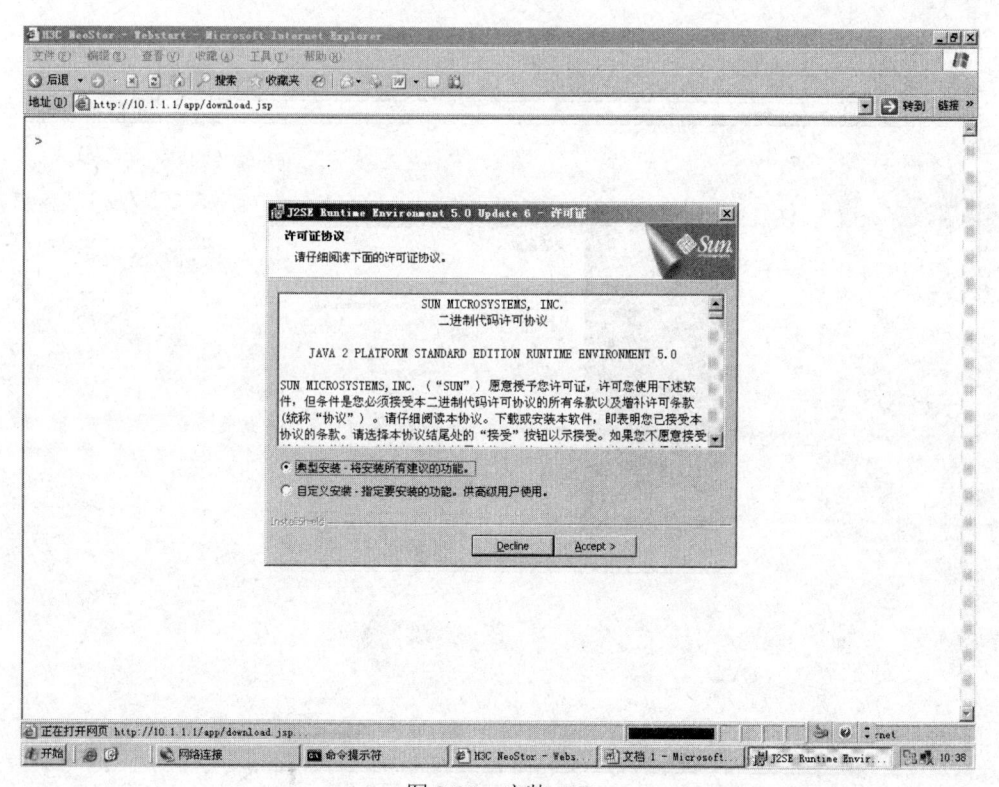

图 2-30　安装 JRE

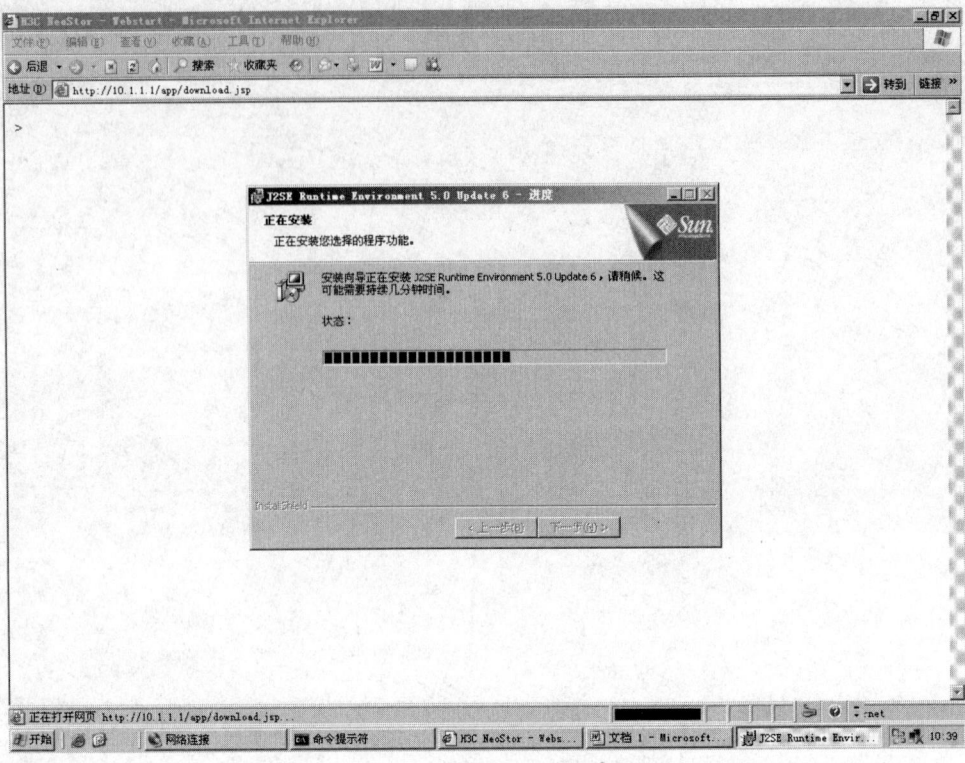

图 2-31　JRE 安装过程界面

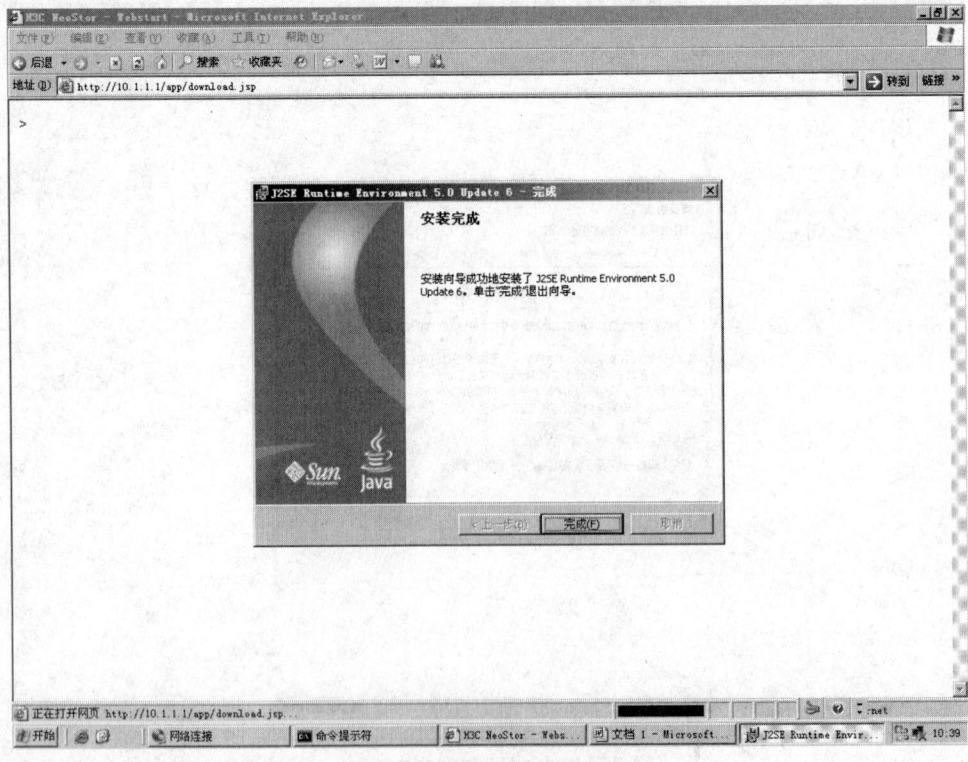

图 2-32　JRE 安装完成界面

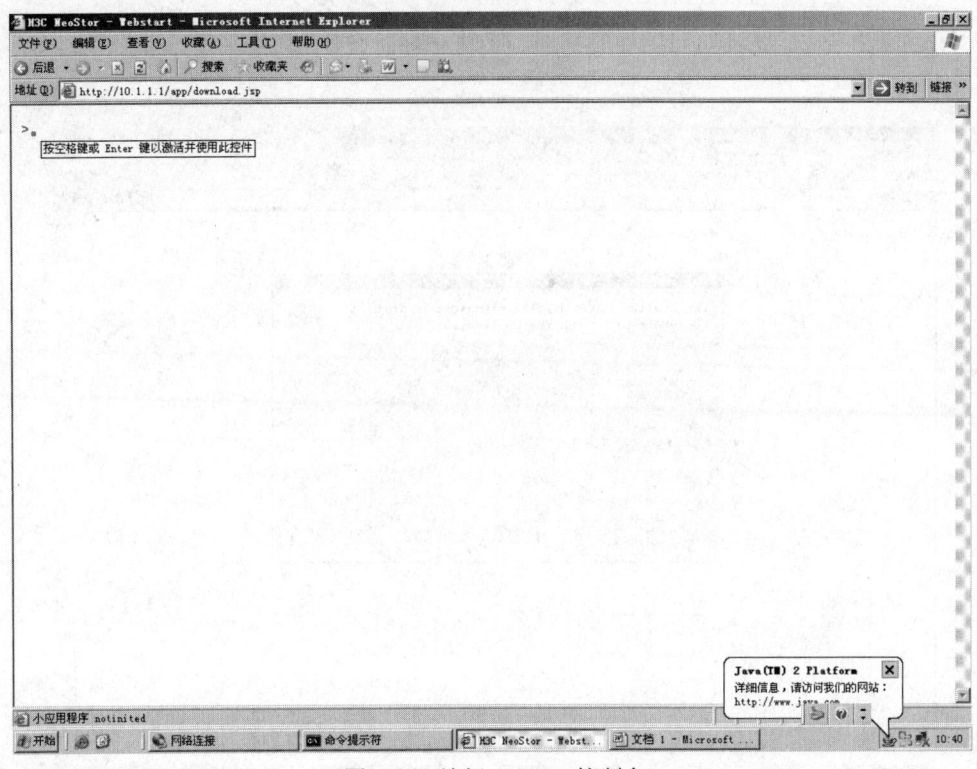

学习情境 2　Windows 服务器安装配置与存储设备应用——.NET 企业网站运行及数据存储配置

图 2-33　访问 NeoStor 控制台

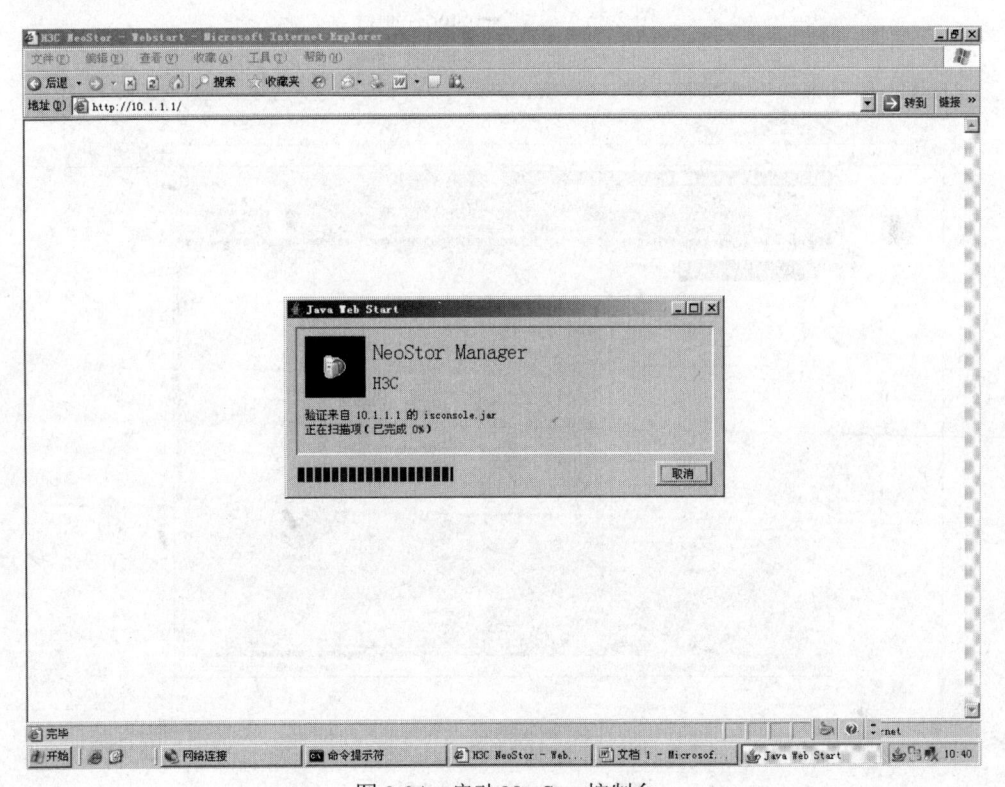

图 2-34　启动 NeoStor 控制台

（4）安装完成后再次输入存储相应端口的 IP 地址，启动存储配置管理系统，如图 2-35 和图 2-36 所示。

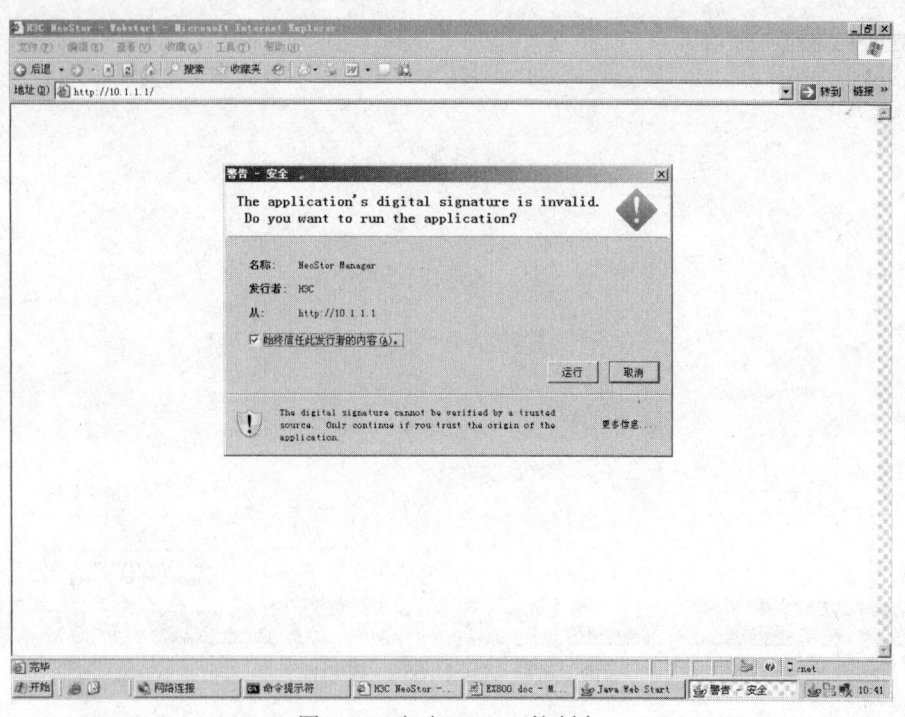

图 2-35　启动 NeoStor 控制台

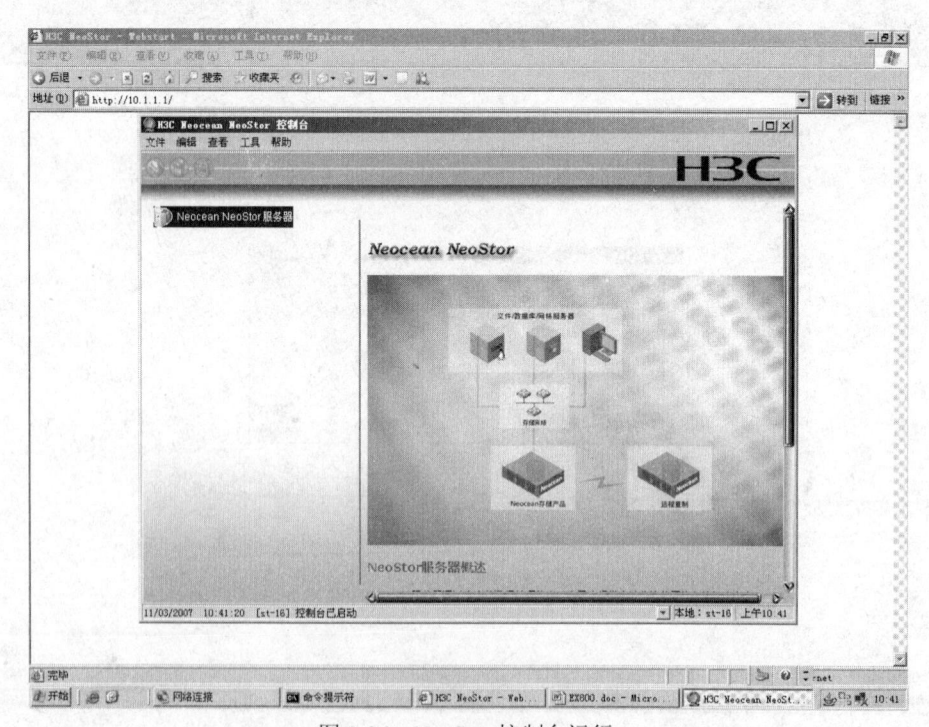

图 2-36　NeoStor 控制台运行

（5）右击"Neocean NeoStor 服务器"图标，在弹出的快捷菜单中选择"添加"命令，如图 2-37 所示。

图 2-37　添加服务器

（6）输入 NeoStor 存储的 IP 及用户名、密码登录存储，如图 2-38 至图 2-40 所示。

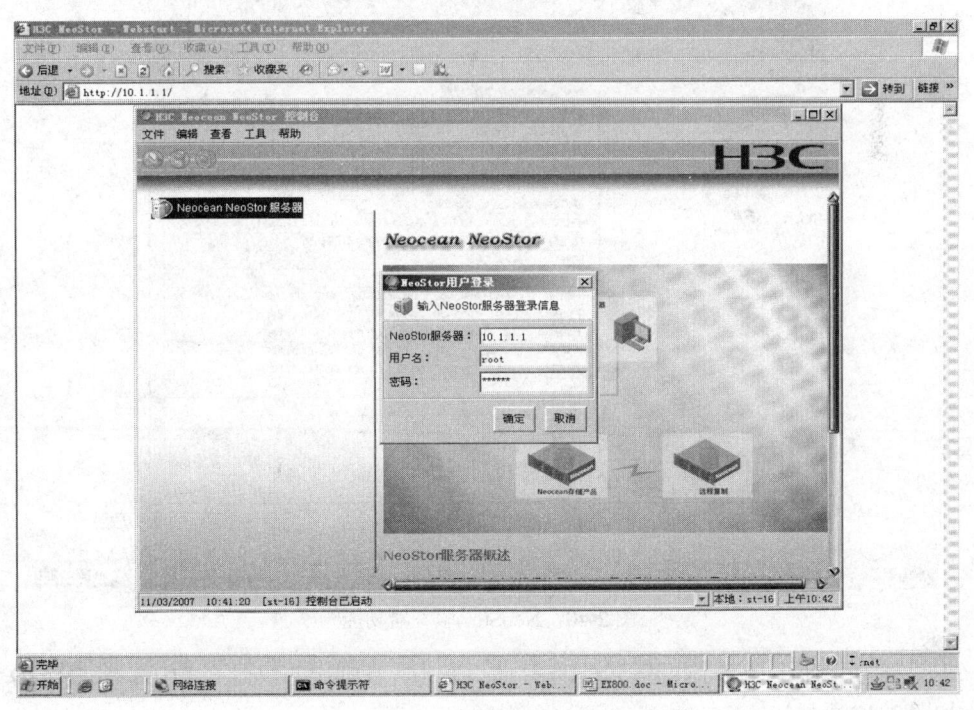

图 2-38　登录 NeoStor

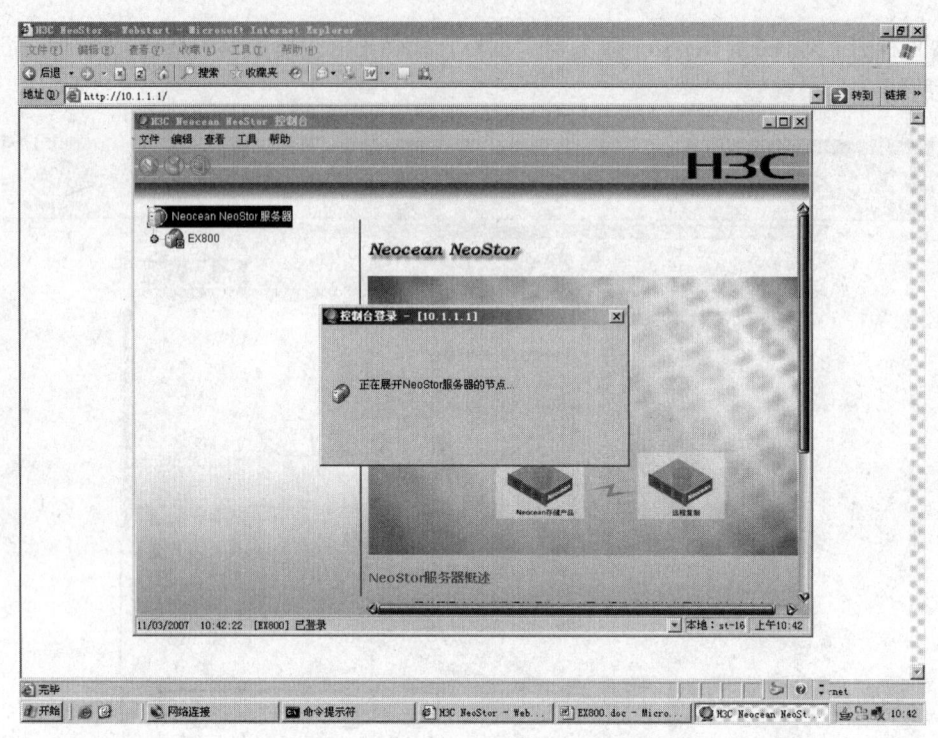

图 2-39　展开 NeoStor 服务器功能节点

图 2-40　NeoStor 服务器功能

（7）连接正常后，在左侧窗格 EX800 存储上右击，在弹出的快捷菜单中选择"RAID 管理"命令，如图 2-41 所示。

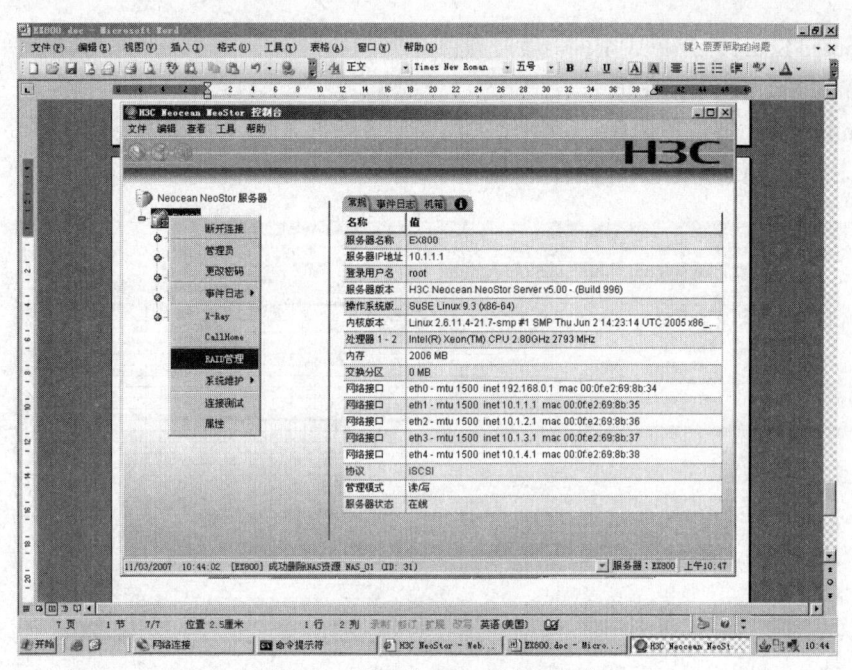

学习情境 2　Windows 服务器安装配置与存储设备应用——.NET 企业网站运行及数据存储配置

图 2-41　选择"RAID 管理"命令

（8）进入 RAID 管理界面后，选择 Create 开始创建 RAID，如图 2-42 所示。

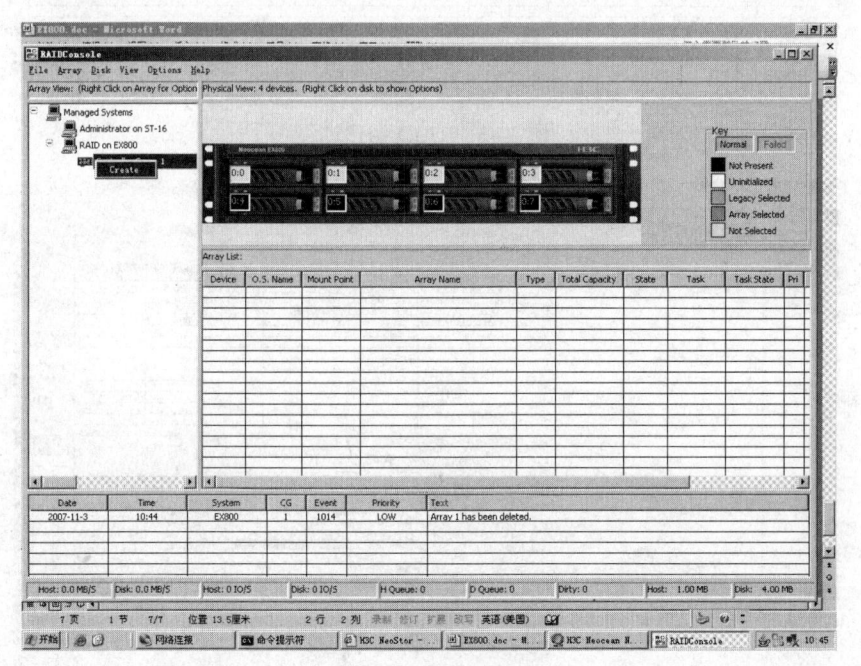

图 2-42　创建 RAID

（9）选择创建 RAID 的磁盘，本项目中是选择所有的磁盘创建一个 RAID5，并选择相关参数，如图 2-43 至图 2-45 所示。下面介绍一下相关参数选项。

Capacity：容量。

Cache Options：缓存选项。

Distributed Spare：分布式空间。

Dedicated Spare：指定空间。

Skip Initialize：是否初始化，初始化大约需要 8 小时，如无特殊需要建议不要初始化。

Leave Existing Data Intact：保存已存在的数据。

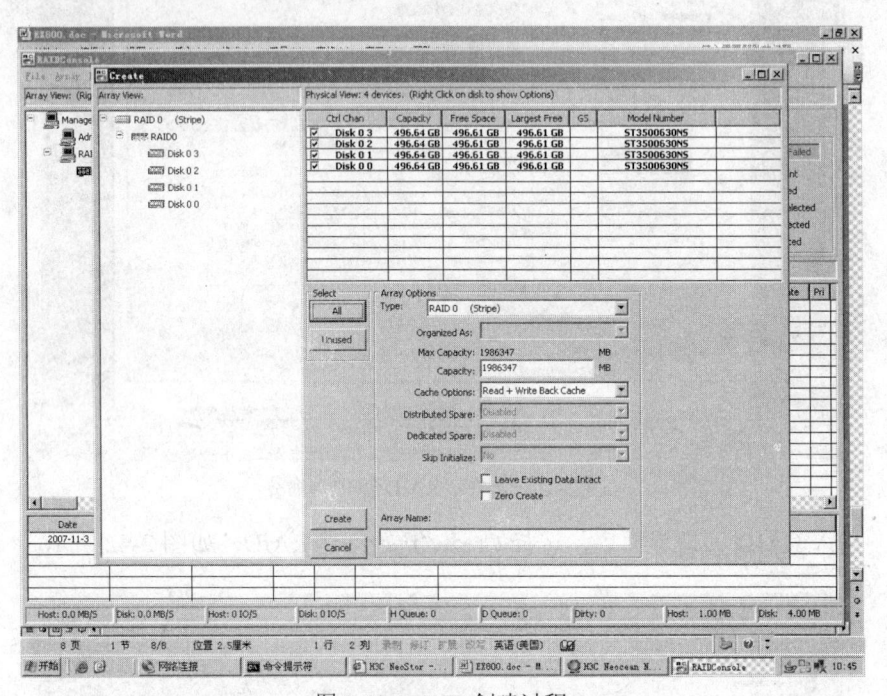

图 2-43　RAID 创建过程

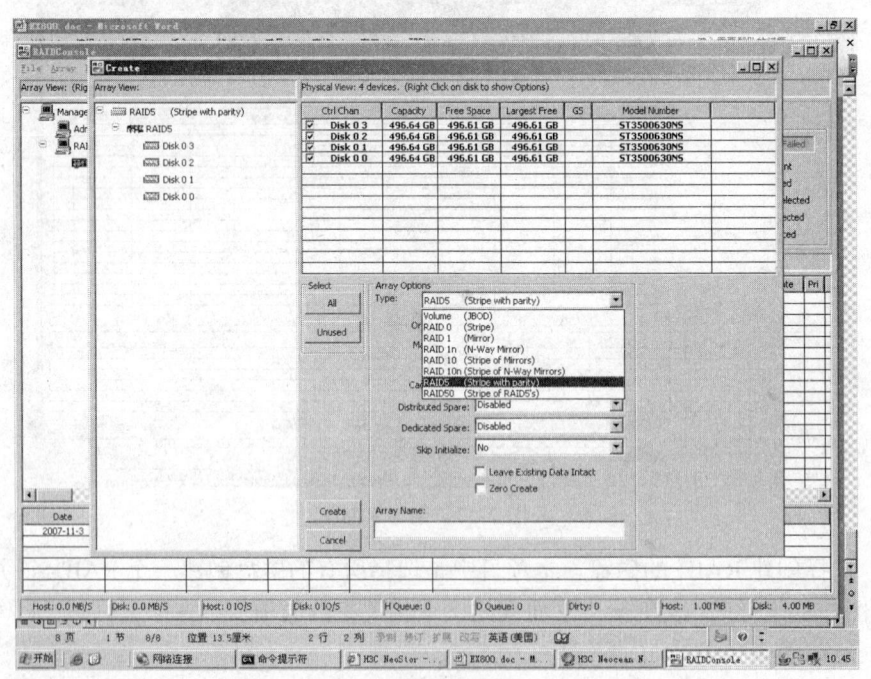

图 2-44　创建 RAID5（一）

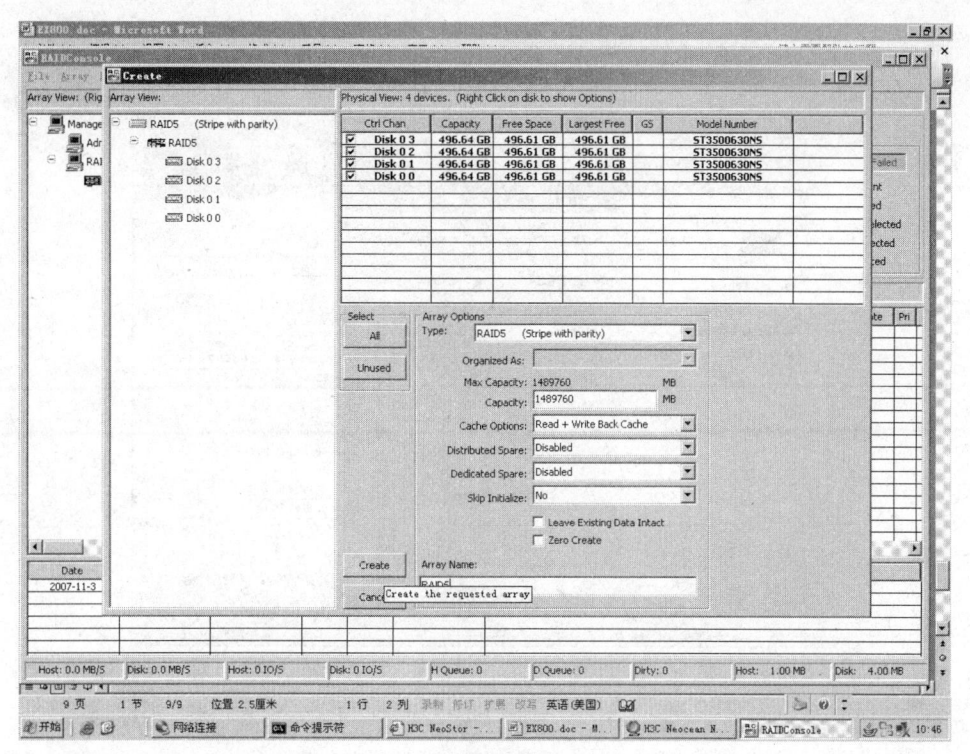

学习情境 2　Windows 服务器安装配置与存储设备应用——.NET 企业网站运行及数据存储配置

图 2-45　创建 RAID5（二）

（10）网络配置及网口聚合，如图 2-46 和图 2-47 所示。

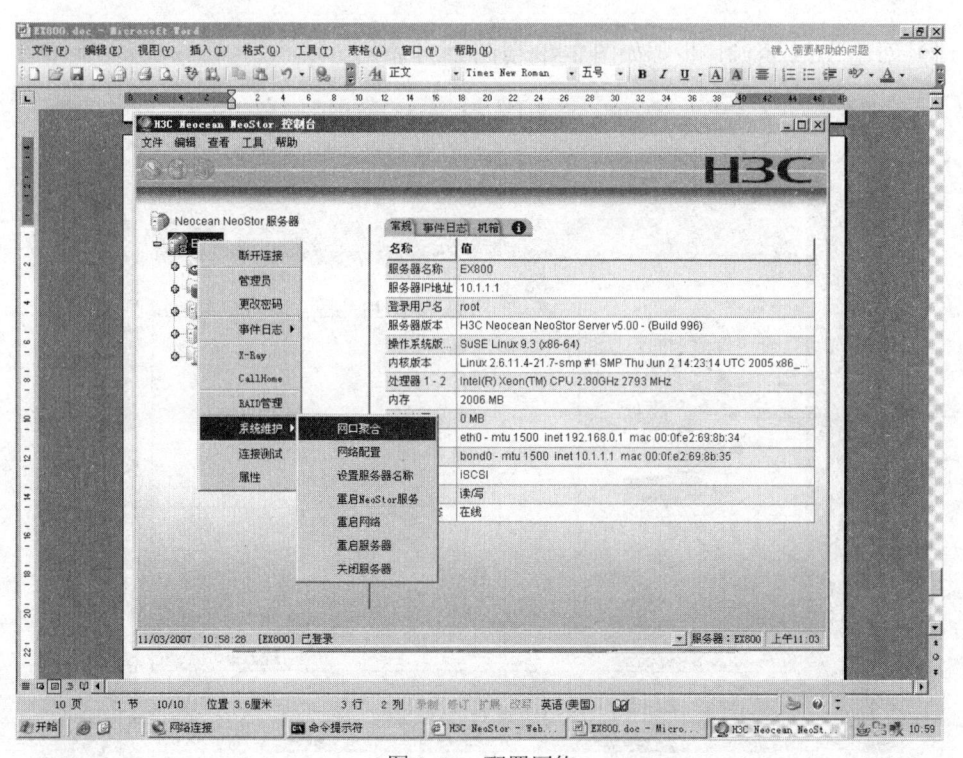

图 2-46　配置网络

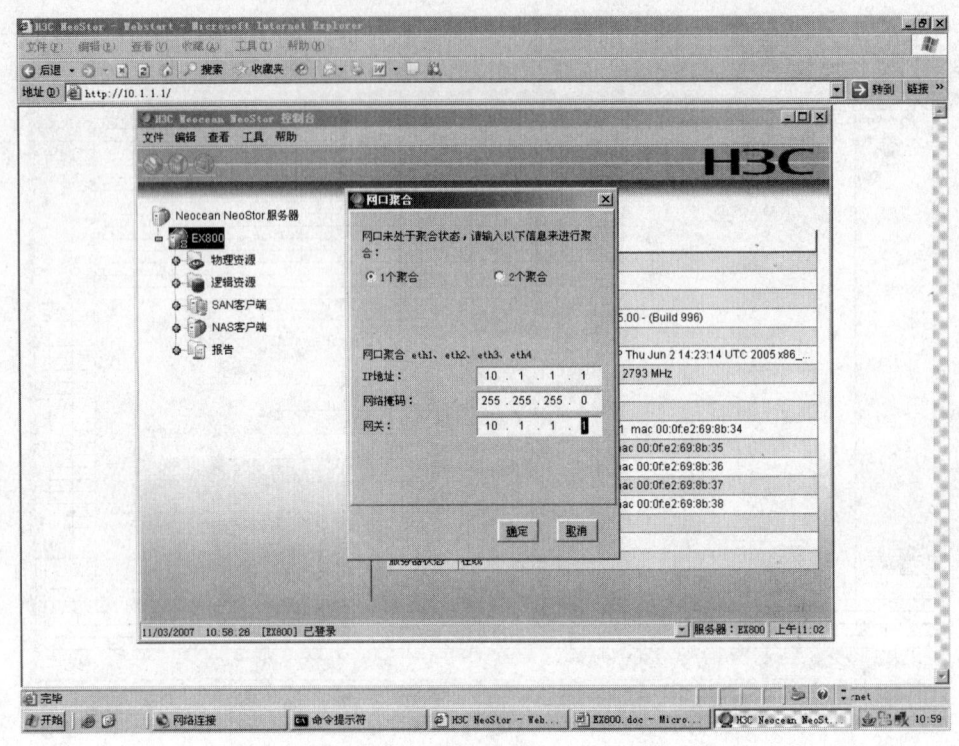

图 2-47 设置"网口聚合"对话框

2.6.4 SAN 资源创建

（1）创建 SAN 资源，步骤如图 2-48 至图 2-54 所示。

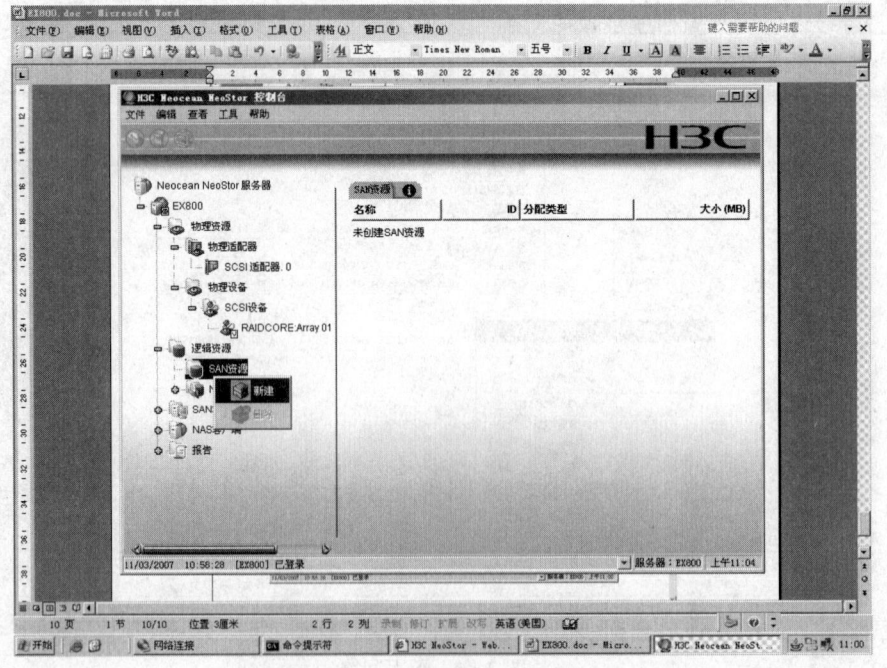

图 2-48 新建 SAN 资源

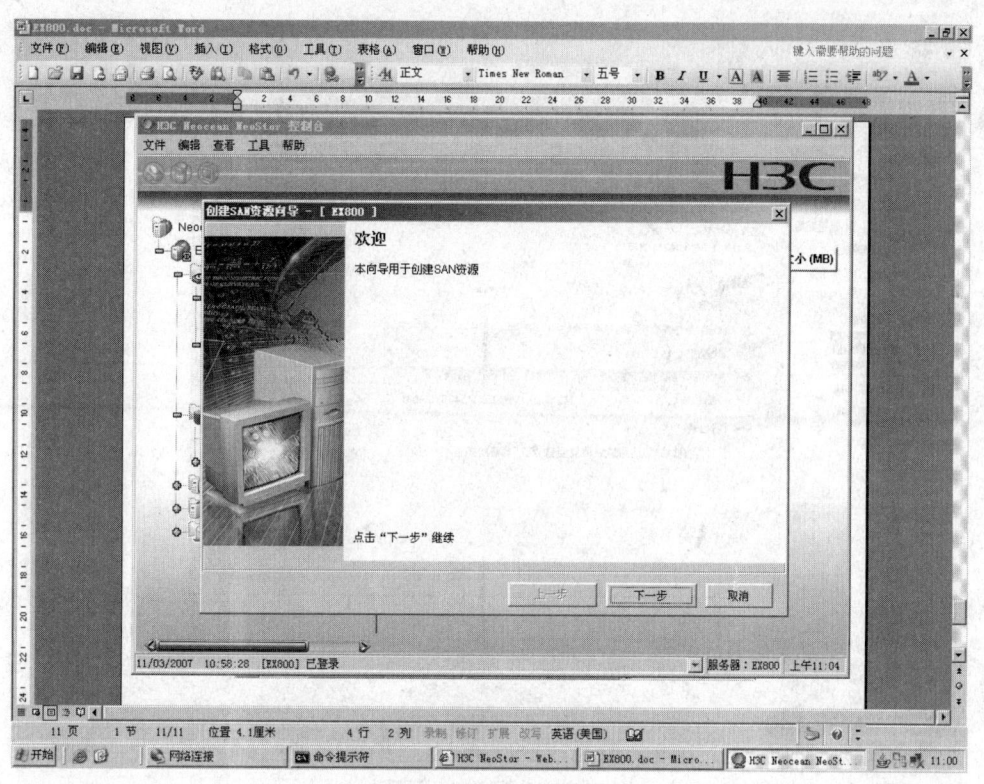

学习情境 2　Windows 服务器安装配置与存储设备应用——.NET 企业网站运行及数据存储配置

图 2-49　创建 SAN 资源向导

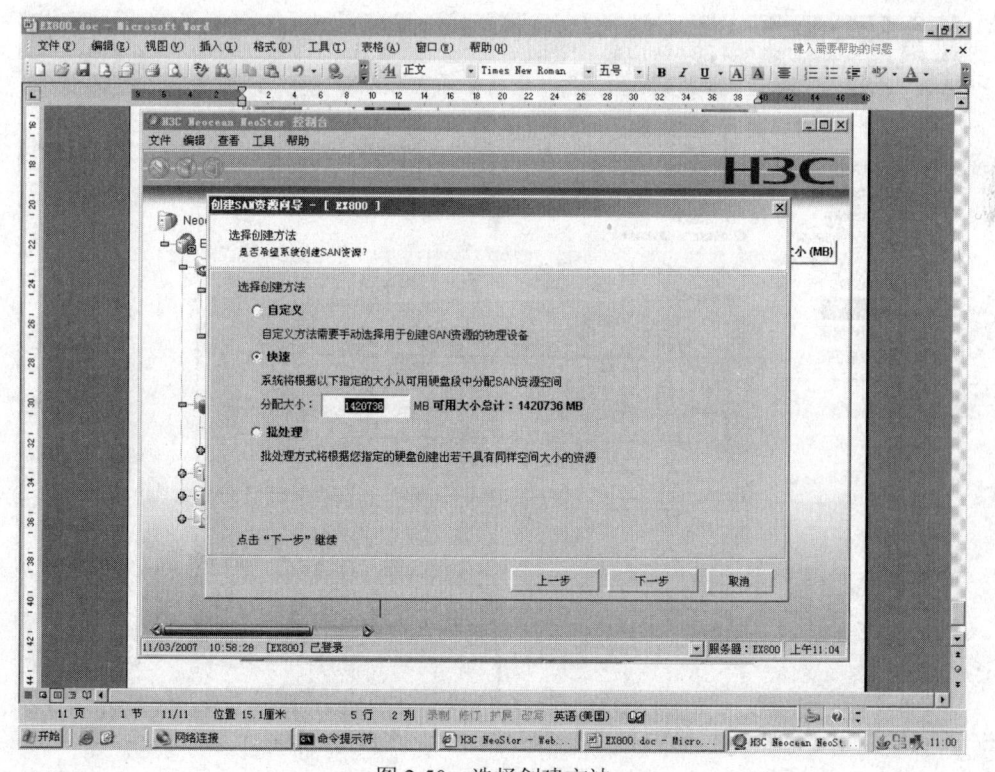

图 2-50　选择创建方法

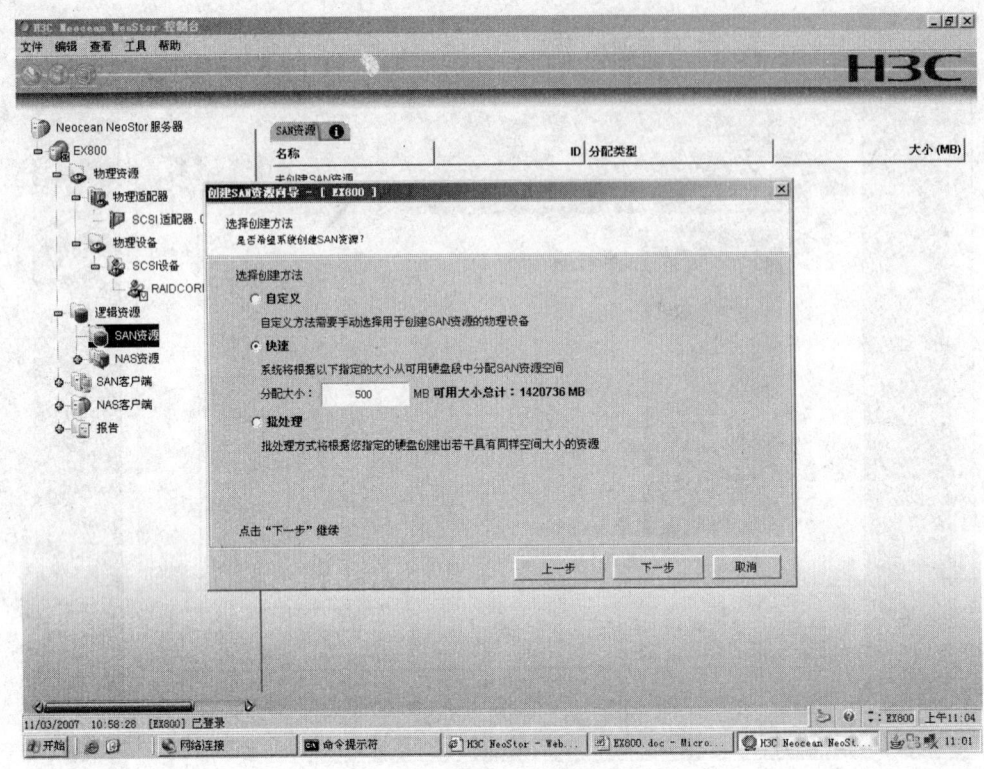

图 2-51　分配 SAN 资源大小

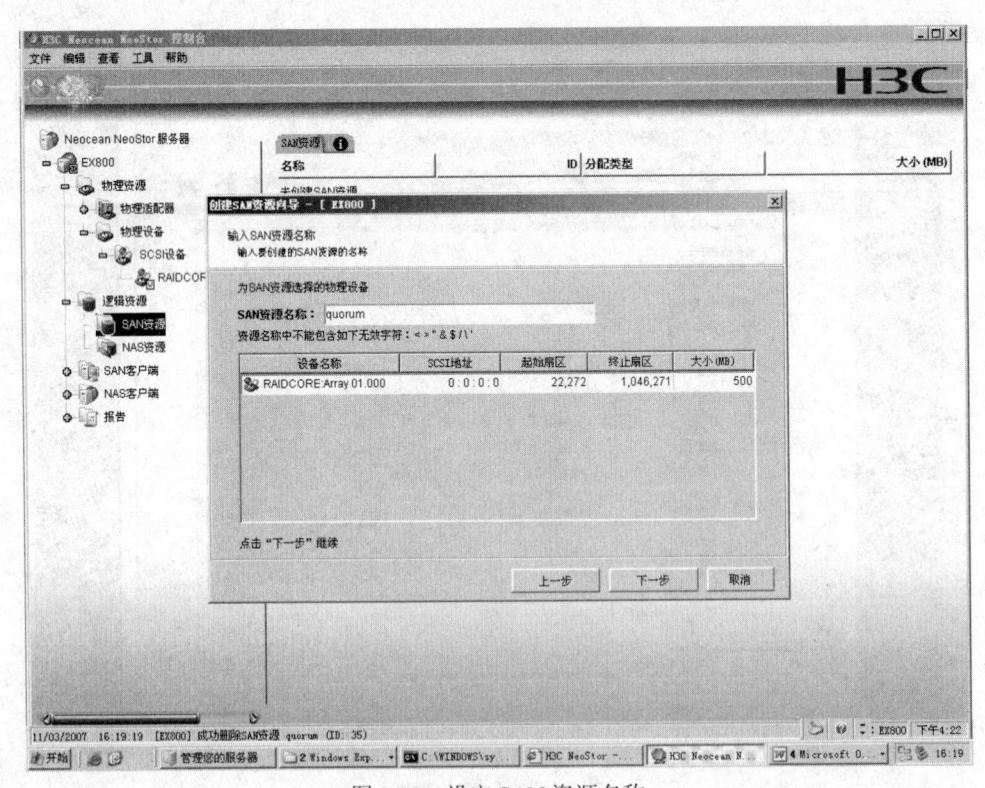

图 2-52　设定 SAN 资源名称

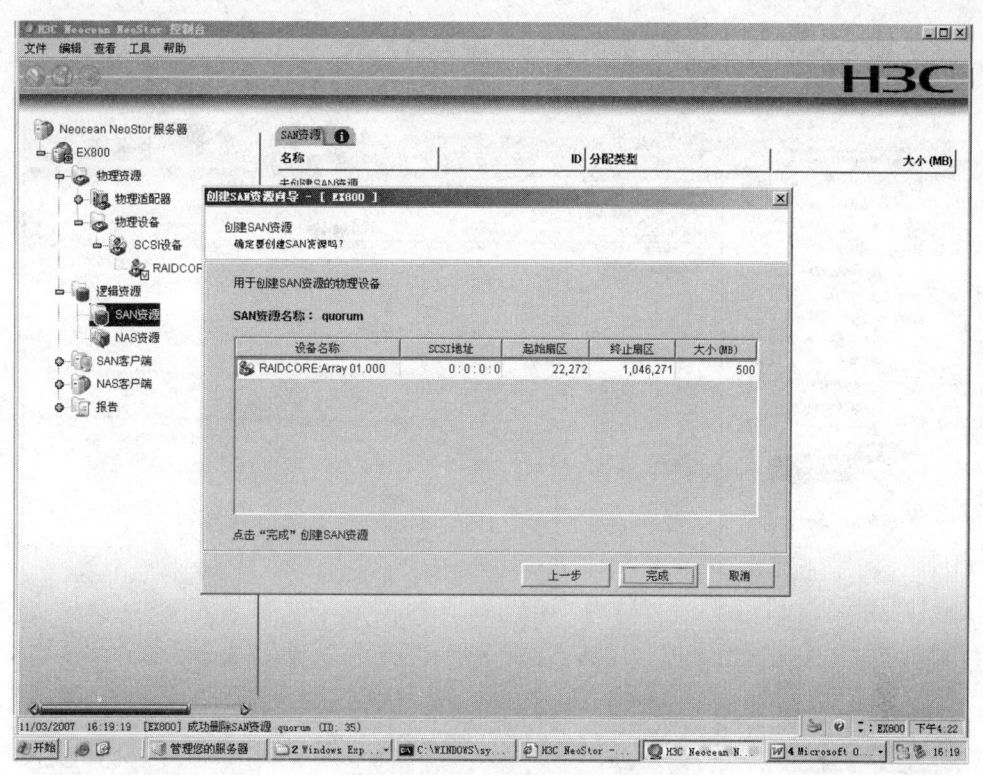

图 2-53 完成 SAN 资源创建

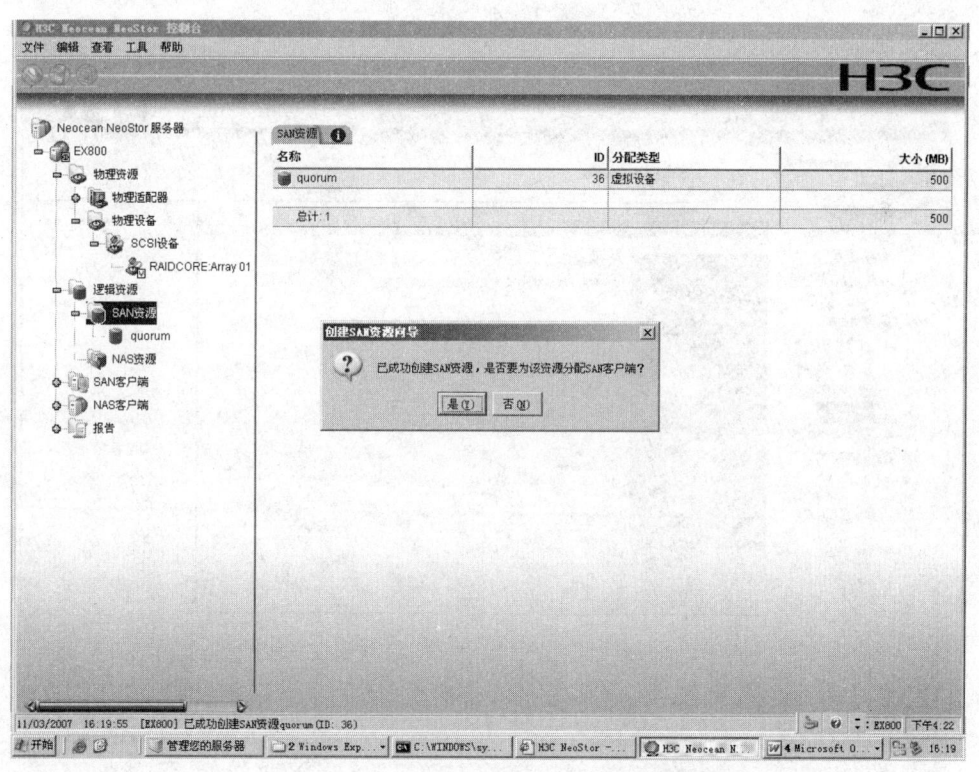

图 2-54 创建 SAN 客户端

(2) 添加 SAN 资源客户端，如图 2-55 至图 2-62 所示。

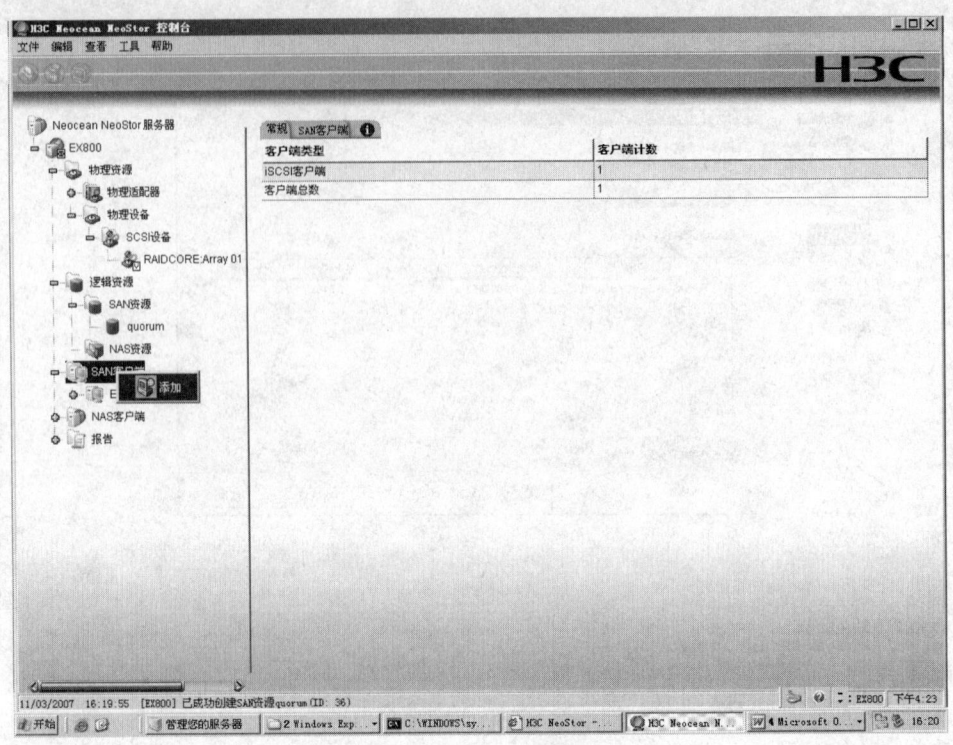

图 2-55　选择添加 SAN 资源客户端

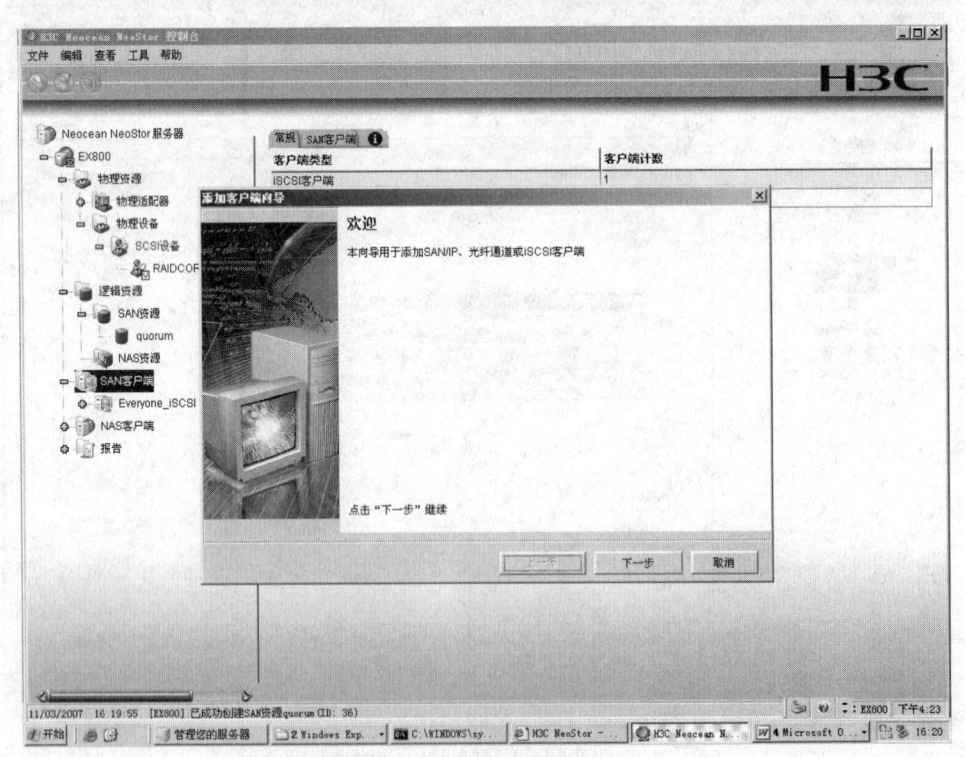

图 2-56　添加 SAN 客户端向导

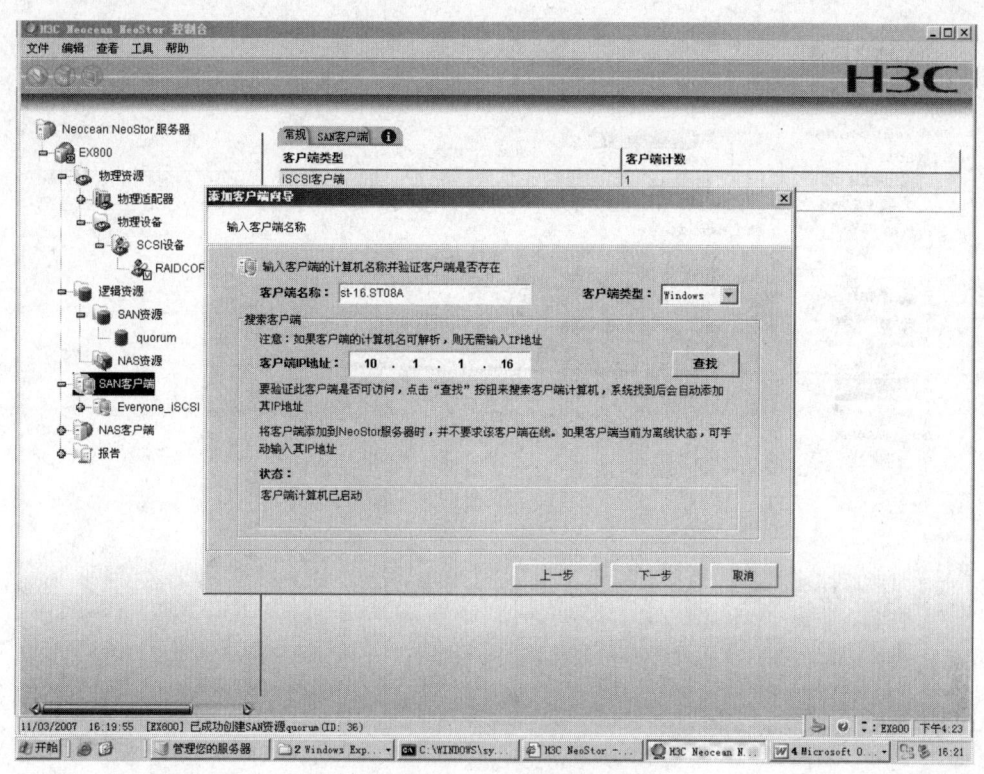

图 2-57　输入 SAN 资源客户端信息

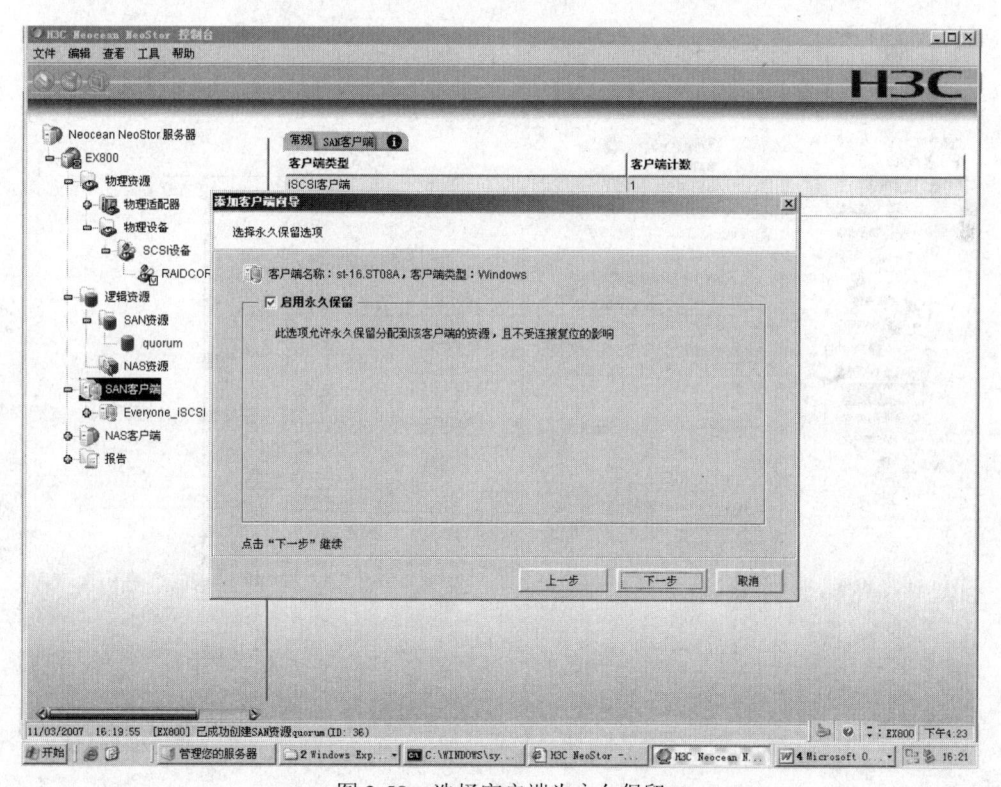

图 2-58　选择客户端为永久保留

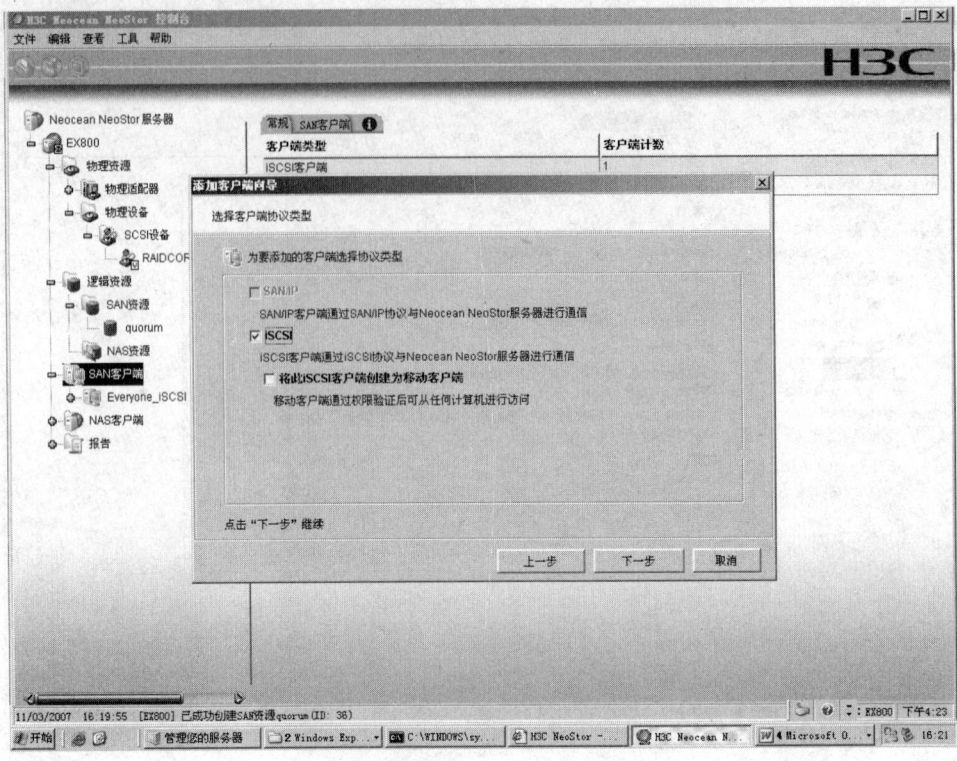

图 2-59　选择 iSCSI 客户端协议

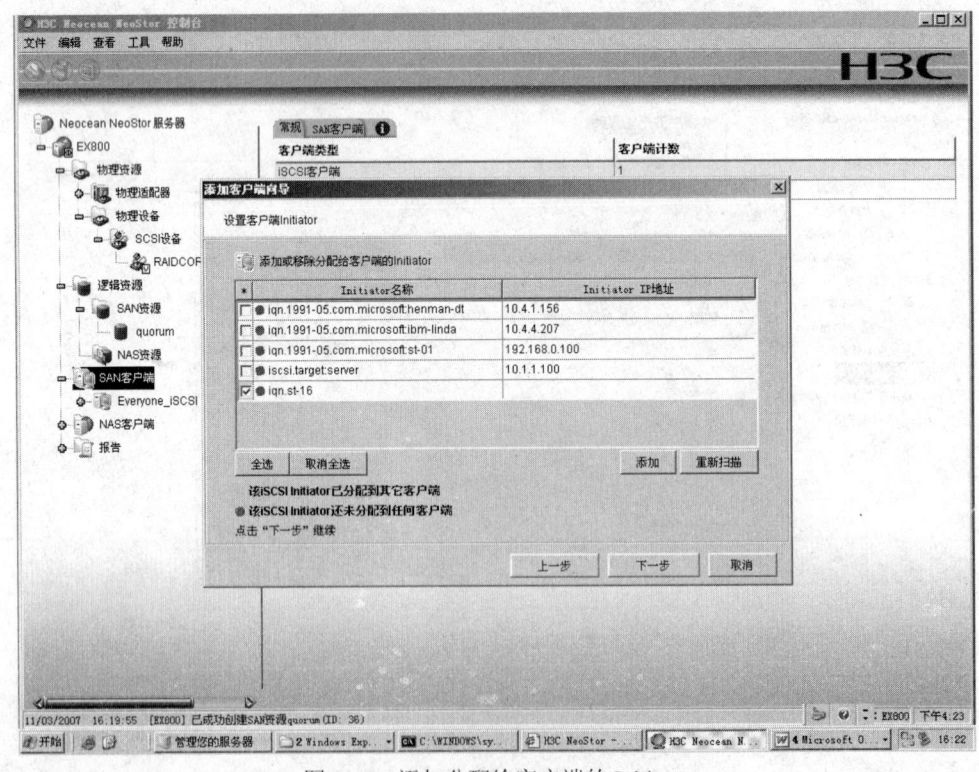

图 2-60　添加分配给客户端的 Initiator

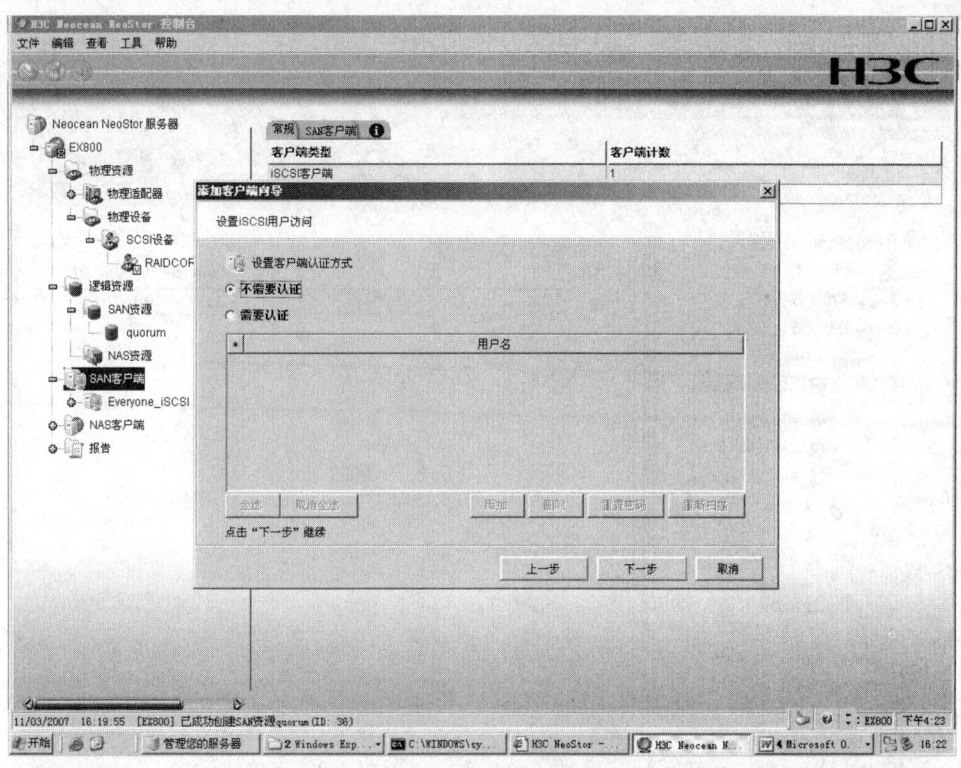

图 2-61 设置客户端认证方式

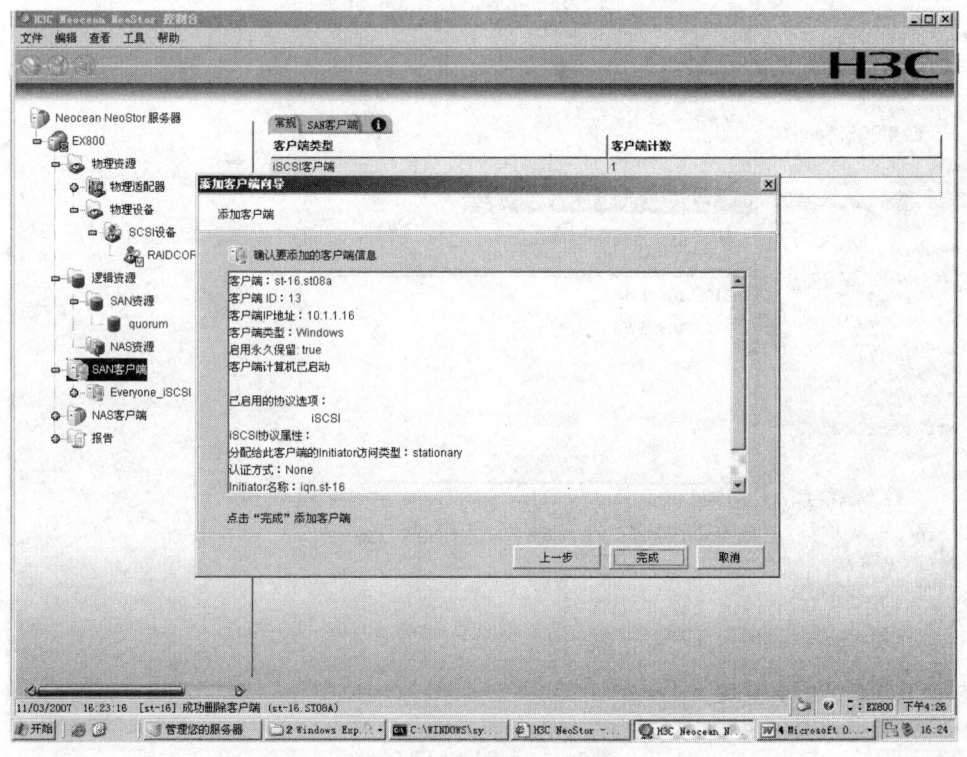

图 2-62 完成添加客户端

（3）创建 Target，步骤如图 2-63 至图 2-67 所示。

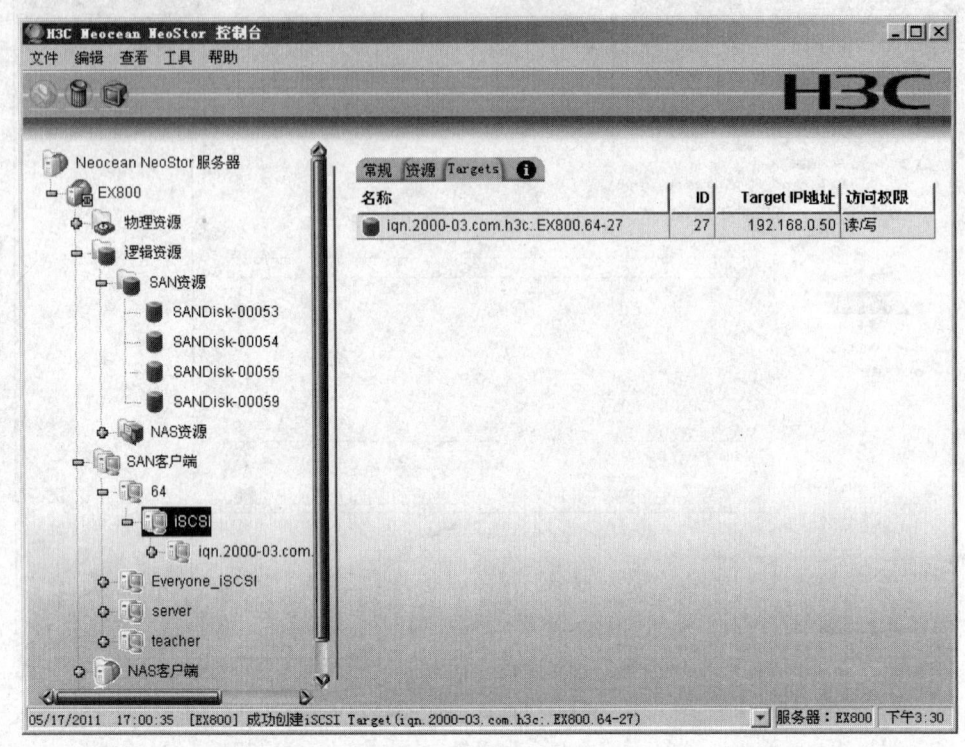

图 2-63 选择客户端 iSCSI

图 2-64 创建 iSCSI Target

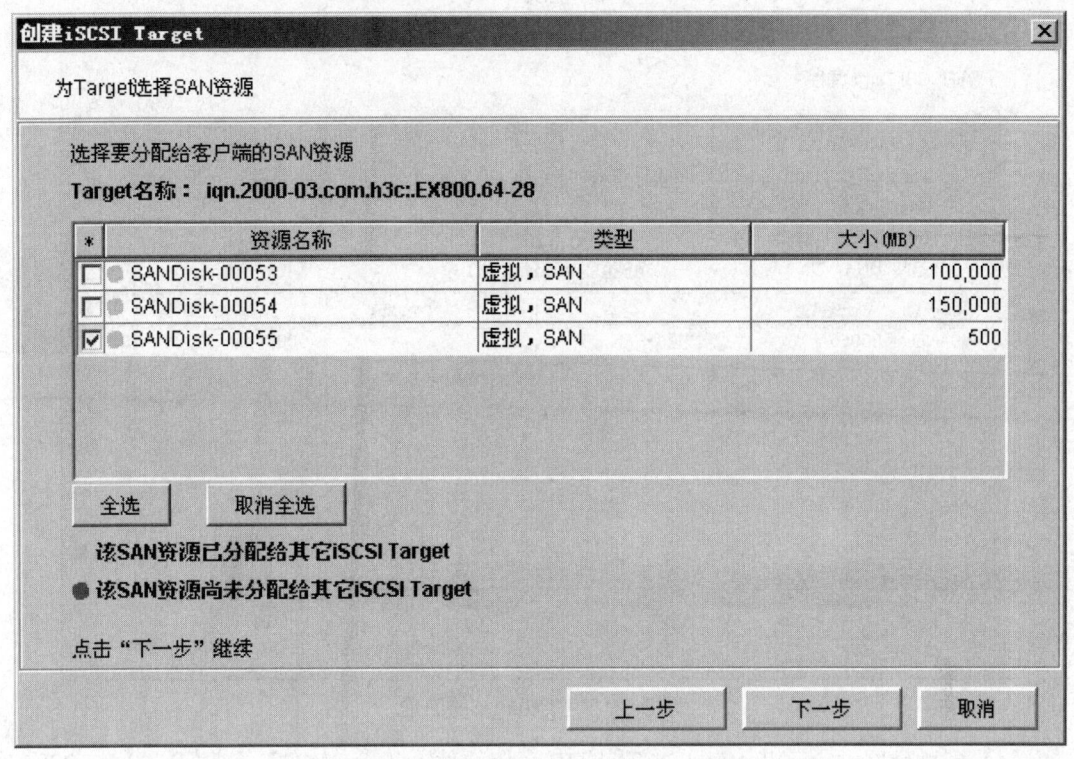

学习情境 2　Windows 服务器安装配置与存储设备应用——.NET 企业网站运行及数据存储配置

图 2-65　选择分配给客户端的 SAN 资源

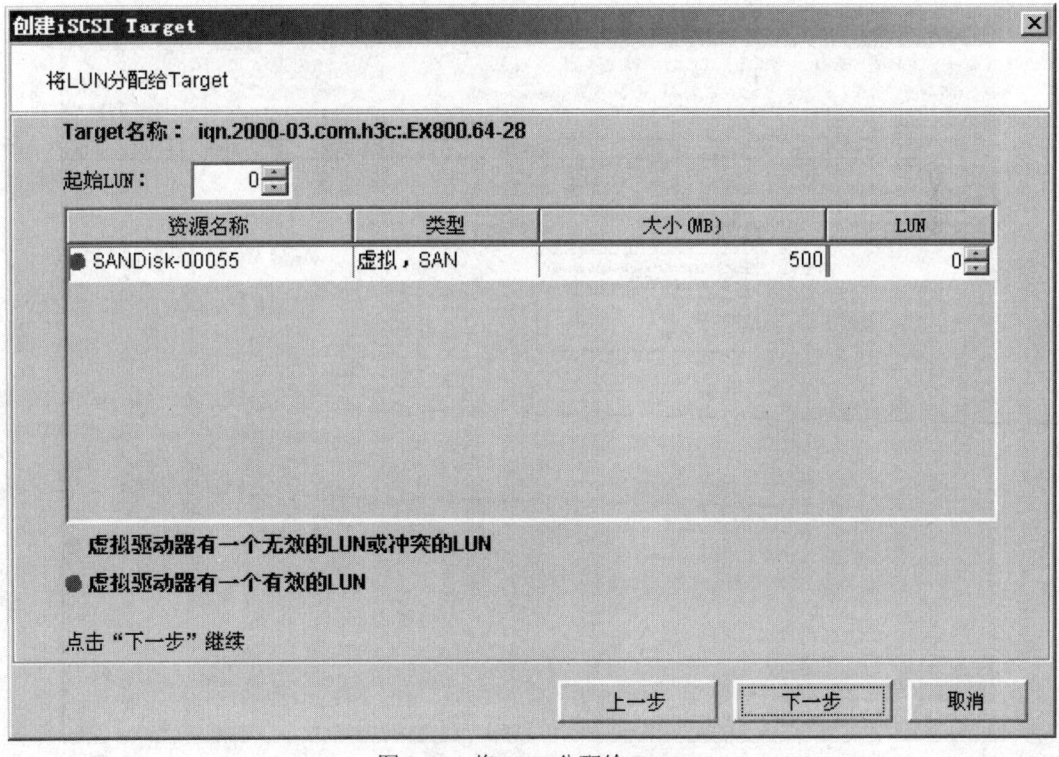

图 2-66　将 LUN 分配给 Target

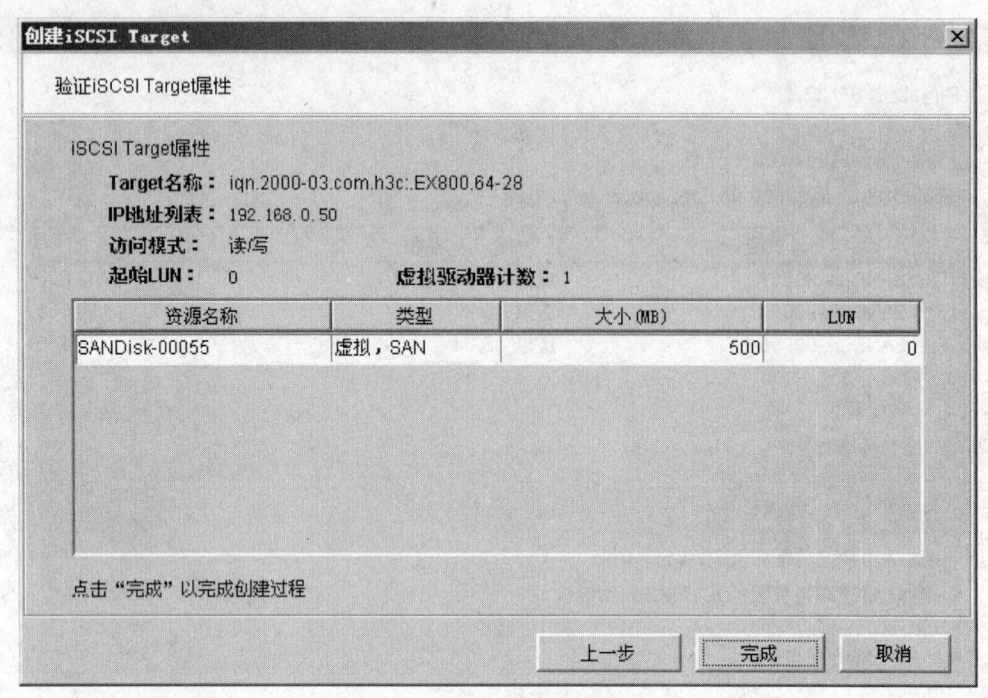

图 2-67 完成 Target 的创建

（4）到微软网站上下载 Windows 连接 IP 存储软件 Initiator 软件，创建 Windows 2003 客户端连接，如图 2-68 所示。

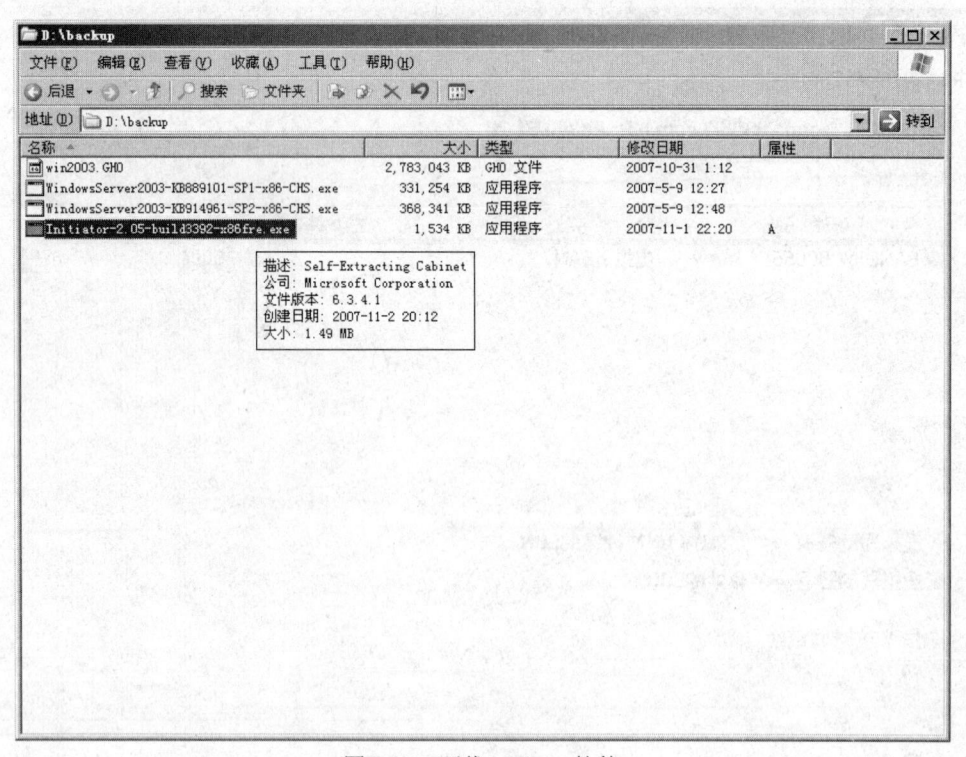

图 2-68 下载 Initiator 软件

学习情境 2　Windows 服务器安装配置与存储设备应用——.NET 企业网站运行及数据存储配置

1）单击 Initiator 开始安装，如图 2-69 所示。

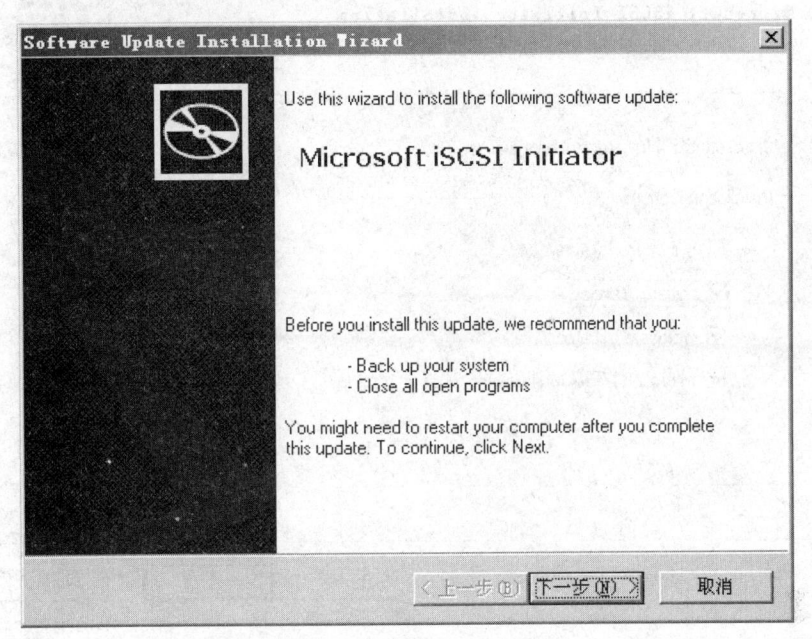

图 2-69　安装 Initiator（一）

2）单击"下一步"按钮，如图 2-70 所示。

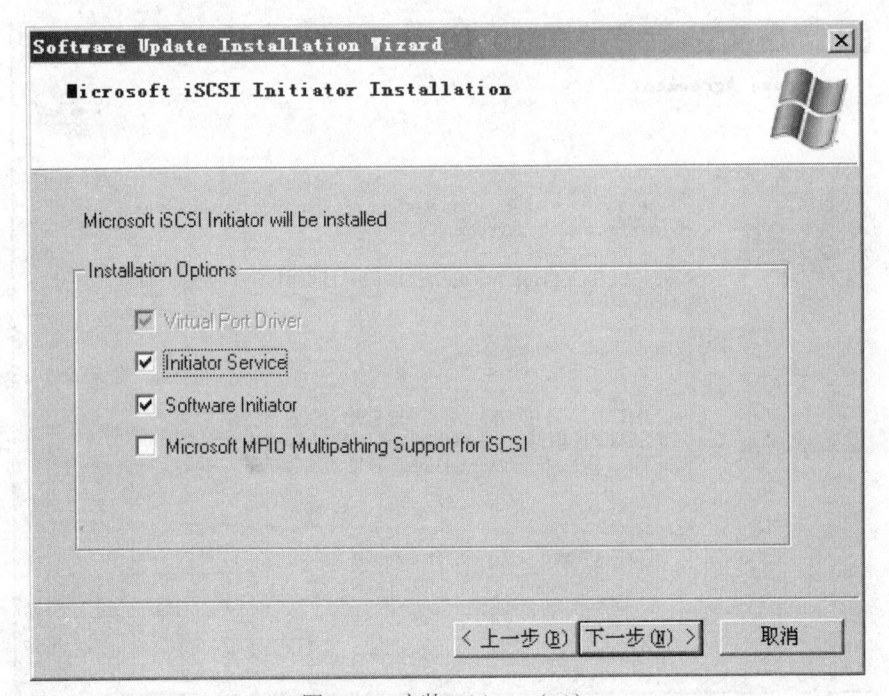

图 2-70　安装 Initiator（二）

3）选择安装组件（其中 Microsoft MPIO Multipathing Support for iSCSI 是多路径支持），如图 2-71 所示，选择组件后继续。

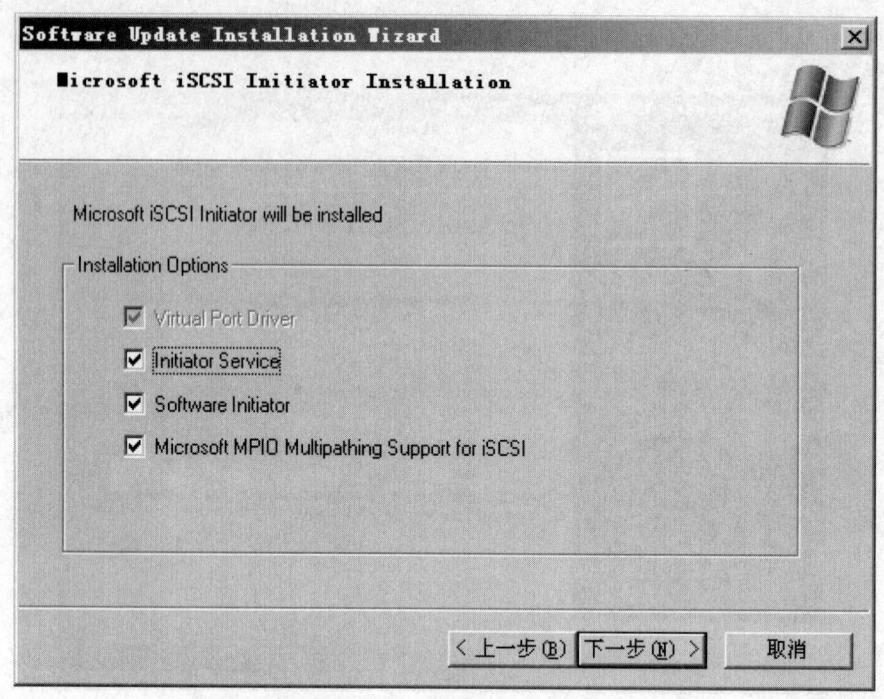

图 2-71　安装 Initiator（三）

4）接受协议，如图 2-72 所示。

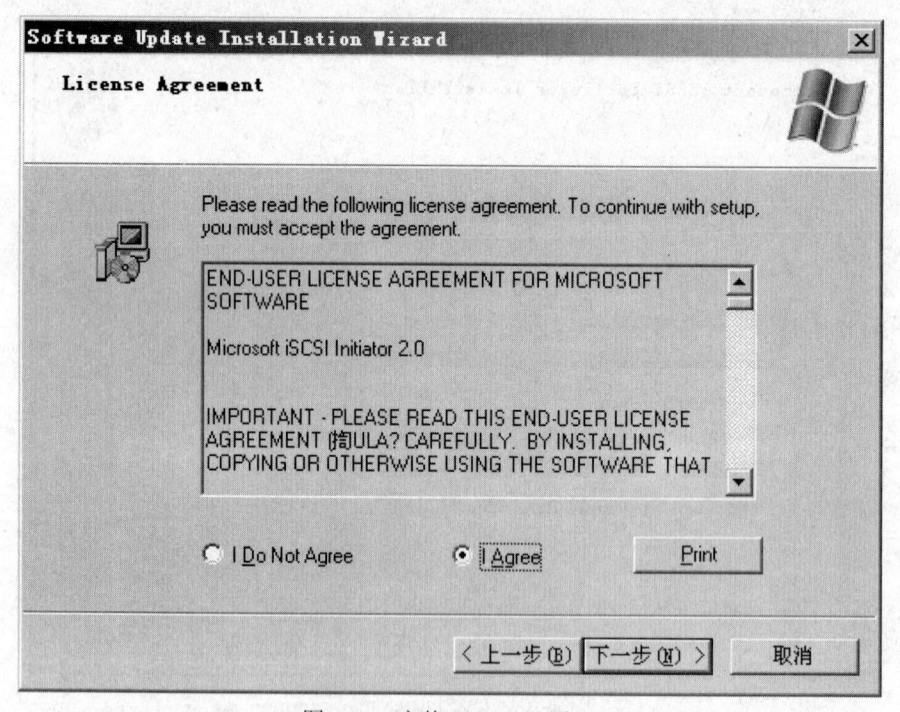

图 2-72　安装 Initiator（四）

5）开始安装，如图 2-73 和图 2-74 所示。

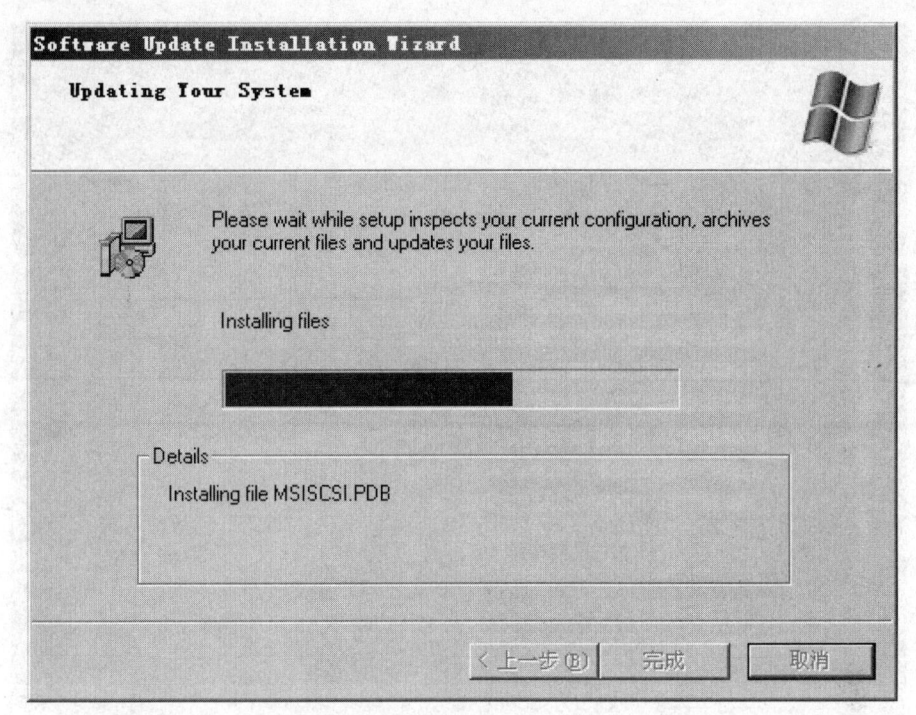

图 2-73　安装 Initiator（五）

图 2-74　安装 Initiator（六）

6）完成并重启服务器，至此完成了服务器的安装。

7）重启完成后桌面上出现 iSCSI Initiator 软件图标，选择组件后继续，如图 2-75 所示。

8）双击 iSCSI Initiator 图标运行，单击 Change 按钮更改本地 Initiator Node Name，如图 2-76 所示。

图 2-75　桌面上的 iSCSI Initiator 软件图标

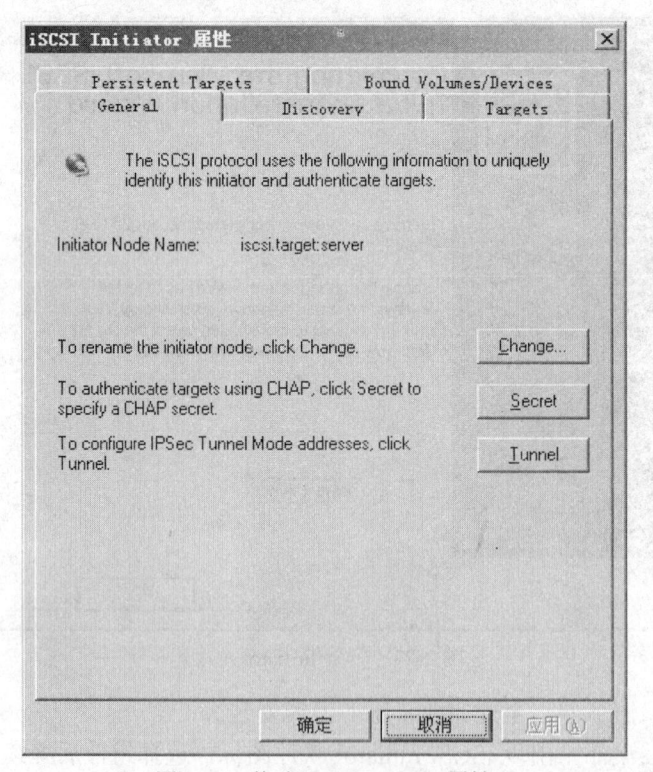

图 2-76　修改 iSCSI Initiator 属性

9）输入 Initiator Node Name 名称，并单击 OK 按钮，如图 2-77 所示。

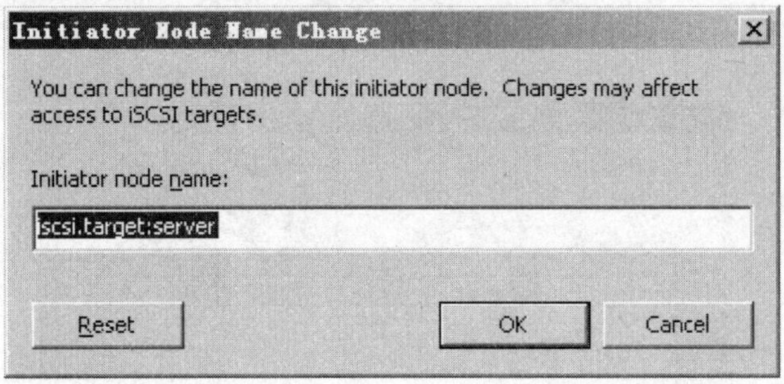

学习情境 2　Windows 服务器安装配置与存储设备应用——.NET 企业网站运行及数据存储配置

图 2-77　输入 Initiatornitiator Node Name

10）单击 Add 按钮添加 IP 存储的地址，如图 2-78 所示。

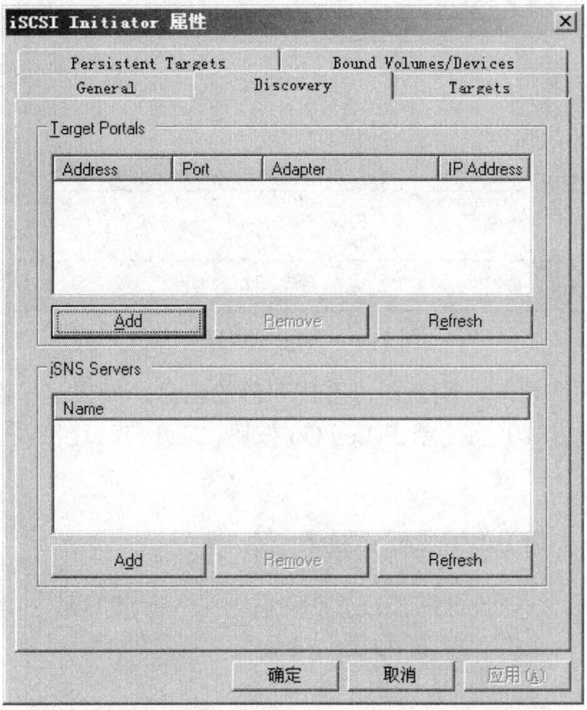

图 2-78　设置"iSCSI Initiator 属性"对话框

11）填写存储服务器的 IP 地址和端口号，如图 2-79 所示。

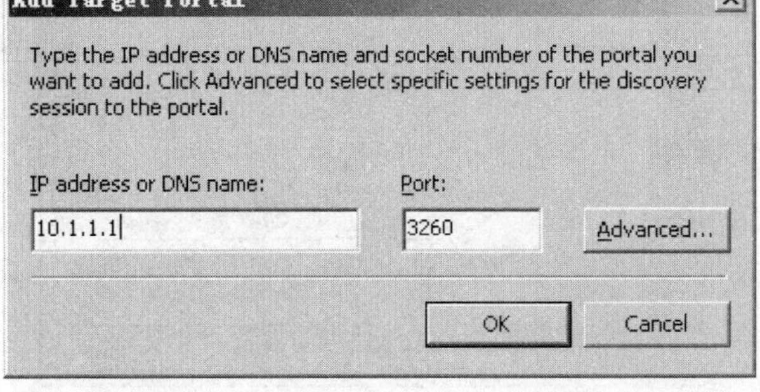

图 2-79　添加存储服务器的 IP 地址和端口号

12）单击 OK 按钮确认存储 IP 地址及端口，效果如图 2-80 所示。

图 2-80　Targets 信息确认

13）单击 Targets 选项卡，刷新即可看到存储的信息，如果这里没有信息说明配置有问题，请检查配置，如图 2-81 所示；单击 Log On 按钮，打开自动连接及多路径支持，如图 2-82 所示。

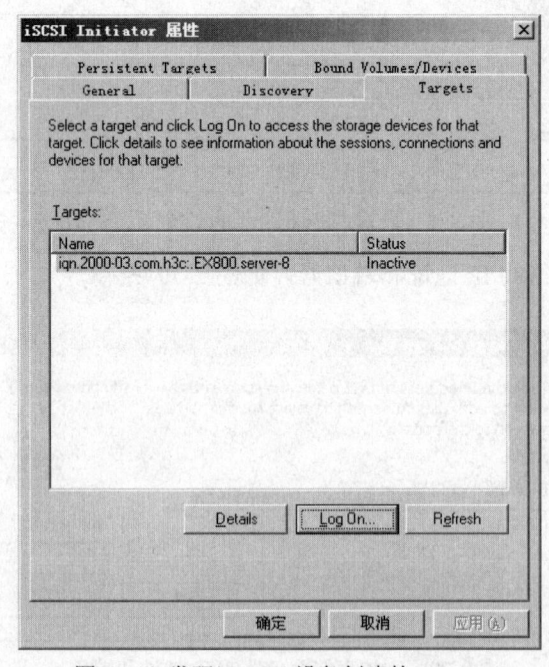

图 2-81　发现 EX800 设备创建的 Targets

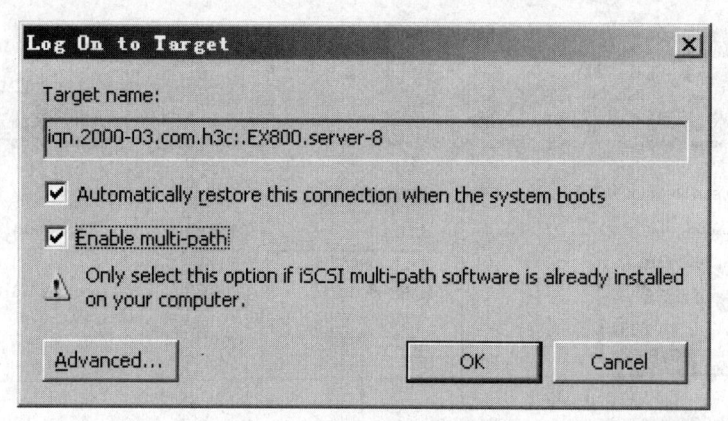

学习情境 2　Windows 服务器安装配置与存储设备应用——.NET 企业网站运行及数据存储配置

图 2-82　设置 Target 登录信息

至此，已完成配置并激活存储连接，如图 2-83 所示。

图 2-83　完成配置并激活存储连接

这样存储 SAN 分区与主机的连接完成，进入服务器操作系统的存储或磁盘管理器重新检测即可发现存储的分区。

2.6.5　NAS 资源创建

（1）选择 NAS 资源，如图 2-84 所示。

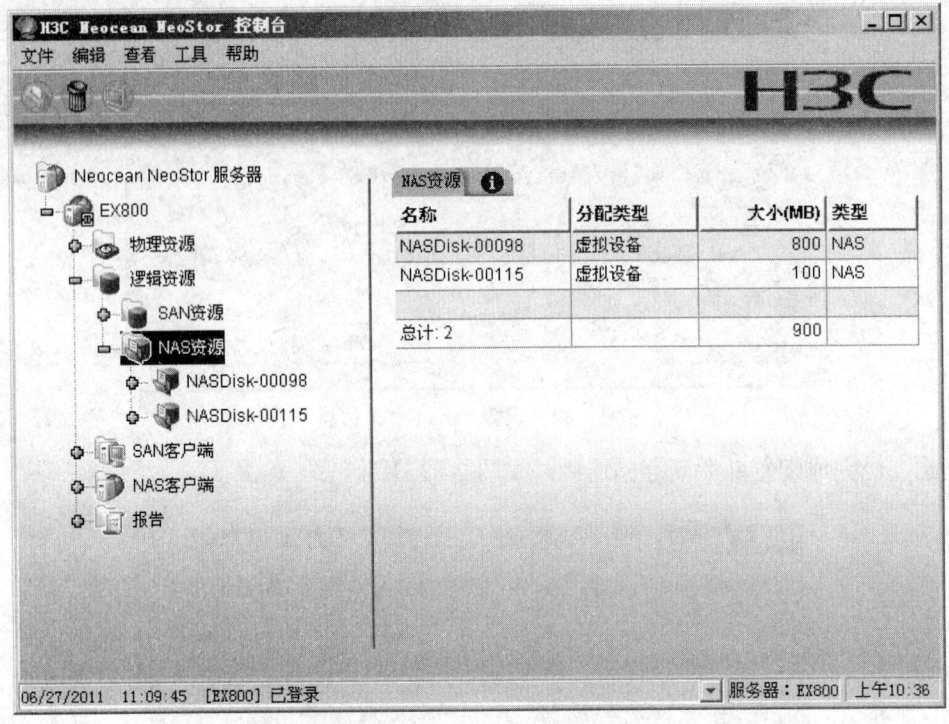

图 2-84　选择 NAS 资源

（2）进入"创建 NAS 资源向导"对话框，选择"文件系统"下拉列表框中的 xfs，单击"下一步"按钮，如图 2-85 所示。

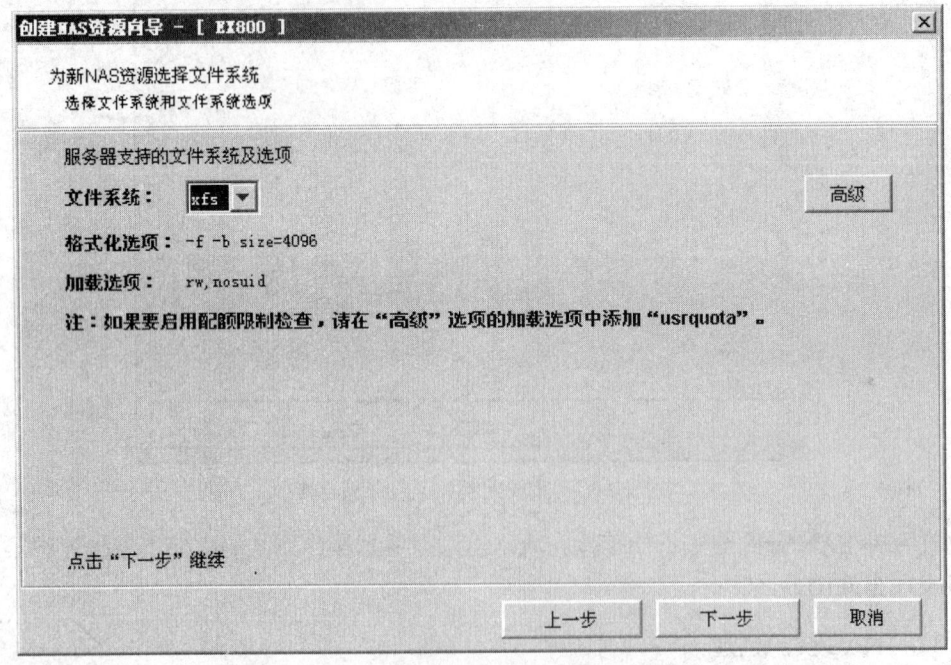

图 2-85　"创建 NAS 资源向导"对话框

（3）选中"快速"单选按钮，创建 NAS 资源为 1000MB，如图 2-86 所示。

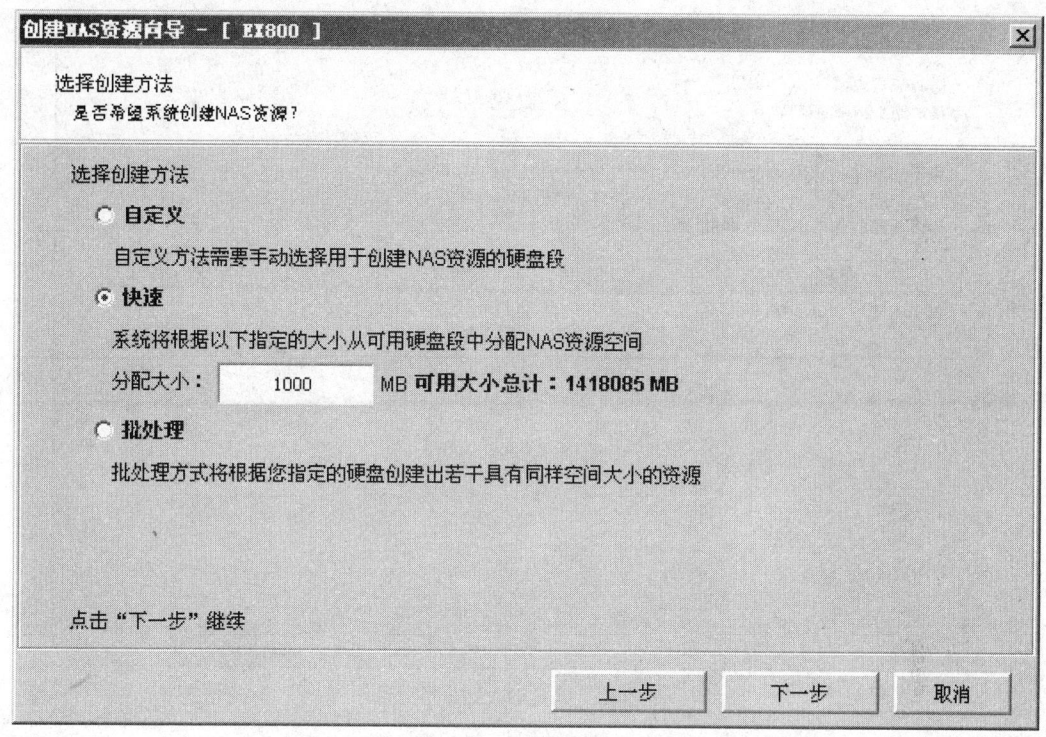

学习情境 2　Windows 服务器安装配置与存储设备应用——.NET 企业网站运行及数据存储配置

图 2-86　为 NAS 资源分配空间

（4）定义 NAS 资源名称，如图 2-87 和图 2-88 所示。

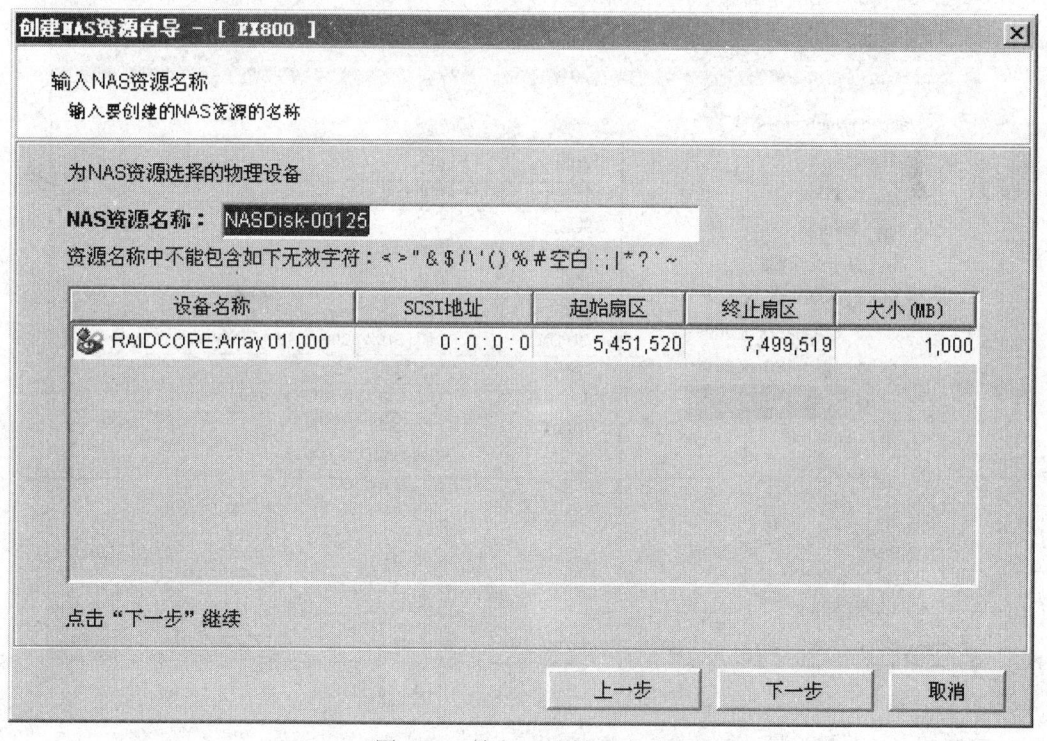

图 2-87　输入 NAS 资源名称

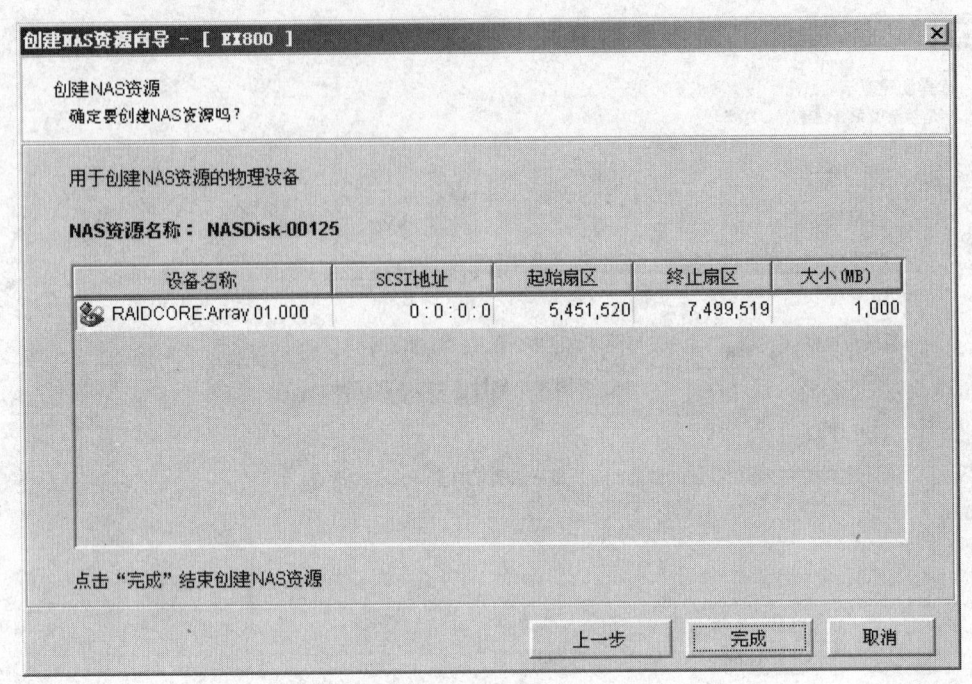

图 2-88　确定 NAS 资源信息

（5）选中刚创建的 NAS 资源，如图 2-89 所示。

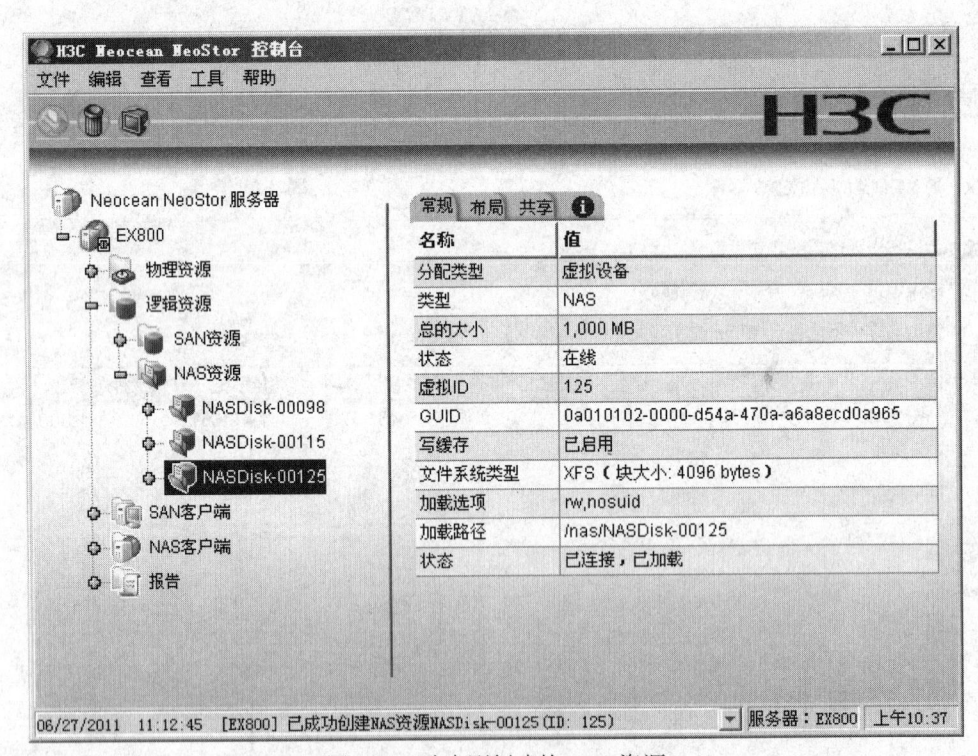

图 2-89　选中刚创建的 NAS 资源

（6）展开 NAS 资源，单击"新建共享"按钮，如图 2-90 所示。

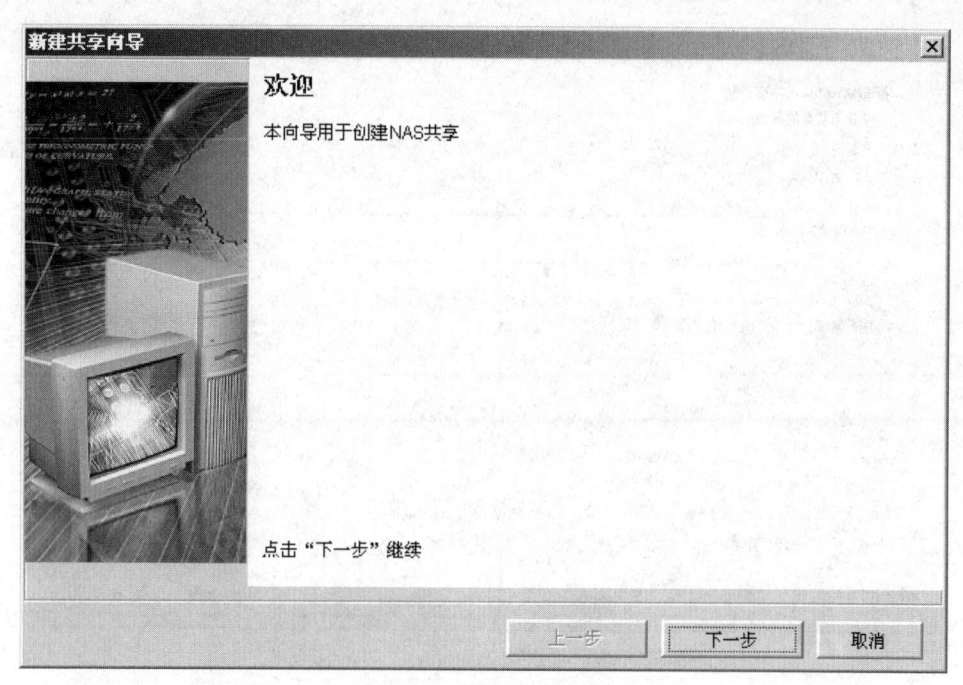

学习情境 2　Windows 服务器安装配置与存储设备应用——.NET 企业网站运行及数据存储配置

图 2-90　创建 NAS 共享

（7）输入共享文件夹名称为 web，单击"下一步"按钮，如图 2-91 所示。

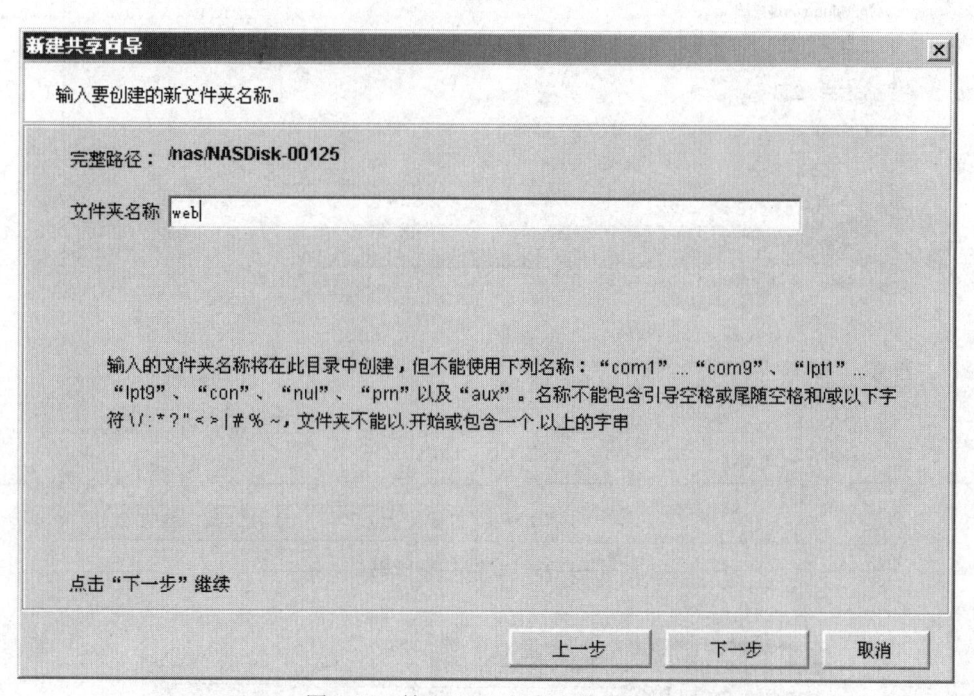

图 2-91　输入 NAS 共享文件夹名称

（8）选中"启用 Windows 共享"复选框，单击"下一步"按钮，如图 2-92 所示。
（9）输入客户端对共享文件夹的完全访问与只读权限的密码，单击"下一步"按钮，如图 2-93 至图 2-95 所示。

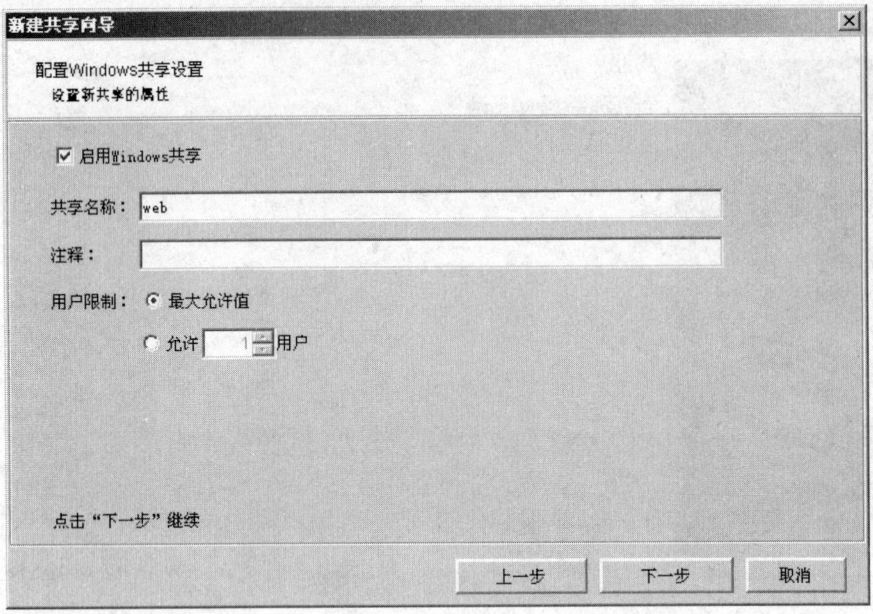

图 2-92 选中"启用 Windows 共享"复选框

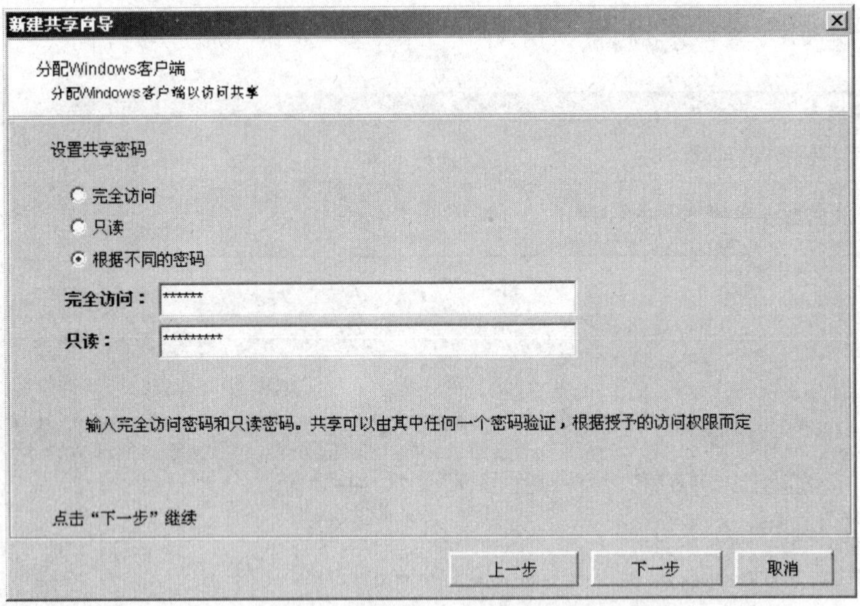

图 2-93 设置共享密码

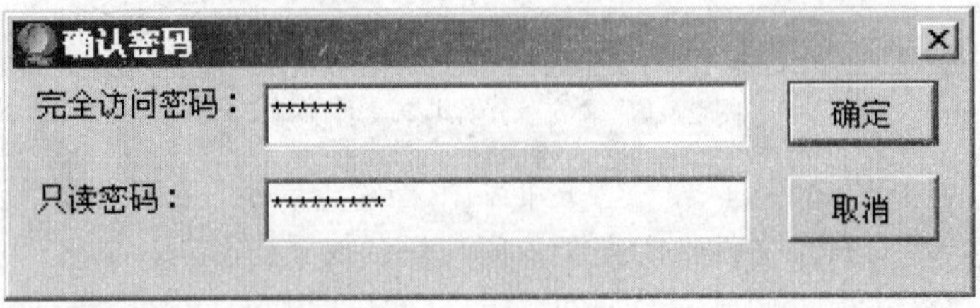

图 2-94 确认密码

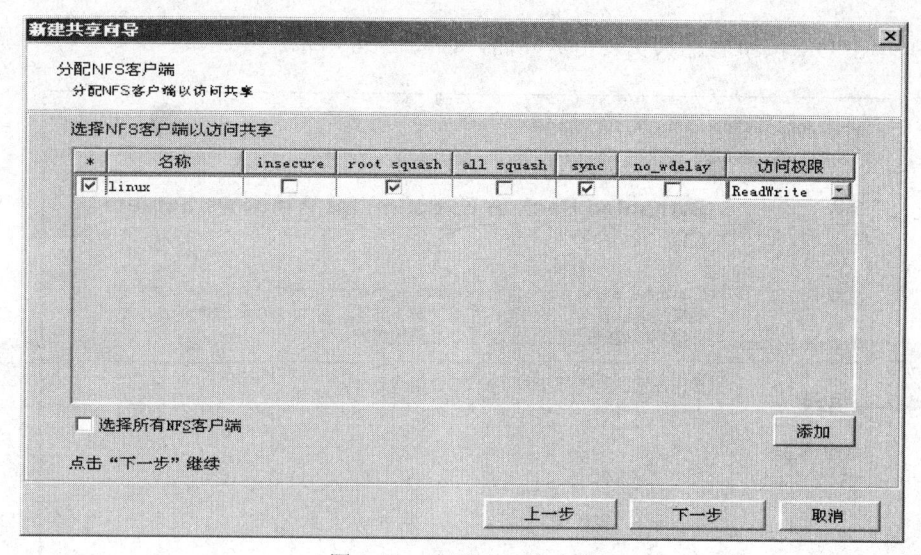

学习情境 2　Windows 服务器安装配置与存储设备应用——.NET 企业网站运行及数据存储配置

图 2-95　分配 NFS 客户端

（10）完成 NAS 资源共享文件夹的创建，如图 2-96 所示。

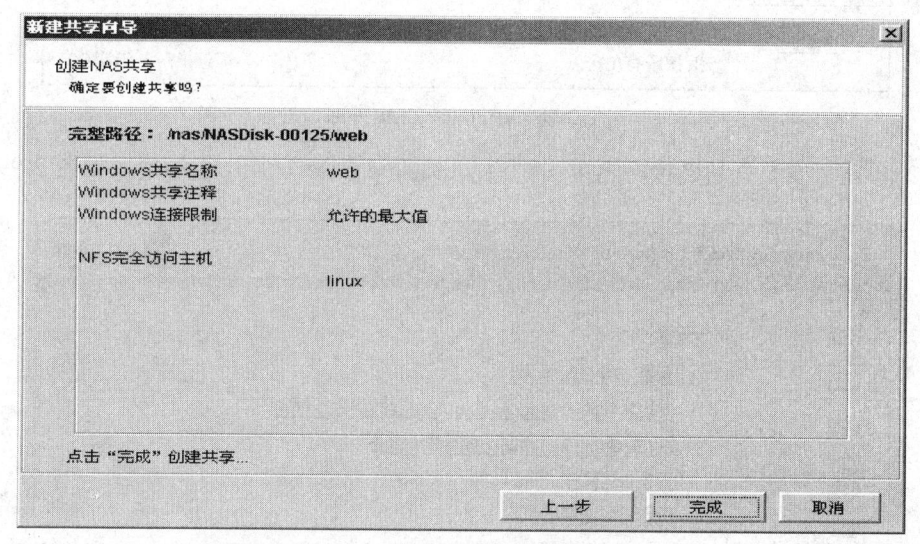

图 2-96　完成共享文件夹的创建

2.6.6　Backup Exec 11d 安装及应用

（1）运行安装光盘中的 Browser.exe 文件，选择要安装的语言种类，如图 2-97 所示。

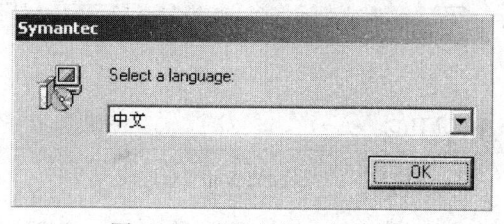

图 2-97　选择安装语言种类

（2）单击 OK 按钮后进入安装主页界面，如图 2-98 所示。

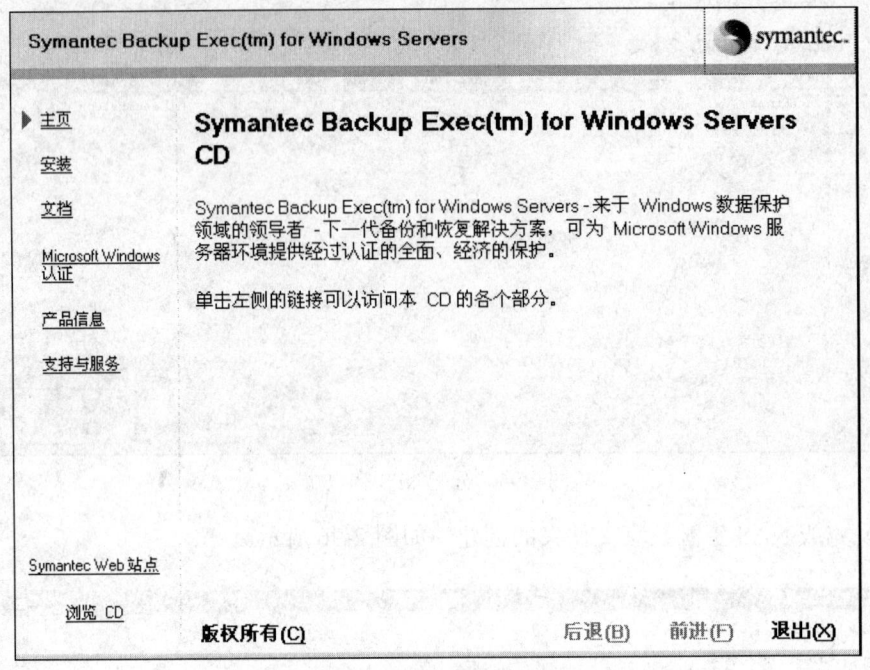

图 2-98　进入安装主页界面

（3）单击"安装"超链接，再单击"启动 Backup Exec 安装"超链接，如图 2-99 所示。

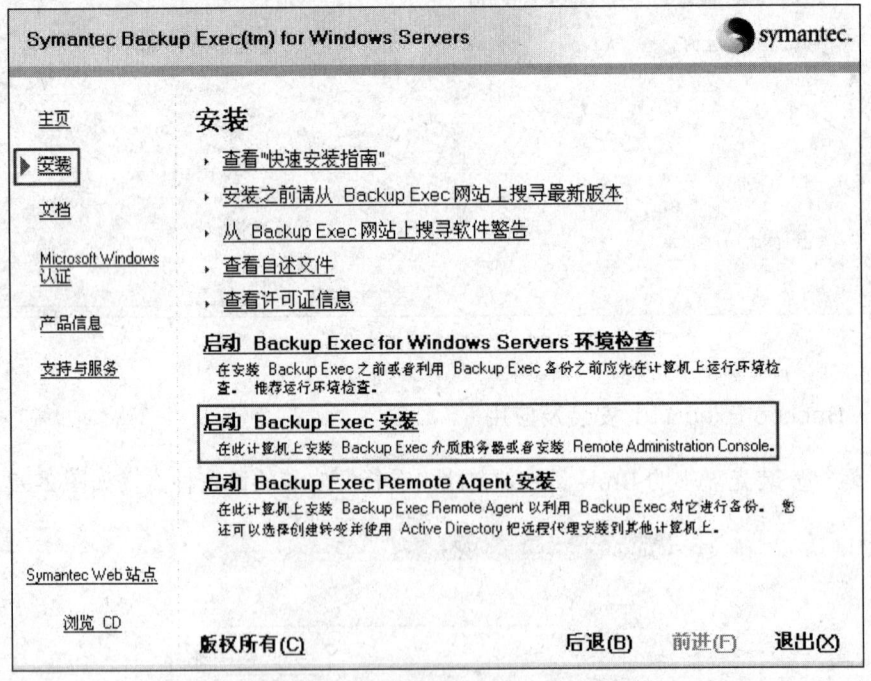

图 2-99　安装 Backup Exec（一）

（4）单击"下一步"按钮，继续 Backup Exec 的安装，如图 2-100 所示。

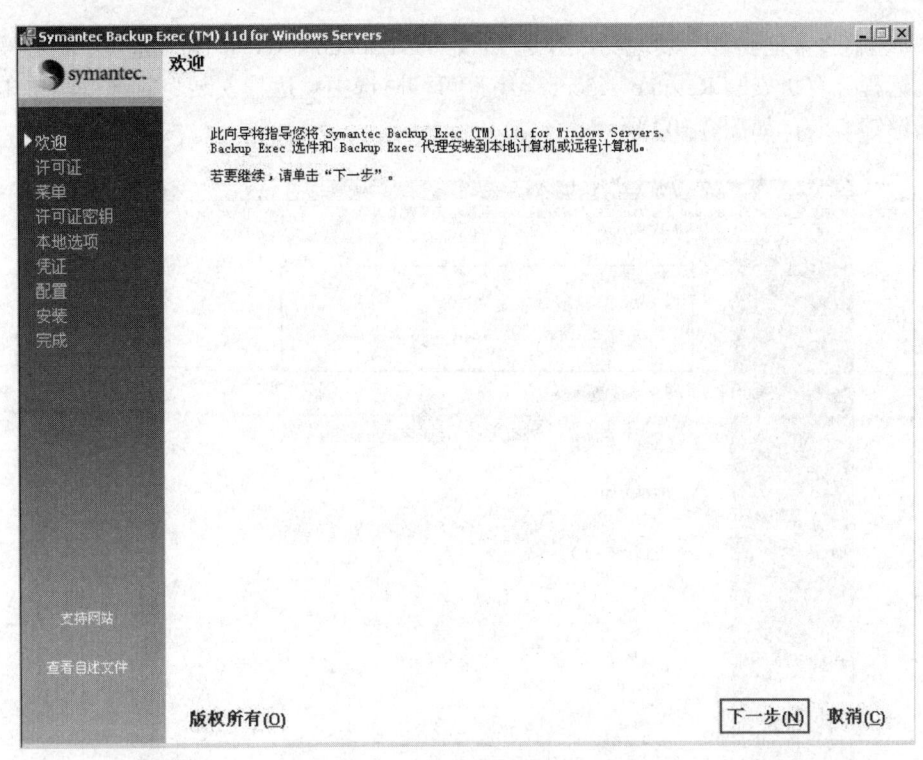

学习情境 2　Windows 服务器安装配置与存储设备应用——.NET 企业网站运行及数据存储配置

图 2-100　安装 Backup Exec（二）

（5）查看并同意许可协议书，单击"下一步"按钮继续安装，如图 2-101 所示。

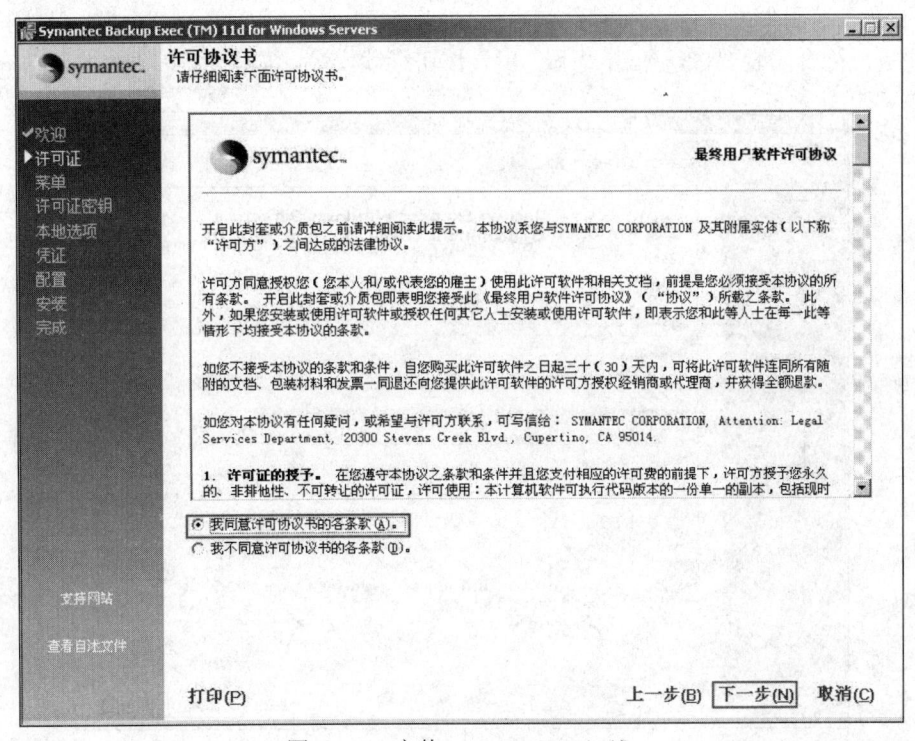

图 2-101　安装 Backup Exec（三）

（6）选中"本地安装"复选框，并选中"安装 Backup Exec 软件或选项"单选按钮，如果需要给远程计算机安装 Remote Agent 等组件可同时选中"远程安装"复选框，单击"下一步"按钮继续安装，如图 2-102 所示。

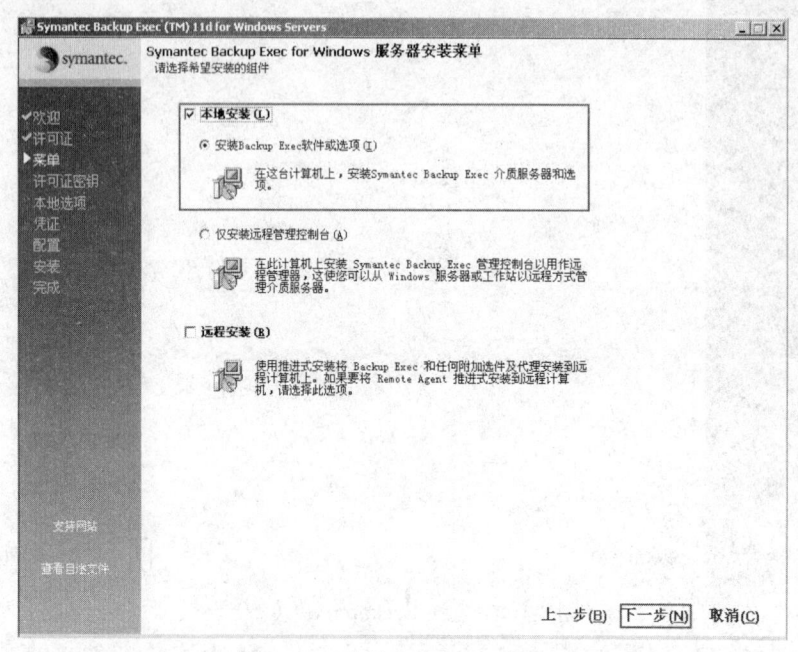

图 2-102　本地安装 Backup Exec

（7）在安装组件之前，系统会自动运行 Backup Exec for Windows Servers 环境检查，先查看各项是否符合安装要求，单击"下一步"按钮继续安装，如图 2-103 所示。

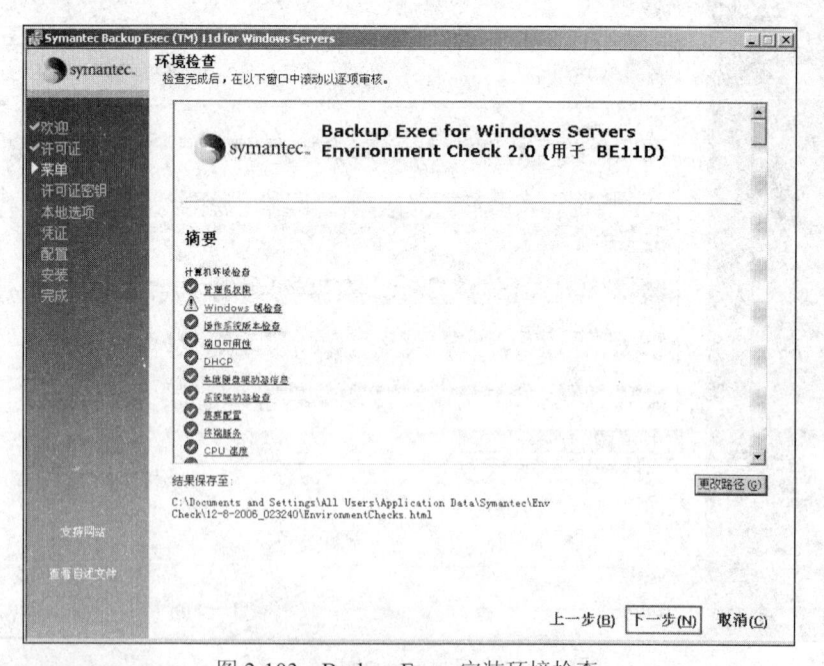

图 2-103　Backup Exec 安装环境检查

学习情境 2　Windows 服务器安装配置与存储设备应用——.NET 企业网站运行及数据存储配置

（8）请在这个界面里添加许可证号，添加完成后单击"下一步"按钮继续安装，如图 2-104 所示。

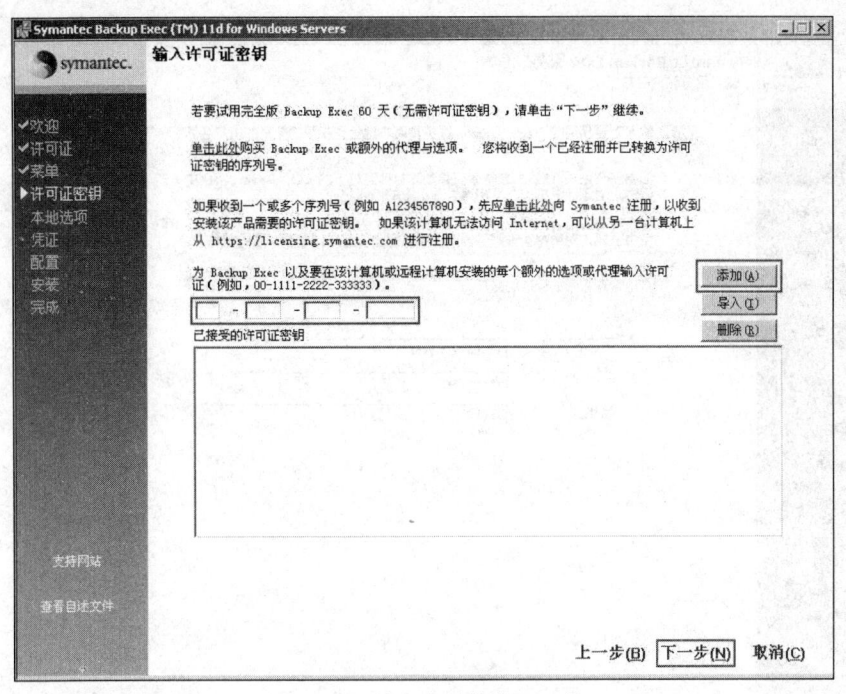

图 2-104　输入产品的许可证号

（9）该页面将显示所需安装的组件，单击"下一步"按钮继续安装，如图 2-105 所示。

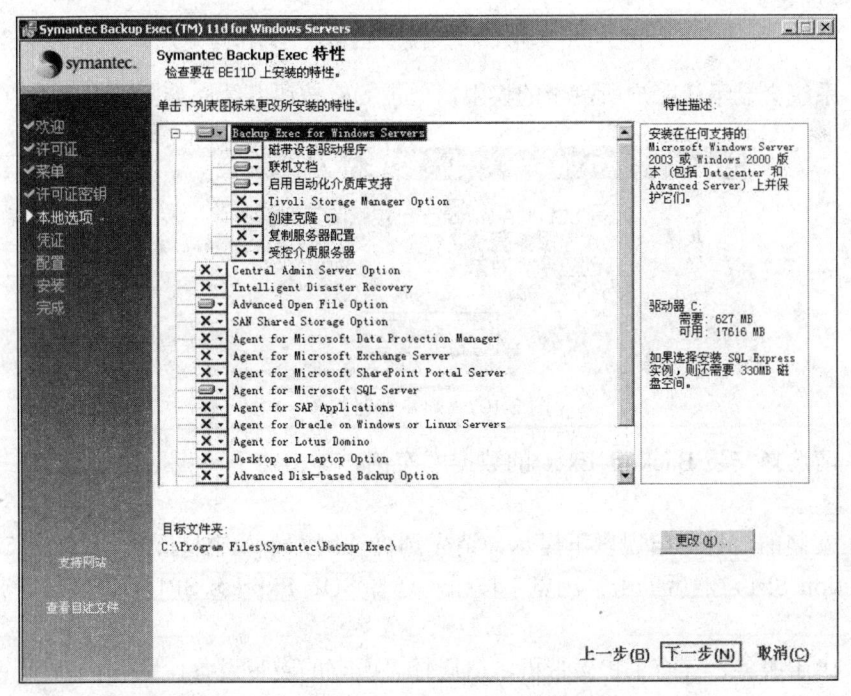

图 2-105　Backup Exec 组件显示

（10）输入对要使用的 Backup Exec 服务具有本地管理权限的账户的用户名和密码，单击"下一步"按钮继续，如图 2-106 所示。

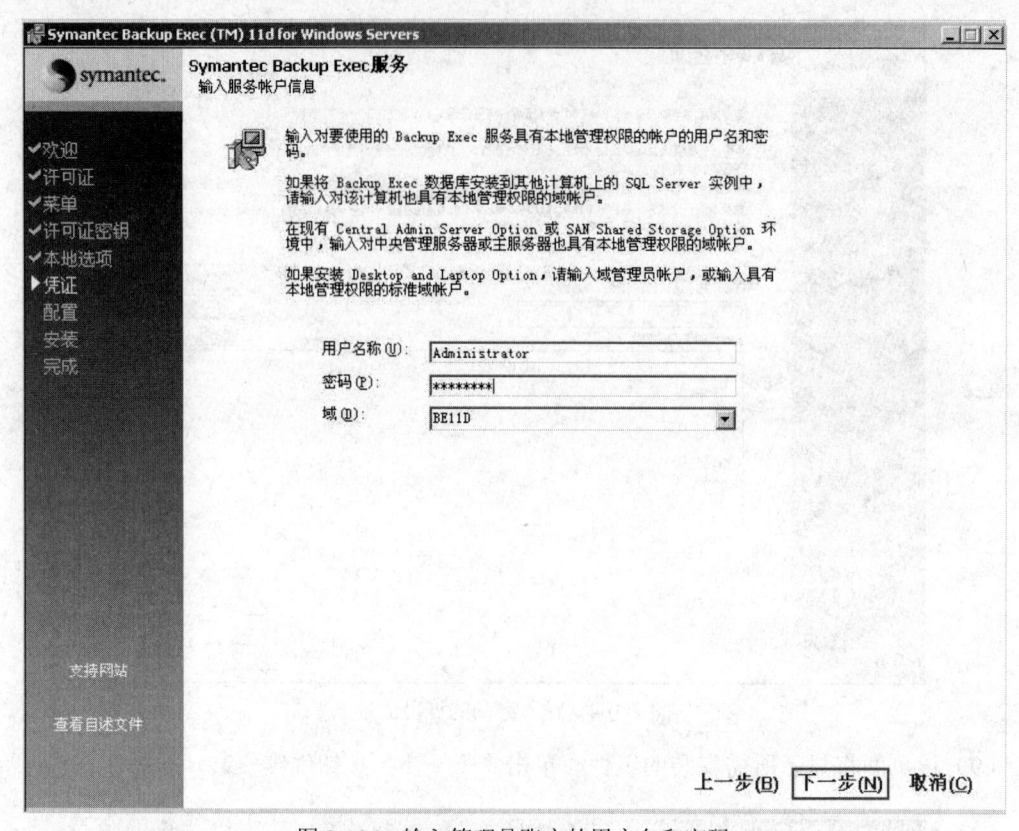

图 2-106　输入管理员账户的用户名和密码

（11）系统会显示该账户所赋予的权限，单击 OK 按钮继续，如图 2-107 所示。

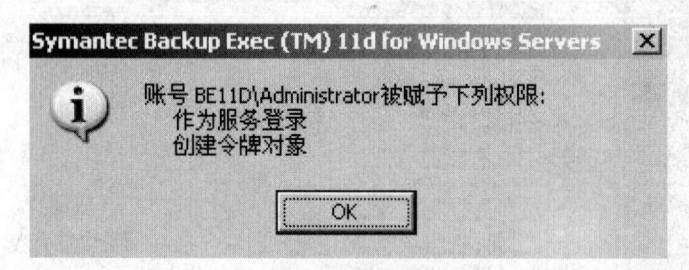

图 2-107　显示账号权限

（12）请选择安装 Backup Exec 的数据库实例，单击"下一步"按钮继续，如图 2-108 所示。

如果在安装的过程中出现以下提示，请先到微软网站下载中文版本的 SQL Server 2005 Express Edition SP1，然后单击"浏览"按钮，选择 SQL Express SP1 的安装程序文件，如图 2-109 所示。

（13）由于服务器连有 HP 磁带机，请选择"所有的磁带设备使用 Symantec 设备驱动程序"单选按钮，单击"下一步"按钮继续，如图 2-110 所示。

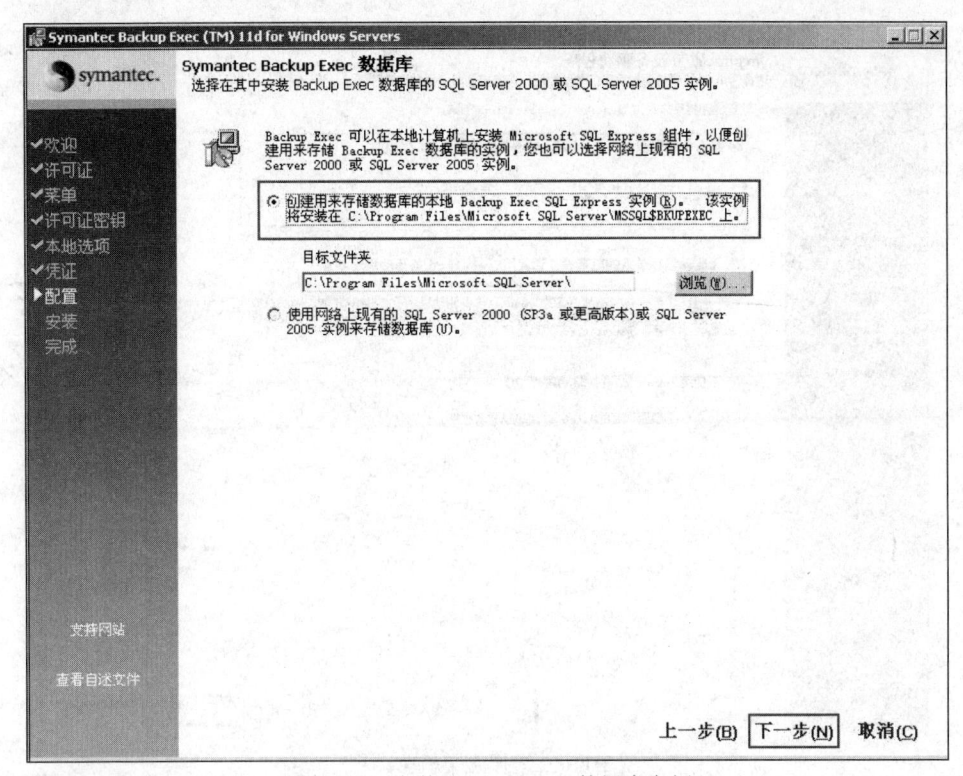

图 2-108 安装 Backup Exec 数据库实例

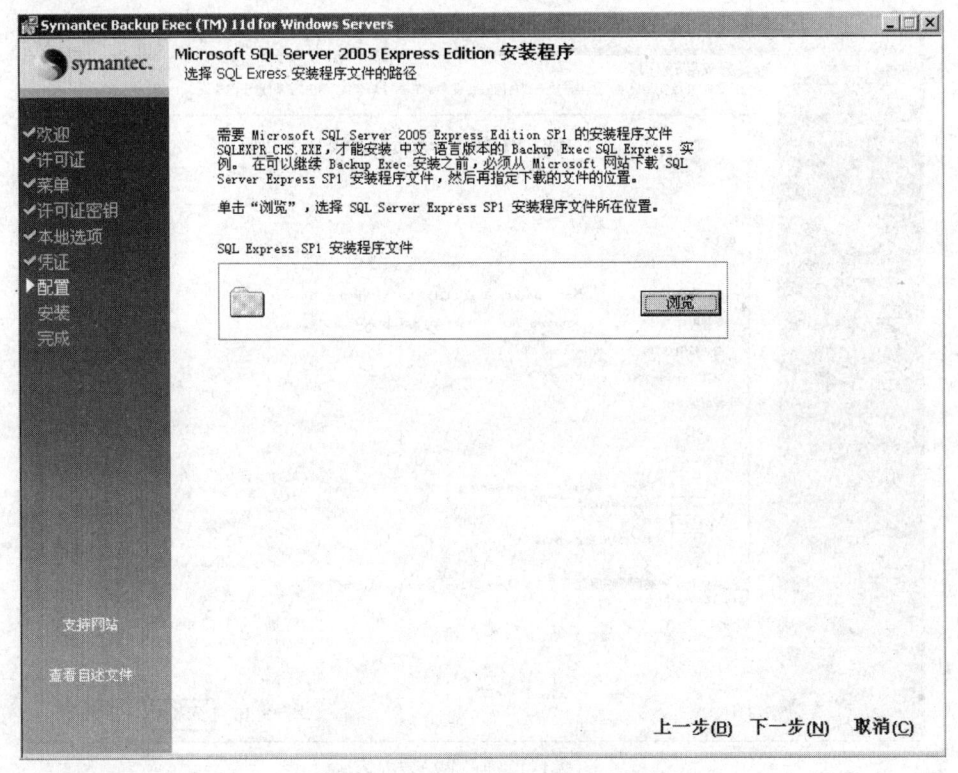

图 2-109 安装 SQL Express SP1

图 2-110　选择磁带机驱动程序

（14）回顾安装的内容，单击"安装"按钮开始正式安装 Backup Exec，如图 2-111 所示。

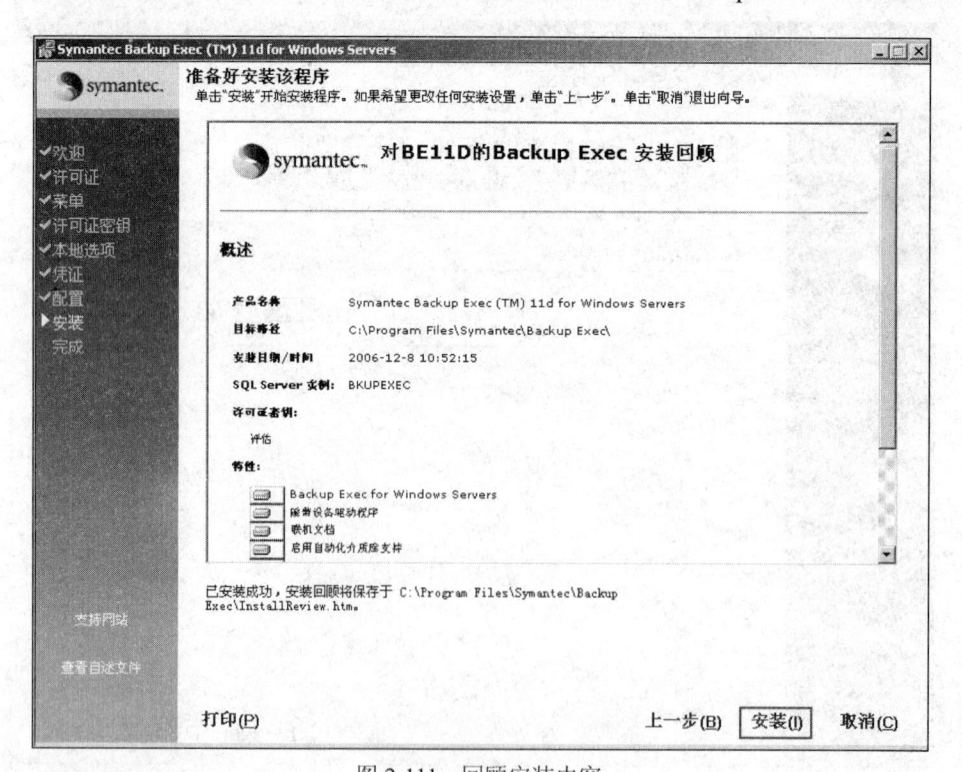

图 2-111　回顾安装内容

（15）安装完成，系统将会重新启动，如图 2-112 所示。

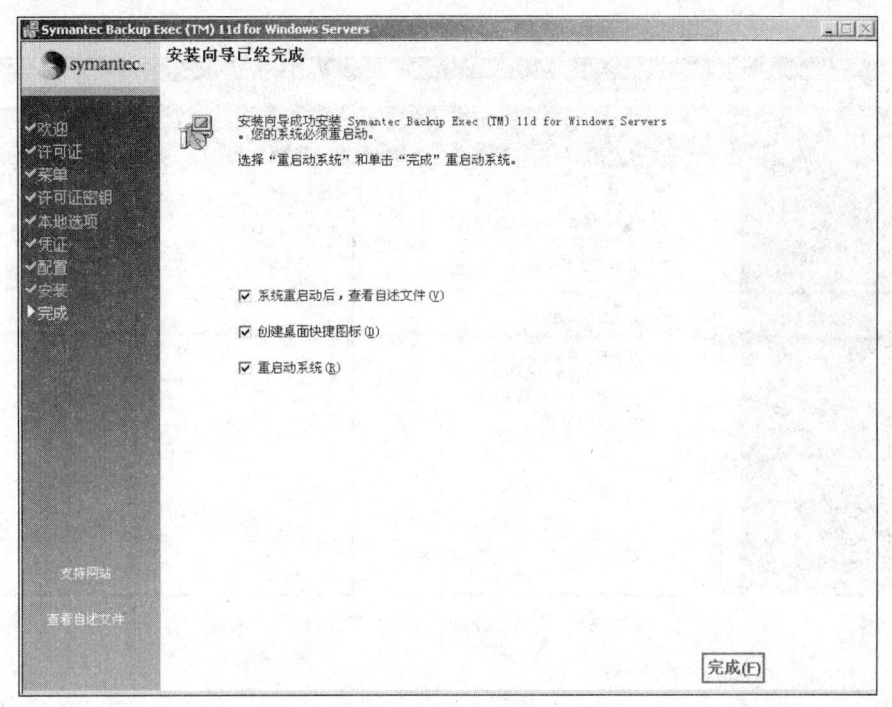

图 2-112　安装完成界面

（16）双击桌面上的 Backup Exec 图标运行，如图 2-113 所示。

图 2-113　运行 Backup Exec 程序

（17）安装 Backup Exec 后，将显示管理控制台，如图 2-114 所示。从管理控制台可以访问所有的 Backup Exec 功能。

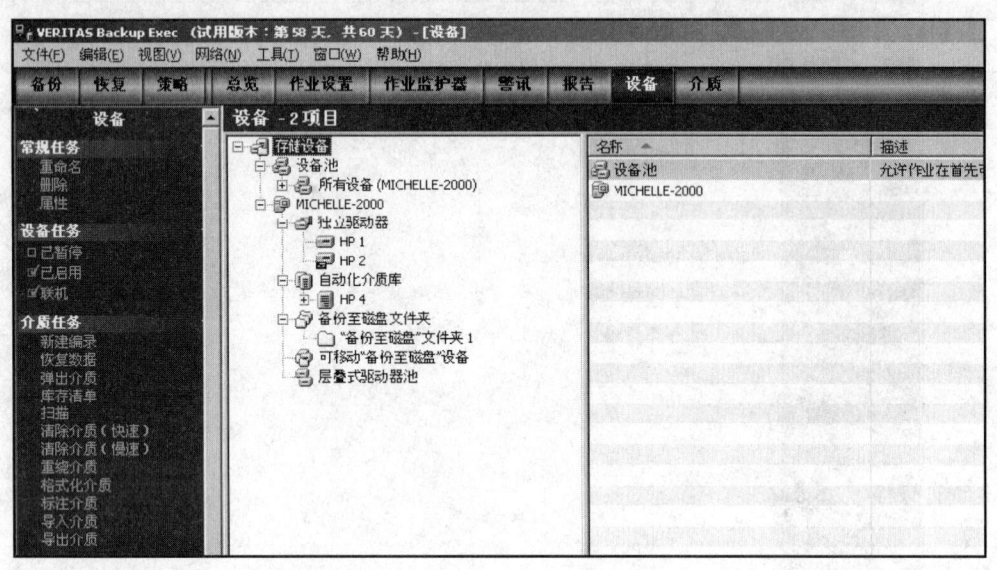

图 2-114　Backup Exec 控制台

（18）Backup Exec 备份数据。

1）Backup Exec 允许在硬盘上创建称为备份文件夹的虚拟设备。这些备份文件夹用于作为备份作业的目的地设备。引导一个备份作业至备份文件夹时，数据被作为备份文件保存在磁盘上。Backup Exec 允许引导备份作业至硬盘，且提供工具来管理这些基于磁盘的备份。通过设备配置向导来定义虚拟设备，如图 2-115 所示。

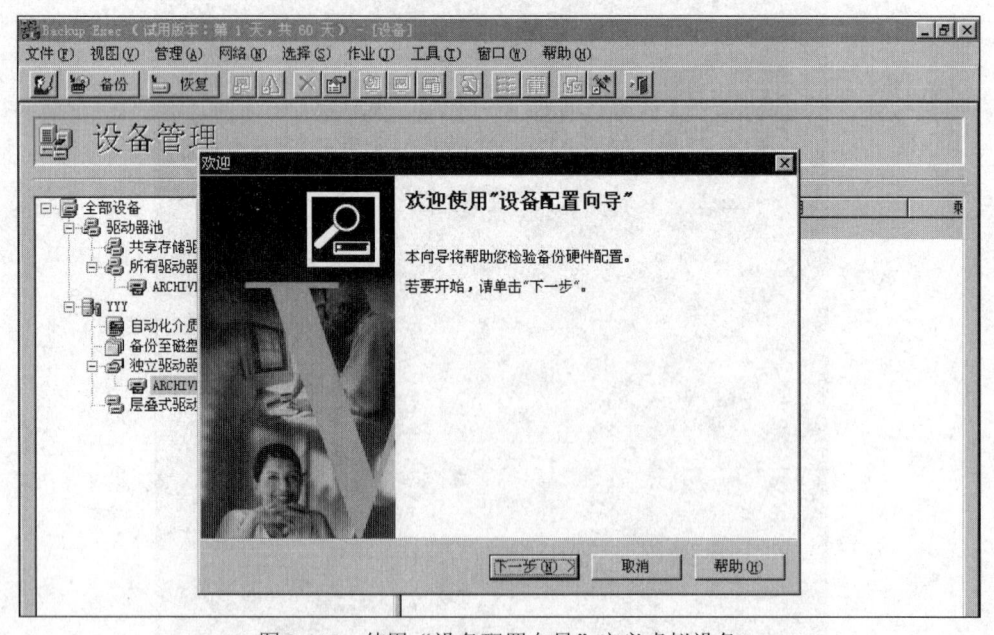

图 2-115　使用"设备配置向导"定义虚拟设备

2）单击"下一步"按钮，如图 2-116 所示。

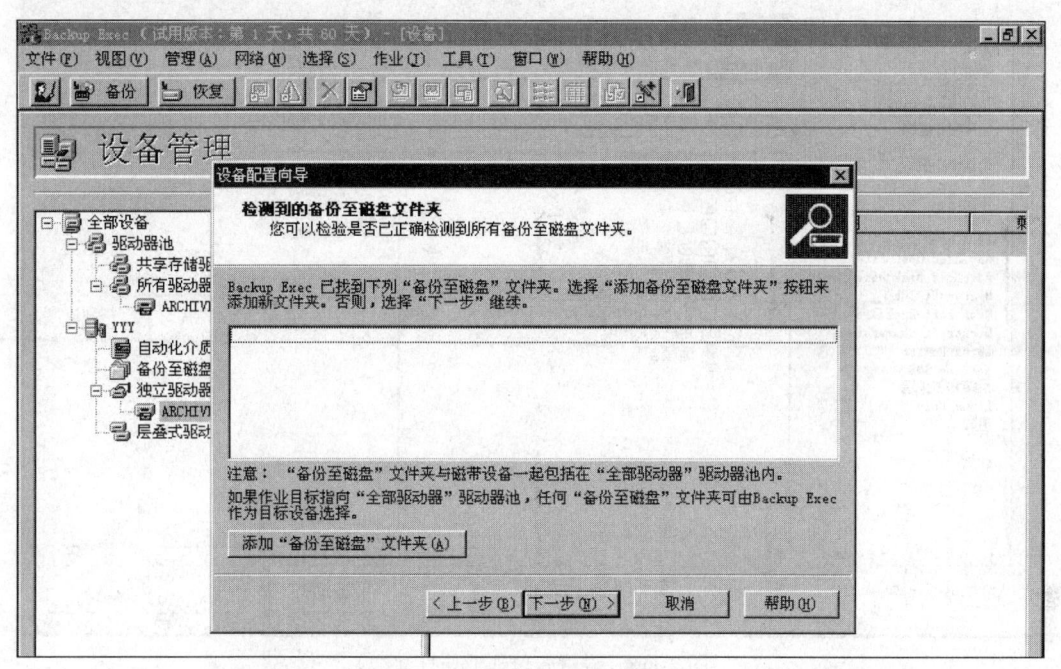

图 2-116　备份至磁盘文件夹

3）选中"'备份到磁盘'文件夹"按钮备份数据到硬盘或"可移动'备份至磁盘'文件夹"单选按钮备份数据到磁带机磁带上，如图 2-117 所示。

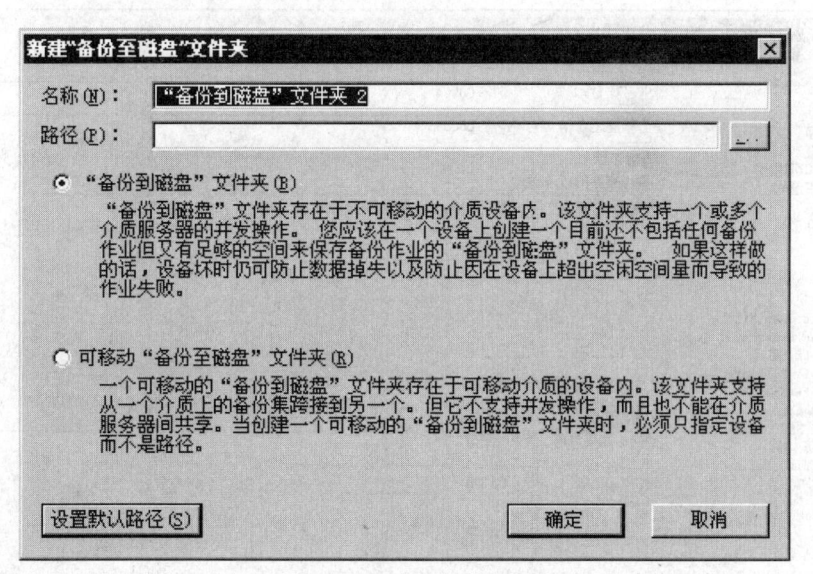

图 2-117　选择备份路径

4）在路径上指定用作虚拟设备的文件夹路径；然后一直单击"下一步"按钮，直到完成。
5）单击管理控制台中的"备份"图标，出现如图 2-118 所示的"备份作业属性"对话框，在其中可对备份作业的相关选项进行设置。

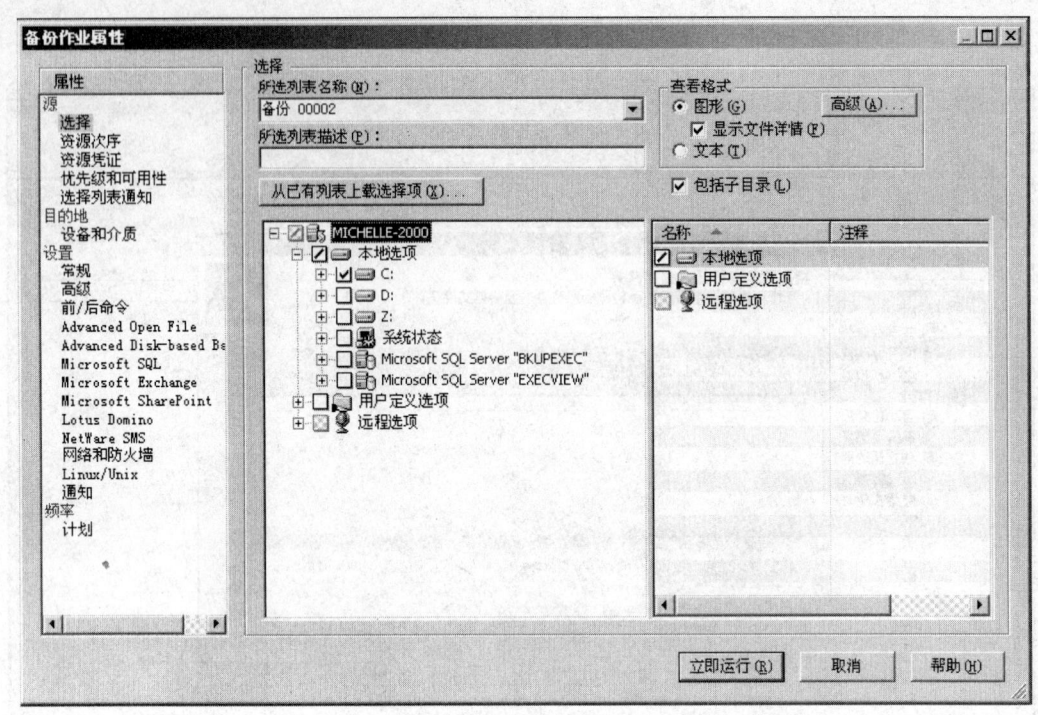

图 2-118　设置备份作业属性（一）

6）分别对"常规"选项进行设置，包括资源的选择、备份的目的地、高级选项及作业计划等。如使用"完全备份文件"备份网站文件，步骤如图 2-119 至图 2-121 所示。

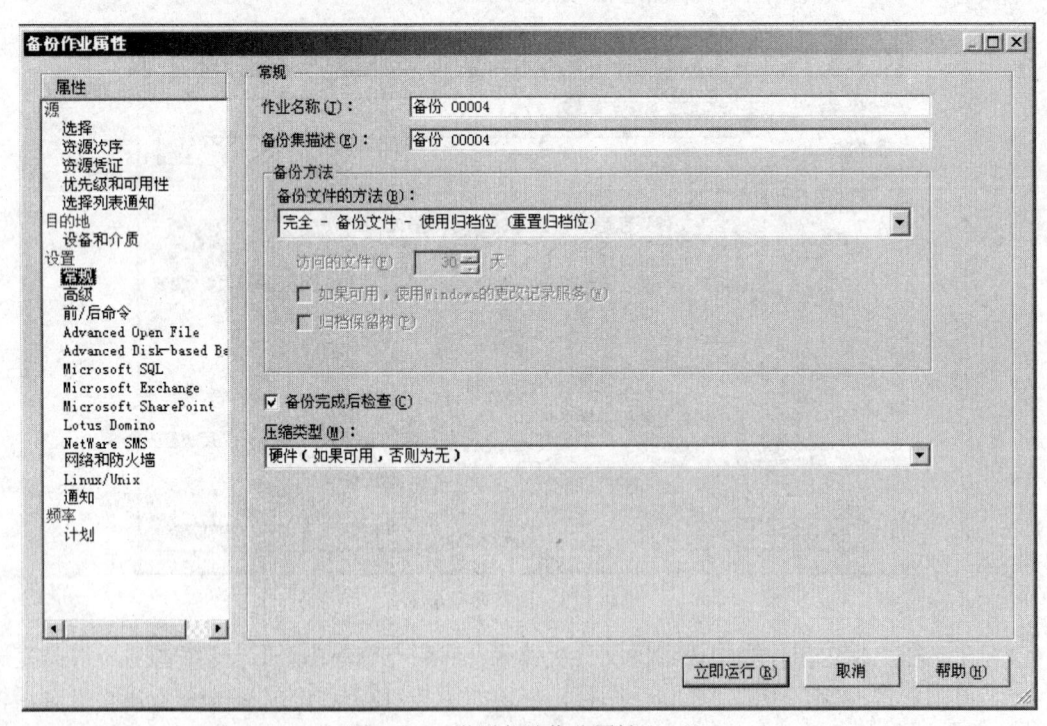

图 2-119　设置备份作业属性（二）

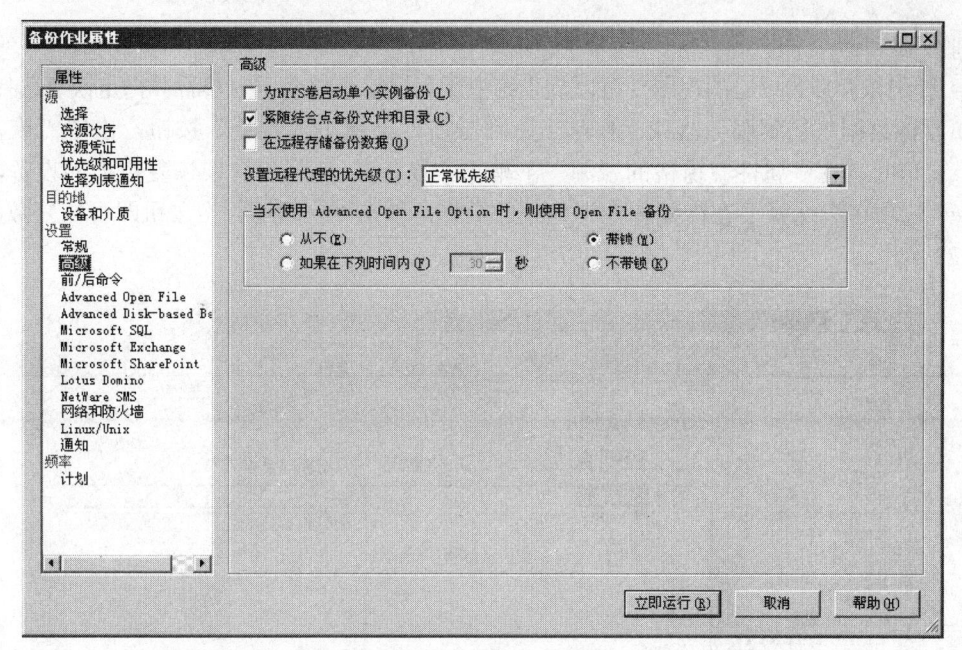

图 2-120 设置备份作业属性（三）

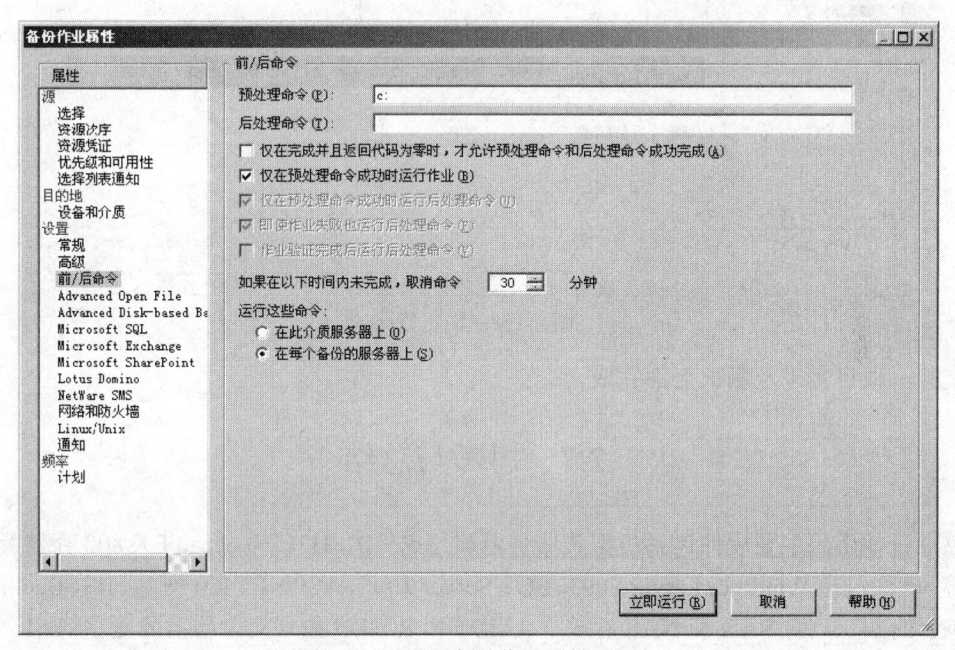

图 2-121 设置备份作业属性（四）

7）确认设置完成后单击"立即运行"按钮即可开始备份任务。

（19）恢复数据。通过"以卷为中心"的视图或"以介质为中心"的视图来查看已备份的数据。若要更改视图，请右击"恢复选择部分"页标左窗格的任意位置，然后选择想使用的视图。还可以从"视图"菜单中通过选择"按卷显示恢复选择部分"或"按介质显示恢复选择部分"来更改视图。

1）使用以卷为中心的视图，在以卷为中心的视图中，恢复选择部分按数据备份时使用的设备列出了。

2）使用以介质为中心的视图使可以从系统中所有已编录的介质中查看并指定恢复选择部分。

如要将数据恢复到服务器或工作站上，在导航栏上单击"恢复"按钮，出现"恢复作业属性"窗口时，在"属性"窗格的"源"下单击"设备"，选择包含要恢复数据的设备，通过"选择"选项可以选择要在恢复作业中包括的数据。单击"立即运行"按钮即可恢复数据，如图 2-122 所示。

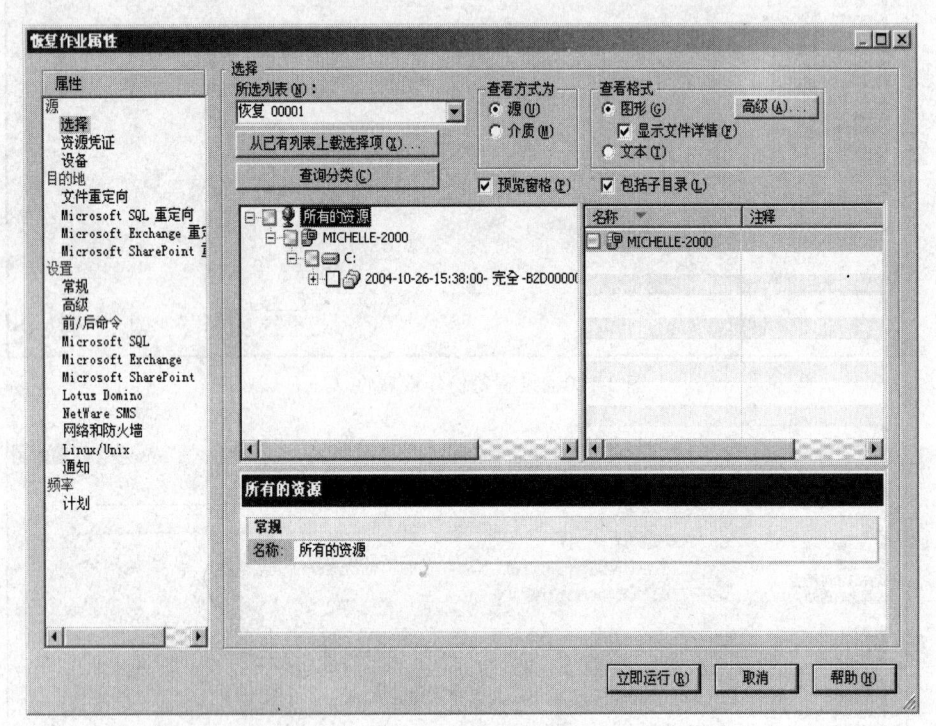

图 2-122　恢复数据

至此，项目实施及测试全部完成。

2.7　思考与总结

该项目使用的主要硬件包括机架式服务器联想 R510、H3C Neocean EX 800 存储及 HP 磁带机等，软件包括 Windows Server 2003、SQL Server 2005、ASP.NET 2.0 网站、IIS、Backup Exec 等；包含的知识点有 SAN 和 NAS 存储、RAID1 和 RAID5 独立冗余磁盘阵列、SCSI、iSCSI、数据备份等。请结合本项思考以下问题：

1．域名和虚拟主机为 IDC 服务商的重要业务，如果该项目要配置虚拟主机实现，世纪公司使用 shijihr.com 的域名，请增加 DNS 主域名服务器及虚拟主机安装配置。

2．客户需要通过 FTP 客户端软件上传网站数据到服务器上，请配置基于磁盘配额的 FTP 服务器控制服务器空间，使客户可以通过身份验证安全连接到服务器。

3．在服务器和存储上规划并实现其他级别的磁盘阵列，对比总结对项目数据运行和维护产生的区别和优缺点。

学习情境 3　Linux 服务器应用与管理
——基于 LAMP 架构的企业信息系统构建

3.1　项目背景

中科资讯集团下属有 3 个分公司，分别在广州、上海、北京，总部设在广州。公司设有总经理办公室、技术部、管理部、财务部、销售部、生产研发部及市场部七大部门，集团现有 1500 人，总部占了 1/3，且每年大约有 10%的新员工入职。除总经理办公室外，每个部门在分公司都设有相应的工作人员。公司主要开发生产信息化产品，且在市场上具有比较高的声誉，但需要销售和技术人员具有一定的 IT 技术能力。公司采用渠道分销的方式卖产品，现在全国渠道有 800 家，渠道的工作人员经常打电话到中科资讯集团的销售人员处索要电子资料及相关文档，优惠政策无法快速地传达到渠道的手中，子公司的工作人员无法很好地得到总部技术人员的及时支持，上传下达的渠道极不灵活（现在只能通过电话和传真实现），客户的资料也无法得到很好的集中管理和智能的分类。分公司都有各自的文件服务器，IT 建设各自为政，总经理办公室经常无法得到最及时的数据，以至于做出了错误的决策，使公司的营业额在 2009 年缩水 15%，且绝大部分的原因是信息流不畅以至于几个大项目未能中标。

3.2　实施角色

IDC 技术支持及网络工程师。

3.3　需求分析

公司的现有信息系统及网络是一个非常简单的 100M 以太网网络，公司只有一台老旧的文件服务器在 IBM X3650 服务器上运行，经常有公司员工抱怨文件服务器太慢，服务器文件上有病毒，上传下载一个文件时间太长，且无法进行外网访问。还有一台原有的 WWW 门户网站服务器，运行在 IBM X346 服务器上，采用 Windows 系统，运行 IIS 服务器，全部为静态页面，无留言和反馈路径。一条 10M 光纤专线，经常带宽占用 90%以上，网站服务器由一台 Cisco 2621 的路由器和一台 Cisco 3650 的三层交换器及多台华为二层交换机组成。痛定思痛，通过长期的市场调查，集团领导决定购买多台高性能机架式服务器联想 R520，安装 NAS 文件系统、WWW 门户网站、CRM 客户关系管理系统、邮件系统，希望能够马上看到效果。

经过公司 IDC 技术支持和网络工程师的论证和深入分析，一致认为应采用集中式管理，采用基于 LAMP 技术的信息基础架构，服务器群全面安装 Linux 操作系统，运行 PHP 脚本语言和 MySQL 数据库开发的 Web 等开源信息系统，应用 VMware 虚拟化软件实施项目及测试。

信息化建设，同时对数据进行全方位的保护。所有应用系统全部部署在总部，分公司及渠道所有业务往来全部通过信息化方式交流。

3.4 项目设计

根据需求，设计项目的网络拓扑结构如图3-1所示。

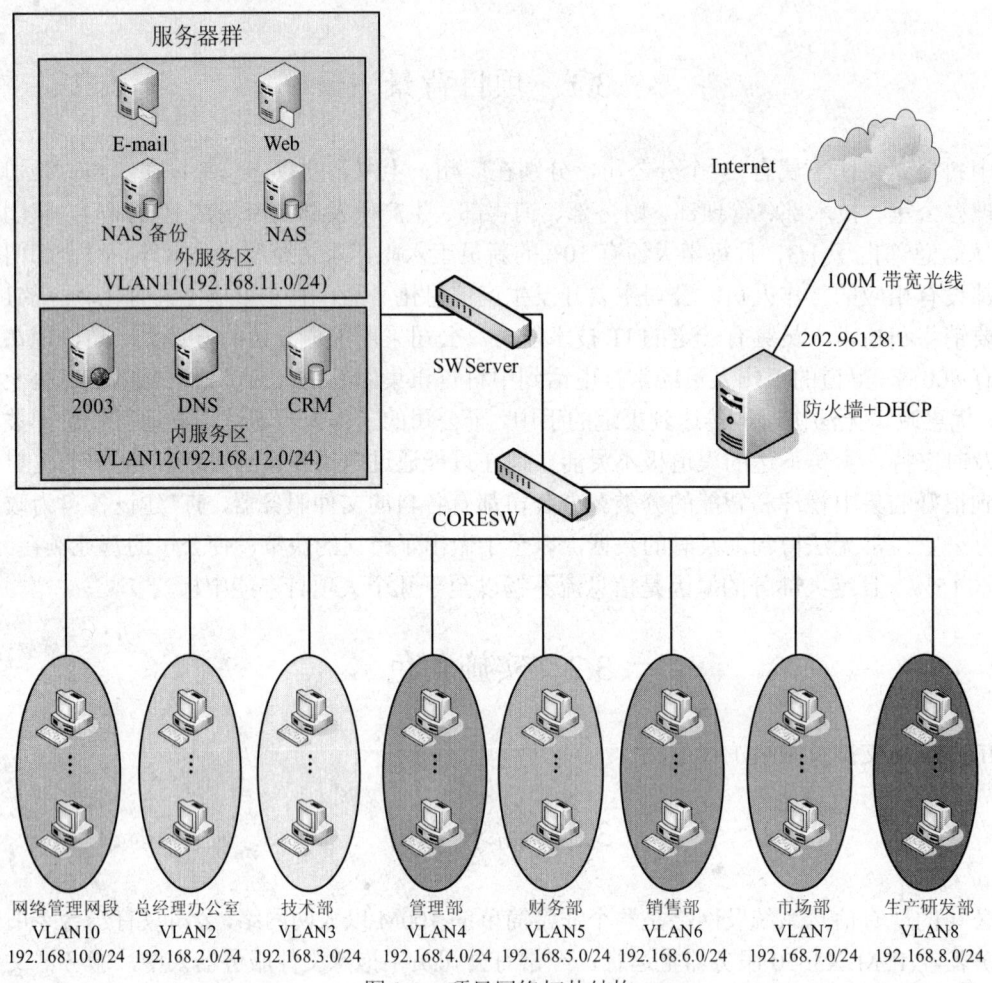

图 3-1 项目网络拓扑结构

安装 Linux 操作系统的服务器作为防火墙接入互联网，并作 DHCP 和网关，另一端接入核心交换机。在核心交换机上，接入 8 台二层交换机，其中一台作为整个服务器群的接入点。则公司的各个部门就分别使用另外的 7 台交换机接入网络。在核心交换机上划分一个特定的 VLAN 给网络管理员进行网络管理。考虑到公司人数比较多，而 10M 光纤带宽不再满足现有网络的需求，所以将其升级到 100M 光纤的带宽。

为防止不可预知的人为事故或意外灾难破坏公司的信息系统，将对整个信息系统的数据进行定期备份。

将 Windows 2003 服务器进行升级作为备用，使其支持需求中的协议。

基于 Linux 与其他开源软件构建的信息系统主要包括 NAS 文件系统、CRM 客户管理系统、E-mail 服务系统、Web 服务系统及 DNS 服务系统。

（1）Web。Web 服务将放置在划分好的服务器群中的外服务区。安装 Apache 软件及支持动态网页脚本语言及软件，提供相应的网站服务。网站运行实施数据与 Web 服务分离，将数据存放在 NAS 服务器上，以确保网站数据的安全、可靠和高可用性。

外部网络访问防火墙上的 80 端口将直接指向本机的 80 端口，以提供对外部网络的访问服务，并且提高 Web 服务器的安全性。

（2）E-mail：E-mail 服务将放置在划分好的服务器群中的外服务区。安装 Postfix+Apache+MySQL+Dovecot 集成平台提供相应的 E-mail 服务。E-mial 服务将实行数据与站点分离，将数据存放在 NAS 服务器上，以确保网站数据的安全、可靠和高可用性。

外部网络访问防火墙上的 25 和 110 端口将直接指向本机的 25 和 110 端口，以提供对外部网络的访问服务，并且提高对 E-mail 服务的安全性。

（3）DNS。DNS 服务器将直接对内部网络提供服务。DNS 服务器将提供各服务器的域名与 IP 映射记录，包括：

- Web 服务器：192.168.11.2，www.yingdong.com。
- E-mail 服务器：192.168.11.3，mail.yingdong.com。
- NAS 服务器：192.168.11.4，nas.yingdong.com。
- CRM 服务器：192.168.12.3，crm.yingdong.com。
- Win2003：192.168.12.4，2003.yingdong.com。

（4）NAS。安装 Openfiler 系统来实现对系统内部文件的集中管理，包括 samba 服务、ftp 服务、nfs 服务等。

（5）CRM。实现对公司客户关系的管理。

3.5 项目关键技术

3.5.1 LAMP

LAMP 平台由几个组件组成，分别是：Linux+Apache+MySQL+Perl/PHP/Python，是一组常用来搭建动态网站或者服务器的开源软件，其本身都是各自独立的程序，随着开源软件的发展，拥有了越来越高的兼容度，共同组成了一个强大的 Web 应用程序平台。目前，开放源代码的 LAMP 架构已经与J2EE和.NET商业软件架构形成三足鼎立之势，并且该软件开发的项目在软件方面的投资成本较低，因此受到整个IT行业的广泛关注。从网站的流量上来说，互联网上 70%以上的访问流量是由 LAMP 来提供的，LAMP 是功能最强大的网站解决方案之一。

LAMP 呈分层结构。每一层都提供了整个软件架构的一个关键部分。

Linux 处在最底层，提供操作系统作为运行基础，其他每个组件在其上运行。

次低层是 Apache，它是一个Web服务器。Apache 提供可让用户获得 Web 页面的机制。Apache 是一款稳定的、支持关键任务的服务器，Internet 大量的网站都使用它作为 Web 服务器。PHP组件实际上是在 Apache 中，动态页面可以通过 Apache 和 PHP 创建。

MySQL 提供 LAMP 系统的数据存储端。有了 MySQL，便可以获得一个非常强大的、适合运行大型复杂站点的数据库。在 Web 应用程序中，所有数据、产品、账户和其他类型的信息都存放在这个数据库中，通过SQL语言可以很容易地查询这些信息。

PHP 是一门简单而有效的编程语言，它像是粘合剂，可以将 LAMP 系统所有其他的组件粘合在一起。可以使用 PHP 编写能访问 MySQL 数据库中的数据和 Linux 提供的一些特性的动态内容。

Perl 是一种脚本语言。这表示它并不编译成可执行程序，而是在运行时进行解释的一组指令（脚本）。Perl 是代表"实际抽取和报告语言"（practical extraction and report language）的字首组合词。Perl 被誉为语言中的"瑞士军刀"。它功能强大且非常灵活。语言学家Larry Wall 在 20 世纪 80 年代后期在 NASA 担任系统管理员时开发了 Perl。他创建 Perl 的目的是使构建报告的任务变得更简单。Perl 现在用来执行许多任务。它也许是用于在 Web 上进行 CGI（公共网关接口）编程最流行的语言。其原因就是 Perl 是一种功能非常强大的文本处理器，而 Web 编程主要就是文本处理。另外，使用 Perl 通常比使用 C/C++、Java 或 Tcl 更简单，而且它比 Python 更早出现。Perl 被称为是一种"胶水语言"。所谓胶水语言，也就是说它是可以用来将许多元素连接在一起的语言。

Python是一种交互式面向对象的解释型编程语言。Python 使用非常清晰的语法实现非常强大的功能，具有模块、类、意外处理，以及非常高级别的动态数据类型和动态定义。并且，它具有接口和库函数供多种系统调用。内建模块还可以使用 C 或C++语言方便地编写。对于用户界面的编程，Python 同样能够胜任。Python 可以运行在 Linux、UNIX、Windows、DOS、OS/2、Mac、Amiga 等多种环境下。Python虽然有版权，但完全可以免费使用和分发，甚至是为了商业用途。

3.5.2 DNS

DNS（Domain Name System，域名系统）是由解析器和域名服务器组成的。域名服务器指保存有该网络中所有主机的域名与对应 IP 地址映射的记录，并可将域名转换为 IP 地址功能的服务器。DNS 域名服务器主要有三种形式：主服务器、辅助服务器和缓存服务器。

DNS 域名对应计算机上的一个 IP 地址。在 Internet 上域名与IP 地址之间是一对一、一对多或者多对一的，域名虽然便于人们记忆，但计算机之间只能互相认识IP 地址。将域名映射为 IP 地址的过程就称为"域名解析"。域名解析由专门的 DNS 服务器来完成。

DNS 域名采用类似目录树的等级结构命名，域名是由圆点分开的一串单词或缩写组成的，如 163.com、mail.gdsdxy.cn 等。通常用于Internet等TCP/IP网络中，通过域名来查找计算机和服务。当用户在应用程序中输入 DNS 名称时，DNS 服务可以将此名称解析为 IP 地址。在上网时，通常输入的是网站网址就是一台计算机的域名。域名经过 DNS 服务器的解析转换为 IP 地址返回给客户，客户机最终通过 IP 地址连接到网站服务器获得网站内容。

DNS 查询可以有两种解释：一种是指客户端查询指定 DNS 服务器上的资源记录（如 A 记录）；另一种是指查询 FQDN 名的解析过程。

（1）查询 DNS 服务器上的资源记录。在 Windows 下使用命令行工具，输入 nslookup，返回的结果包括域名对应的 IP 地址（A 记录）、别名（CNAME 记录）等。除了以上方法外，还可以通过一些 DNS 查询站点查询域名的 DNS 信息。

（2）FQDN 名的解析过程查询。若想跟踪一个 FQDN 名的解析过程，在 Linux Shell 下输入 dig www+trace，返回的结果包括从根域开始的递归或迭代过程，一直到权威域名服务器。

Bind 是一款开放源码的 DNS 服务器软件，Bind 是由美国加州大学 Berkeley 分校开发和维护的，全名为 Berkeley Internet Name Domain，它是目前世界上使用最为广泛的 DNS 服务器软件，支持各种 UNIX 平台和 Windows 平台。

3.5.3 NAS

NAS（Network Attached Storage，网络附加存储）是一种文件存储和备份共享设备，拥有自己的文件系统，通过 NFS 或 CIFS 等协议对外提供文件访问服务，也称为网络直联存储设备、网络磁盘阵列，是一种将分布、独立的数据整合为大型、集中化管理的数据存储技术，便于对不同主机和应用服务器进行访问，从而释放带宽、提高性能、降低总拥有成本、保护投资。

Openfiler 是一个 NAS/iSCSI 的 SAN 服务器操作系统，主要目的就是提供 LAN 主机的独立存储系统，硬件要求为：256MB 以上内存、1GB 硬盘安装空间、网卡、x86 系统计算机。OpenFiler 提供了 iSCSI Target，并且有 NFS 文件系统、SMB 文件系统（给 Windows 系统使用），更可以使用 HTTP 来分享文件。主机可以使用 iSCSI Initiator 来进行直接连接，也可以使用共享文件夹或挂载的方式来访问 OpenFiler 上的数据。

Openfiler 软件包与开放源码应用程序（如 Apache、Samba、LVM2、ext3、Linux NFS 和 iSCSI Enterprise Target）整合。Openfiler 将这些随处可见的技术组合到一个易于使用的小型管理解决方案中，该解决方案通过一个基于 Web 且功能强大的管理界面实现。

3.5.4 E-mail

E-mail（Electronic Mail，电子邮件）又称电子信箱、电子邮政，它是一种用电子化手段提供信息交换的通信方式。电子邮件的传输是通过电子邮件简单传输协议（Simple Mail Transfer Protocol，SMTP）等技术来实现的。

无论从使用的广泛程度，还是从代码的复杂程度来讲，Sendmail 都是运行在 UNIX 类操作系统上的一款非常优秀的电子邮件传输代理软件。如果使用它来构建网站的电子邮件系统，基本上不必费心，因为几乎所有 UNIX 的默认配置中都内置了这个软件，只需要设置好操作系统，它就能立即运转起来。在 UNIX 系统中，Sendmail 是应用最广的电子邮件服务器。它是一个免费软件，可以支持数千甚至更多的用户，而且占用的系统资源相当少。不过，Sendmail 的配置复杂、安全性不高，主要是因为早期的 Internet 用户数量及邮件数量都相当小，Sendmail 的系统结构并不适合较大的负载，对于高负载的邮件系统，需要对 Sendmail 进行复杂的调整。

postfix 是 Wietse Venema 在 GPL 协议之下开发的邮件传输代理软件，开始是希望作为 sendmail 替代品的一个尝试。postfix 试图更快更容易管理、更安全，同时还与 sendmail 保持足够的兼容性。postfix 的特点如下：

（1）postfix 免费。postfix 想要作用的范围是广大的 Internet 用户，试图影响大多数的 Internet 上的电子邮件系统，因此它是免费的。

（2）性能更高。postfix 在性能上大约比 sendmail 快三倍。一台运行 postfix 的 PC 每天可以收发上百万封邮件。

（3）兼容性强。postfix 是与 sendmail 兼容的，从而使 sendmail 用户可以很方便地迁移到 postfix。postfix 支持/var[/spool]/mail、/etc/aliases、NIS 和~/.forward 文件。

（4）健壮性强。postfix 被设计成在重负荷之下仍然可以正常工作。当系统运行超出了可用的内存或磁盘空间时，postfix 会自动减少运行进程的数目。当处理的邮件数目增长时，postfix 运行的进程不会跟着增加。

（5）灵活性强。postfix 是由多个小程序组成的，每个程序完成特定的功能。可以通过配置文件设置每个程序的运行参数。

（6）安全性高。postfix 具有多层防御结构，可以有效地抵御恶意入侵者。如大多数的 postfix 程序可以运行在较低的权限之下，不可以通过网络访问安全性相关的本地投递程序等。

3.5.5　Apache

Web 服务器也称为 WWW（World Wide Web）服务器，其主要功能是提供网站网页信息浏览服务。WWW 是 Internet 的多媒体信息查询工具，是发展最快和目前用得最广泛的网络服务。Web 服务器使用 HTTP 协议连接，核心技术是超文本传输协议（HTTP）和超文本标记语言（HTML），支持 B/S 结构的 Web 系统。Apache 是一款市场占有率极高的开源 Web 服务器软件，与各种 WWW 服务提供的工具相比其特性更全、支持面更广、稳定性更强、扩展更丰富。

Apache 源于 NCSAhttpd 服务器，经过多次修改，成为世界上最流行的 Web 服务器软件之一。Apache 取自"a patchy server"的读音，意思是充满补丁的服务器，因为它是自由软件，所以不断有人来为它开发新的功能、新的特性，修改原来的缺陷。Apache 的特点是简单、速度快、性能稳定，并可作为代理服务器来使用。本来它只用于试验Internet网络，后来逐步扩展到各种UNIX系统中，尤其是对Linux的支持相当完美。

当 NCSAWWW服务器项目停顿后，那些使用 NCSA WWW 服务器的人们开始交换他们用于该服务器的补丁程序，他们也很快认识到成立管理这些补丁程序的论坛是必要的。就这样，诞生了 Apache Group，后来这个团体在NCSA的基础上创建了 Apache。

Apache 有多种产品，可以支持SSL技术，支持多个虚拟主机。Apache 是以进程为基础的结构，进程要比线程消耗更多的系统开支，不太适合于多处理器环境，因此，在一个 Apache Web 站点扩容时，通常是增加服务器或扩充群集节点而不是增加处理器。Apache 市场占有率达50%～60%。世界上很多著名的网站如 Amazon、Yahoo!、W3 Consortium、Financial Times 等都是 Apache 的用户。它的成功之处主要在于它的源代码开放、有一支开放的开发队伍、支持跨平台的应用（可以运行在几乎所有的 UNIX、Windows、Linux 系统平台上），以及它的可移植性等方面。

Apache Web 服务器软件拥有以下特性：

- 支持最新的 HTTP/1.1 通信协议。
- 拥有简单而强有力的基于文件的配置过程。
- 支持通用网关接口。
- 支持基于 IP 地址和基于域名的虚拟主机。
- 支持多种方式的HTTP认证。
- 集成Perl处理模块。
- 集成代理服务器模块。
- 支持实时监视服务器状态和定制服务器日志。
- 支持服务器端包含指令（SSI）。

- 支持安全 Socket 层（SSL）。
- 提供用户会话过程的跟踪。
- 支持 FastCGI。
- 通过第三方模块可以支持 Java Servlets。

3.5.6 PHP

PHP（Hypertext Preprocessor，超级文本预处理语言）是一种 HTML 内嵌式的语言，也是一种在服务器端执行的嵌入 HTML 文档的脚本语言，被广泛运用。PHP 免费且 PHP 开发系统的源代码完全开放。

PHP 于 1994 年由 Rasmus Lerdorf 创建，简称原本为 Personal Home Page，开始只是作者 Rasmus Lerdorf 用 Perl 语言编写的一个简单程序，用来统计他自己网站的访问者。后来又用 C 语言重新编写，包括可以访问数据库。

1995 年以 Personal Home Page Tools（PHP Tools）开始对外发表第一个版本，Lerdorf 写了一些介绍此程序的文档，并且发布了 PHP 1.0。在这早期的版本中，提供了访客留言本、访客计数器等简单的功能。以后越来越多的网站开始使用 PHP，并且强烈要求增加一些特性，如循环语句和数组变量等。

在新的成员加入开发行列之后，PHP 2.0 于 1995 年发布。第二版定名为 PHP/FI（Form Interpreter）。PHP/FI 加入了对 MySQL 的支持，从此建立了 PHP 在动态网页开发上的地位。到了 1996 年底，有 15000 个网站使用 PHP/FI。

1997 年，任职于 Technion IIT 公司的两个以色列程序设计师：Zeev Suraski 和 Andi Gutmans 重写了 PHP 的剖析器，成为 PHP 3 的基础，而 PHP 也在这个时候改称为 PHP:Hypertext Preprocessor。经过几个月测试，开发团队在 1997 年 11 月发布了 PHP/FI 2，随后就开始 PHP 3 的开放测试，最后在 1998 年 6 月正式发布 PHP 3。Zeev Suraski 和 Andi Gutmans 在 PHP 3 发布后开始改写 PHP 的核心，这个在 1999 年发布的剖析器称为 Zend Engine，他们还在以色列的 Ramat Gan 成立了 Zend Technologies 来管理 PHP 的开发。

2000 年 5 月 22 日，以 Zend Engine 1.0 为基础的 PHP 4 正式发布，2004 年 7 月 13 日则发布了 PHP 5，PHP 5 使用了第二代的 Zend Engine。PHP 包含了许多新特色，如强化的面向对象功能、引入 PDO（PHP Data Objects，一个存取数据库的延伸函数库）、许多功能上的增强。目前 PHP 4 已经不会继续更新，以鼓励用户转移到 PHP 5。2008 年 PHP 5 成为了 PHP 唯一的有在开发的 PHP 版本。将来的 PHP 5.3 将会加入 Late static binding 和一些其他的功能强化。PHP 6 的开发也正在进行中，主要的改进有移除 register_globals、magic quotes 和 Safe mode 的功能。

3.5.7 MySQL

MySQL 是一个小型关系型数据库管理系统。关联数据库将数据保存在不同的表中，而不是将所有数据放在一个大仓库内，提高了速度和灵活性。MySQL 的 SQL（结构化查询语言）是用于访问数据库的最常用标准化语言。MySQL 软件遵循 GPL 公共原则，使用 GNU 通用公共许可证，源代码完全开放，且体积小、速度快、总体拥有成本低，许多中小型企业为了降低网站总体拥有成本选择了 MySQL 作为网站数据库。

MySQL 有如下特性：
- 使用 C 和 C++编写，并使用了多种编译器进行测试，保证源代码的可移植性。
- 支持 AIX、FreeBSD、HP-UX、Linux、Mac OS、Novell Netware、OpenBSD、OS/2 Wrap、Solaris、Windows 等多种操作系统。
- 为多种编程语言提供了 API。这些编程语言包括C、C++、Python、Java、Perl、PHP、Eiffel、Ruby 和 Tcl 等。
- 支持多线程，充分利用 CPU 资源。
- 优化的SQL查询算法，有效地提高查询速度。
- 既能够作为一个单独的应用程序应用在客户端服务器网络环境中，又能够作为一个库而嵌入到其他的软件中提供多语言支持，常见的编码如中文的 GB 2312 和 BIG5、日文的 Shift_JIS 等都可以用作数据表名和数据列名。
- 提供 TCP/IP、ODBC 和 JDBC 等多种数据库连接途径。
- 提供用于管理、检查、优化数据库操作的管理工具。
- 可以处理拥有上千万条记录的大型数据库。
- 支持多种存储引擎。

可以使用命令行工具管理MySQL 数据库（mysql 和 mysqladmin 命令)，也可以从 MySQL 的网站下载图形管理工具 MySQL Administrator、MySQL Query Browser 和 MySQL Workbench。

phpMyAdmin 是一个由 PHP 写成的 MySQL 数据库系统管理程序，让管理者可以用 Web 界面管理 MySQL 数据库。另外，还有其他的 GUI 管理工具，如 mysql-front、ems mysql manager,navicat 等。常用的管理工具如下：

（1）MySQL Workbench。MySQL Workbench 是一个由 MySQL 开发的跨平台、可视化数据库工具。它作为 DBDesigner4 工程的替代应用程序而备受瞩目。MySQL Workbench 可以作为 Windows、Linux 和 OS X 系统上的原始 GUI 工具，它有各种不同的版本。

（2）phpMyAdmin。phpMyAdmin 是一款免费的、用 PHP 编写的工具，用于在网络上管理 MySQL，它支持 MySQL 的大部分功能。这款含有用户界面的软件能够支持一些最常用的操作（如管理数据库、表格、字段、联系、索引、用户、许可等），同时还可以直接执行任何 SQL 语句。

它所具备的特性如下：
- 直观的 Web 界面。
- 支持大多数 MySQL 功能。
- 浏览和丢弃数据库、表格、视图、字段和索引。
- 创建、复制、删除、重命名、更改数据库、表格、字段和索引。
- 维护服务器、数据库、表格，能对服务器的配置提出建议。
- 执行、编辑和标注任何 SQL 语句，甚至批量查询。
- 管理 MySQL 用户及用户权限。
- 管理存储的过程（Stored Procedures）和触发器（Triggers）。
- 从 CSV 和 SQL 文件格式中导入数据。
- 能够以多种格式导出数据：CSV、SQL、XML、PDF、ISO/IEC 等。
- 管理多台服务器。

- 为数据库布局创建 PDF 图表。
- 使用 Query-by-example（QBE）创建复杂的查询。
- 在数据库中进行全局搜索或者在数据库的子集中进行搜索。
- 用预定义的函数把存储的数据转化成任何格式。
- 其他更多特性。

（3）Aqua Data Studio。对于数据库管理人员、软件开发人员、业务分析师来说，Aqua Data Studio 是一个完整的集成开发环境（IDE）。它主要具备以下 4 个方面的功能：
- 数据库查询和管理工具。
- 一套数据库、源代码管理以及文件系统的比较工具。
- 为 Subversion（SVN）和 CVS 设计了一个完整的集成源代码管理客户端。
- 提供一个数据库建模工具（Modeler），它和最好的独立数据库图表工具一样强大。

（4）SQLyog。SQLyog 是一个全面的 MySQL数据库管理工具（/'GUI'/'Frontend'）。它的社区版（Community Edition）是具有 GPL 许可的免费开源软件。这款工具包含了开发人员在使用 MySQL 时所需的绝大部分功能：查询结果集合、查询分析器、服务器消息、表格数据、表格信息、查询历史，它们都以标签的形式显示在界面上，开发人员只要单击即可。此外，它还可以方便地创建视图和存储过程。

（5）MYSQL Front。这个 MySQL 数据库的 GUI 是一个"真正的"应用程序，它提供的用户界面比用 PHP 和 HTML 建立起来的系统更加精确。不会因为重载 HTML 网页而导致延时，所以它的响应是即时的。如果供应商允许的话，可以让 MySQL-Front 直接与数据库进行工作。如果不行，也只需要在发布网站上安装一个小的脚本。登录信息会存储在硬盘上，因此不必再登录到不同的网络界面上了。

（6）mytop。mytop 是一款基于控制台的工具（不是 GUI），用于监视线程以及 MySQL 3.22.x、3.23.x 和 4.x 服务器的整体性能。它可以在大多数安装了 Perl、DBI 和 Term::ReadKey 的 UNIX 系统上（包括 Mac 系统 OS X）运行。如果安装了 Term::ANSIColor，则能够得到彩色的视图。如果安装了 Time::HiRes，还可以得到一个不错的"每秒查询数"实时统计。mytop 0.7 版甚至还能在 Windows 上运行。

（7）Sequel Pro。Sequel Pro 是一款管理 MAC OS X 数据库的应用程序，它可以直接访问本地和远程服务器上的 MySQL 数据库，并且支持从流行的文件格式中导入和导出数据，其中包括 SQL、CSV 和 XML 等文件。最初，Sequel Pro 只是开源 CocoaMySQL 工程的一个分支。部分特性如下：
- 很容易就可以建立起一个到 Mac 电脑本地 MySQL 服务器的连接。
- 它具有全部的表格管理功能，包括索引。
- 支持 MySQL 视图。
- 它使用多窗口功能，能够立即支持多个数据库或表格。

（8）SQL Buddy。SQL Buddy 是一个强大的轻量级 Ajax 数据库管理工具。它非常易于安装，只需要把文件夹解压到服务器里即可，还可以进行常见的绝大部分操作。

（9）MySQL Sidu。MySQL Sidu 是一款免费的 MySQL 客户端，它通过网络浏览器来运行。Sidu 这几个字母表示 Select（选择）、Insert（插入）、Delete（删除）和 Update（更新）。Sidu 其实还有更多的功能，它看起来更像 MySQL 前端软件的 GUI 而不是网页。

- 支持 SQL 选择、插入、删除、更新功能。
- 支持在浏览器上工作，如 Firefox、IE、Opera、Safari、Chrome 等。
- 看起来像 MySQL 前端软件的 GUI 而不是网页。
- SIDU 可以跟 MySQL、Postgres 和 SQLite DBs 一起工作。

（10）Navicat Lite MySQL Admin Tool。Navicat 是一款快速、可靠的数据库管理工具。Navicat 专门用来简化数据库管理并减少管理成本，它旨在满足数据库管理人员、数据库开发人员以及广大中小企业的需要，它有一个很直观的 GUI，可以安全便捷地创建、组织、访问、分享信息。

对于 MySQL 来说，Navicat 工具是一个强大的数据库管理和开发工具。它可以跟任何版本的 MySQL 数据库服务器（3.21 版或以上版本）一起工作，并且支持 MySQL 大多数最新的功能，包括 Trigger、Stored Procedure、Function、Event、View 和 Manage User 等。Navicat Lite 可以免费下载，但是仅适用于非商业活动。

3.5.8 VMware 虚拟化技术

虚拟化是一个广义的术语，在计算机方面通常是指计算元件在虚拟的基础上而不是真实的基础上运行。虚拟化技术可以扩大硬件的容量、简化软件的重新配置过程。CPU 的虚拟化技术可以单 CPU 模拟多 CPU 并行，允许一个平台同时运行多个操作系统，并且应用程序都可以在相互独立的空间内运行而互不影响，从而显著提高计算机的工作效率。

当下的 X86 计算机硬件是专为运行单个操作系统和单个应用程序而设计的，因此大部分计算机远未得到充分利用。借助虚拟化，可以在单台物理机上运行多个虚拟机，每个虚拟机都可以在多个环境之间共享同一台物理机的资源。不同的虚拟机可以在同一台物理机上运行不同的操作系统及多个应用程序。

VMware workstation 是 VMware 公司一款可以在一种操作系统平台上虚拟出其他一些操作系统的虚拟机软件产品。可以自由地对自己需要学习和试验的操作环境进行配置和修改，不用担心会导致系统崩溃，还可以让用户在单机上构造出一个虚拟网络来加强对网络知识的学习。安装了 VMware workstation，可以在真实的主机操作系统中生成一台虚拟计算机，可安装并运行操作系统。虚拟计算机共享主机的设备，以文件形式保存。因此，每台虚拟计算机之间以及虚拟计算机与主机之间都相互独立。如果一台虚拟计算机出现问题，对主机以及其他的虚拟计算机不会有任何影响。即当在重启出问题的虚拟计算机客户操作系统时还可继续其他工作。

VMware 虚拟化的工作原理是：直接在计算机硬件或主机操作系统上插入一个精简的软件层。该软件层包含一个以动态和透明方式分配硬件资源的虚拟机监视器（或称"管理程序"）。多个操作系统可以同时运行在单台物理机上，彼此之间共享硬件资源。由于是将整台计算机（包括 CPU、内存、操作系统和网络设备）封装起来，因此虚拟机可以与所有标准的 X86 操作系统、应用程序和设备驱动程序完全兼容，可以同时在单台计算机上安全运行多个操作系统和应用程序，每个操作系统和应用程序都可以在需要时访问其所需的资源。

3.5.9 SSL 与 HTTPS 协议

SSL 协议是 Netscape Communication 公司推出在网络传输层之上提供的一种基于非对称密钥和对称密钥技术的用于浏览器和 Web 服务器之间的安全连接技术。通常的连接方式中，通信是以非加密的形式在网络上传播的，这就有可能被非法窃听，尤其是用于认证的口令信息。为了避免这个安全漏洞，就必须对传输过程进行加密。对 HTTP 传输进行加密的协议为 HTTPS，它是通过 SSL（安全 Socket 层）进行 HTTP 传输的协议。不但通过公用密钥的算法进行加密，而且还可以通过获得认证证书 CA 来保证客户连接的服务器是安全的。

SSL 协议位于 TCP/IP 协议与各种应用层协议之间，为数据通信提供安全支持。SSL 协议可分为两层：SSL 记录协议（SSL Record Protocol），建立在可靠的传输协议（如 TCP）之上，为高层协议提供数据封装、压缩、加密等基本功能的支持；SSL 握手协议（SSL Handshake Protocol），建立在 SSL 记录协议之上，用于在实际的数据传输开始前，通信双方进行身份认证、协商加密算法、交换加密密钥等。

SSL 协议提供的服务主要有：
- 认证用户和服务器，确保数据发送到正确的客户机和服务器。
- 加密数据以防止数据中途被窃取。
- 维护数据的完整性，确保数据在传输过程中不被改变。

SSL 协议的工作流程如下：

（1）服务器认证阶段。

1）客户端向服务器发送一个开始信息"Hello"以便开始一个新的会话连接。

2）服务器根据客户的信息确定是否需要生成新的主密钥，如需要则服务器在响应客户的"Hello"信息时将包含生成主密钥所需的信息。

3）客户根据收到的服务器响应信息产生一个主密钥，并用服务器的公开密钥加密后传给服务器。

4）服务器恢复该主密钥，并返回给客户一个用主密钥认证的信息，以此让客户认证服务器。

（2）用户认证阶段。在此之前，服务器已经通过了客户认证，这一阶段主要完成对客户的认证。经认证的服务器发送一个提问给客户，客户则返回（数字）签名后的提问和其公开密钥，从而向服务器提供认证。

从 SSL 协议所提供的服务及其工作流程可以看出，SSL 协议运行的基础是商家对消费者信息保密的承诺，这就有利于商家而不利于消费者。在电子商务初级阶段，由于运作电子商务的企业大多是信誉较高的大公司，因此这个问题还没有充分暴露出来。但随着电子商务的发展，各中小型公司也参与进来，这样在电子支付过程中的单一认证问题就越来越突出。虽然在 SSL 3.0 中通过数字签名和数字证书可以实现浏览器和 Web 服务器双方的身份验证，但是 SSL 协议仍然存在一些问题，比如只能提供交易中客户与服务器间的双方认证，在涉及多方的电子交易中，SSL 协议并不能协调各方间的安全传输和信任关系。在这种情况下，Visa 和 MasterCard 两大信用卡组织制定了 SET 协议，为网上信用卡支付提供了全球性的标准。

HTTPS（Secure Hypertext Transfer Protocol）称为安全超文本传输协议，由 Netscape 开发并内置于其浏览器中，用于对数据进行压缩和解压操作，并返回网络上传送回的结果。HTTPS 实际上应用了 Netscape 的完全套接字层（SSL）作为 HTTP 应用层的子层（HTTPS 使用端口 443，而不是像 HTTP 那样使用端口 80 来和 TCP/IP 进行通信）。SSL 使用 40 位关键字作为 RC4 流加密算法，这对于商业信息的加密是合适的。HTTPS 和 SSL 支持使用 X.509 数字认证，如果需要的话用户可以确认发送者是谁。HTTPS 是以安全为目标的 HTTP 通道，简单地说是 HTTP 的安全版。即 HTTP 下加入 SSL 层，HTTPS 的安全基础是 SSL。

3.6 项目实施与测试

3.6.1 安装配置 DNS 服务器

1. 在 Linux 系统上安装 DNS 服务器所需的 BIND 组件

(1) 所需的组件 bind-9.3.4-10.Pl.el5 的安装过程如图 3-2 所示。

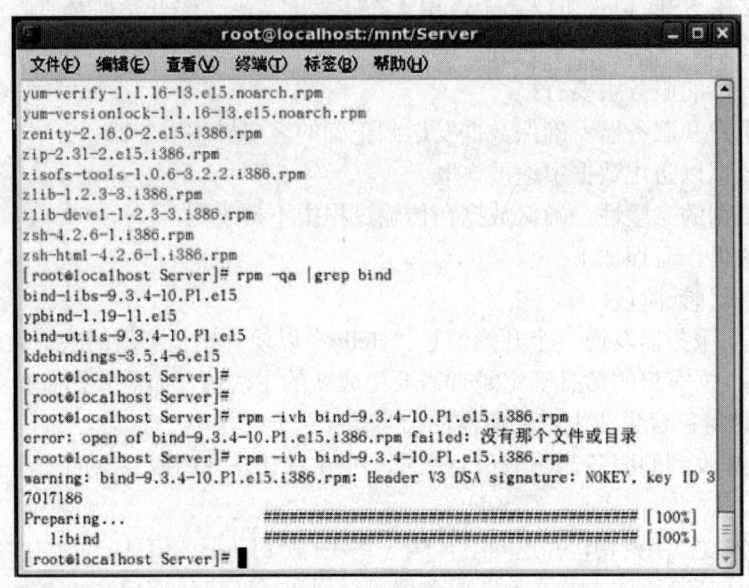

图 3-2 BIND 组件安装（一）

(2) 所需的组件 bind-chroot-9.3.4-10.Pl.el5、caching-nameserver-9.3.4-10.Pl.el5 的安装过程如图 3-3 所示。

图 3-3 BIND 组件安装（二）

（3）安装完成后，DNS 服务器所需的 BIND 组件如图 3-4 所示。其中，所需组件有 bind-9.3.4-10.Pl.el5、bind-chroot-9.3.4-10.Pl.el5、caching-nameserver-9.3.4-10.Pl.el5、bind-utils-9.3.4-10.Pl.el5、bind-libs-9.3.4-10.Pl.el5 等。

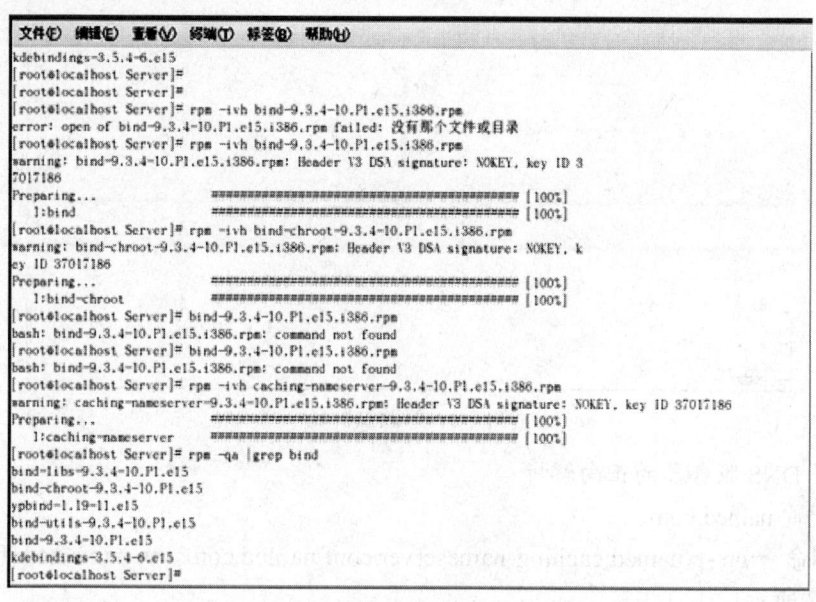

图 3-4　BIND 组件安装（三）

2. 指定主机名称

在配置 DNS 服务器之前，先指定主机名称。具体操作步骤如下：

（1）使用命令 vi /etc/sysconfig/network 进行配置，如图 3-5 所示。

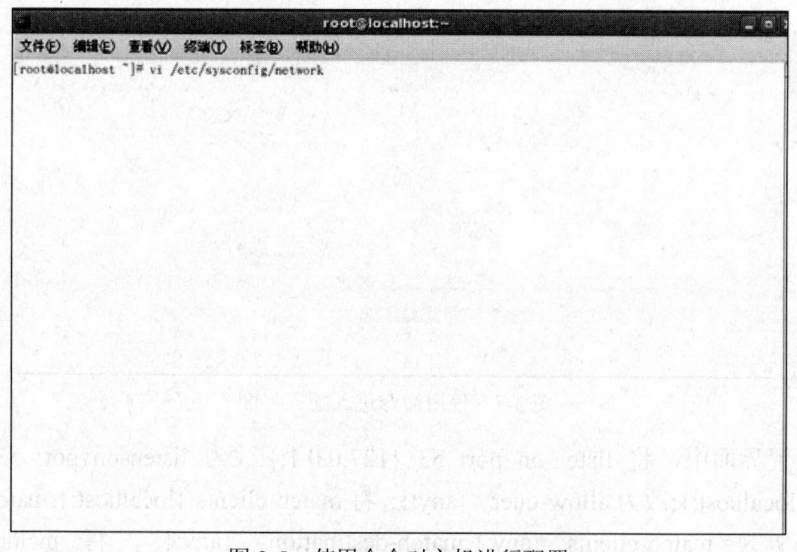

图 3-5　使用命令对主机进行配置

（2）使用命令 vi /etc/sysconfig/network 进入配置界面后，将原来的主机名 HOSTNAME 改为 dns.yingdong.com，如图 3-6 所示。

```
NETWORKING=yes
NETWORKING_IPV6=no
HOSTNAME=dns.yingdong.com
```

图 3-6 修改主机名

3. 配置 DNS 服务器的正向解析

（1）配置 named.conf。

1）使用命令 cp -p named.caching-nameserver.conf named.conf、vi named.conf 进入配置界面，如图 3-7 所示。

```
[root@dns ~]# cd /var/named/chroot/etc/
[root@dns etc]# cp -p named.caching-nameserver.conf named.conf
cp: 是否覆盖 "named.conf"?
[root@dns etc]# vi named.conf
```

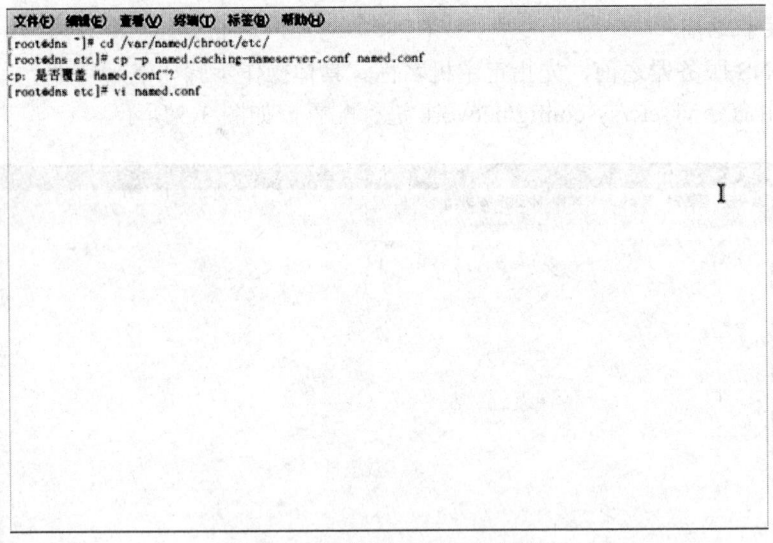

图 3-7 使用命令进入配置界面

2）在配置界面中，将 listen-on port 53 {127.0.0.1;};改为 listen-on port 53 {any;};，将 allow-query {localhost;};改为 allow-query {any;};，将 match-clients {localhost;};match-destinations {localhost;}; 改为 match-clients {any;};match-destinations {any;};，将 include"/etc/named.rfc1912.zones"; 改为 include "/etc/named.zones";，在 directory "/var/named";与 dump-life "/var/named/data/cache_dump.db"之间加入# forward frist; # forwarders {202.96.128.86;};，如图 3-8 所示。

图 3-8 配置 named.conf

（2）定义 zone。

1）使用命令 cp -p named.rfc1912.zones named.zones、vi named.zones 进入配置界面，如图 3-9 所示，配置界面的初始状态如图 3-10 所示。

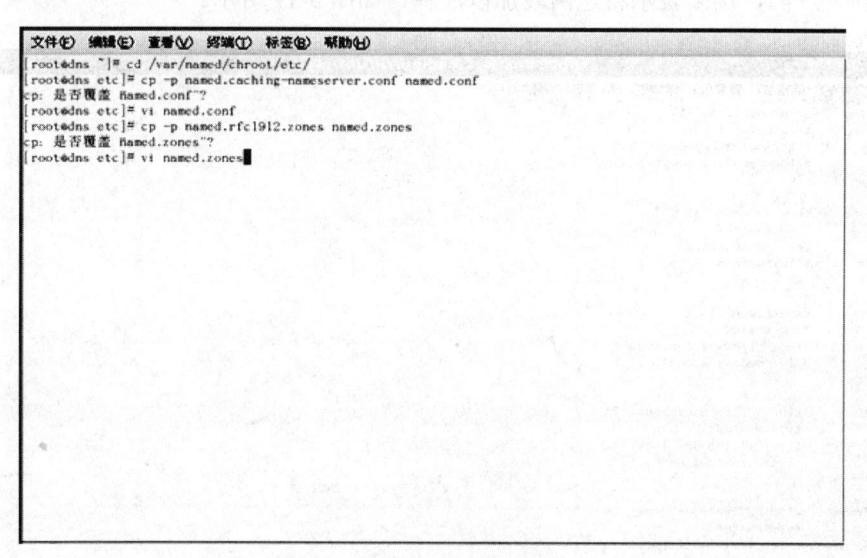

图 3-9 使用命令进入配置界面

2）在配置界面中，将图 3-10 中的 zone "localhost"和 zone "0.0.127.in-addr.arpa"这两段复制到配置界面的末尾处，其中前者复制一个，后者复制两个。

将 zone "localhost" 改为 zone "yingdong.com"，将 file "localhost.zone" 改为 file "yingdong.com.zone"，将两段 zone "0.0.127.in-addr.arpa"分别改为 zone "11.168.192.in-addr.arpa" 和 zone "12.168.192.in-addr.arpa"。

图 3-10 配置界面的初始状态

将两段 file "named.local" 分别改为 file "11.168.192.local" 和 file "12.168.192.local"。

最后，将 zone "11.168.192.in-addr.arpa" 和 zone "12.168.192.in-addr.arpa" 这两段的每行的开头都添加符号"#"，用来表示将这两段加以注释，如图 3-11 所示。

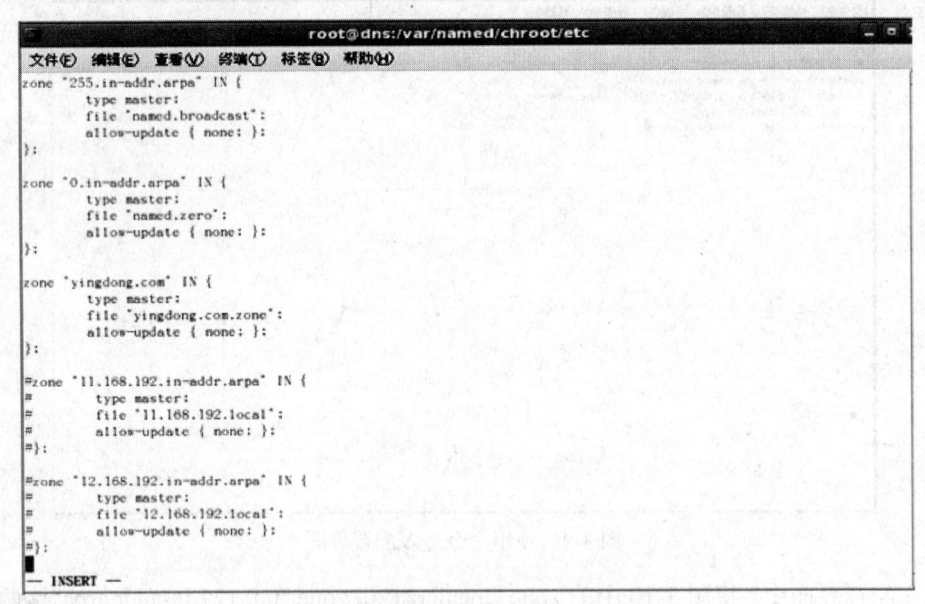

图 3-11 加"#"的命令段表示加以注释

（3）建立数据库文件。

1）使用命令 cp -p /var/named/localdomain.zone /var/named/chroot/var/named/yingdong.com.zone、vi /var/named/chroot/var/named/yingdong.com.zone 进入配置界面，如图 3-12 所示。

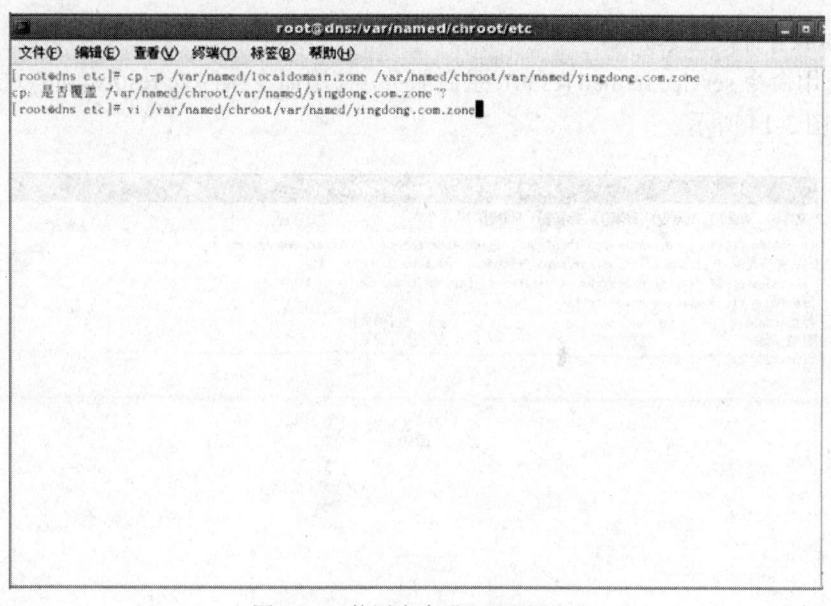

图 3-12 使用命令进入配置界面

2）在配置界面中，将第二行的内容更改为：
@   IN SOA   dns.yingdong.com.   root.yingdong.com.
从第 8 行开始更改为：
@   IN NS   dns.yingdong.com.
dns   IN A   192.168.12.2
www   IN A   192.168.11.2
mail   IN A   192.168.11.3
nas   IN A   192.168.11.4
crm   IN A   192.168.12.3
2003   IN A   192.168.12.4

如图 3-13 所示。

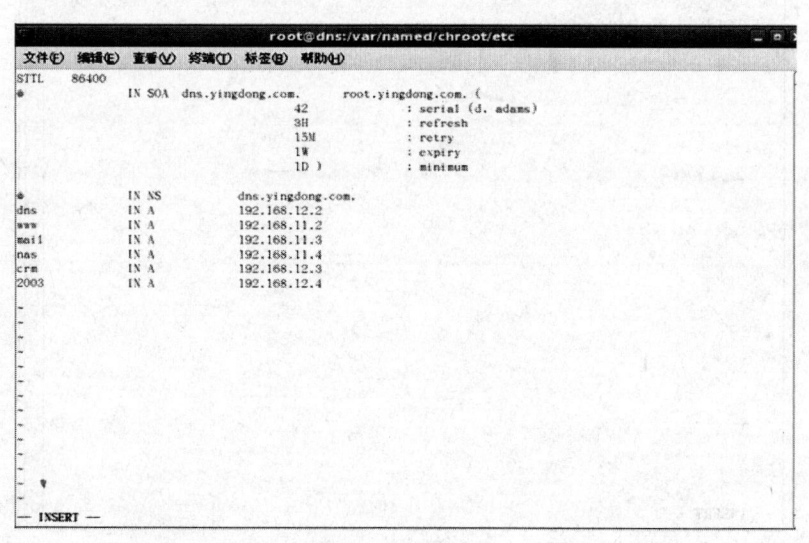

图 3-13 更改命令

4. 重启服务并配置客户端

（1）使用命令 service named restart 重启服务，使用命令 vi /etc/resolv.conf 进入客户端配置界面，如图 3-14 所示。

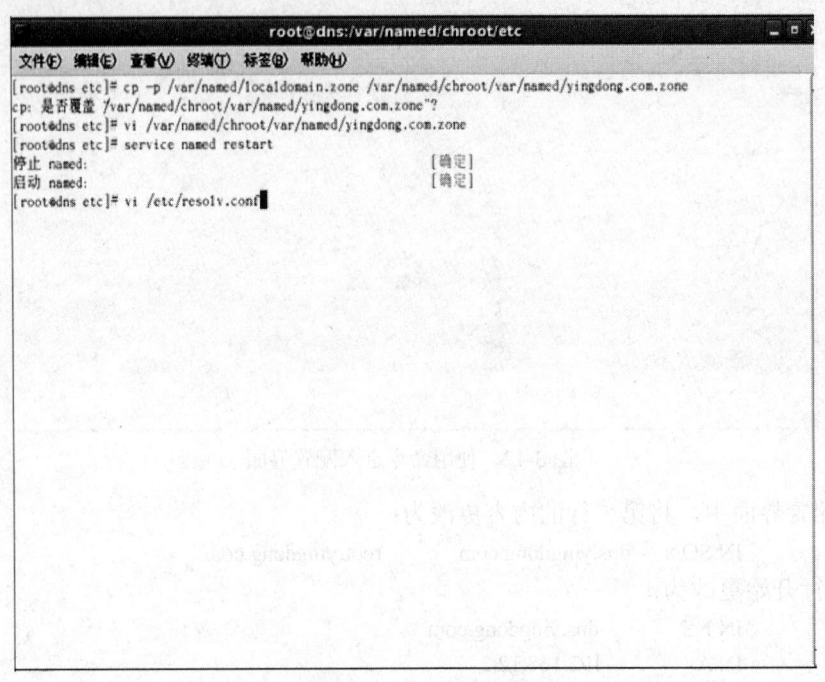

图 3-14 重启服务器

（2）在配置界面中，将第二行的 nameserver 的 IP 地址更改为作 DNS 服务器的主机的 IP 地址 192.168.12.2，如图 3-15 所示。

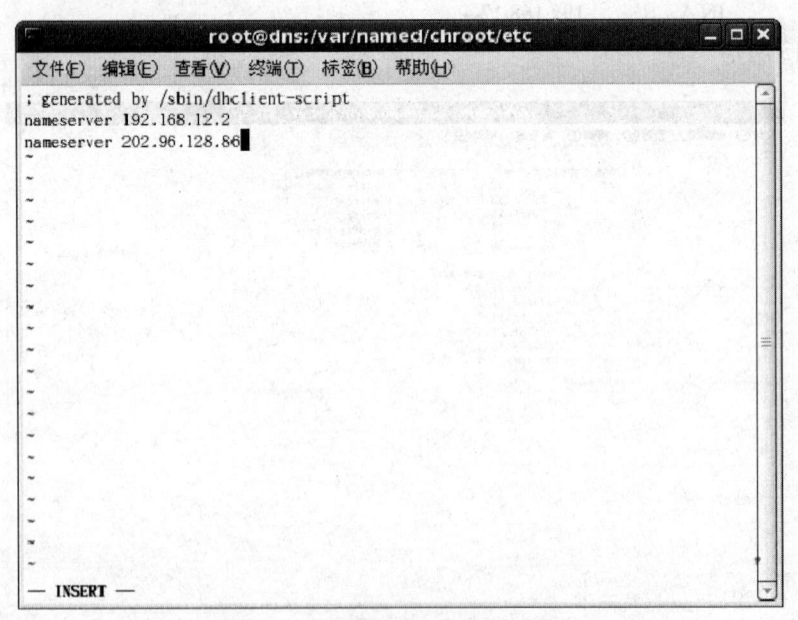

图 3-15 修改 DNS 服务器的 IP 地址

5. 用命令 nslookup 对 DNS 服务器的正向解析进行测试

测试结果如图 3-16 所示，从图中可以看出 DNS 服务器的正向解析成功。

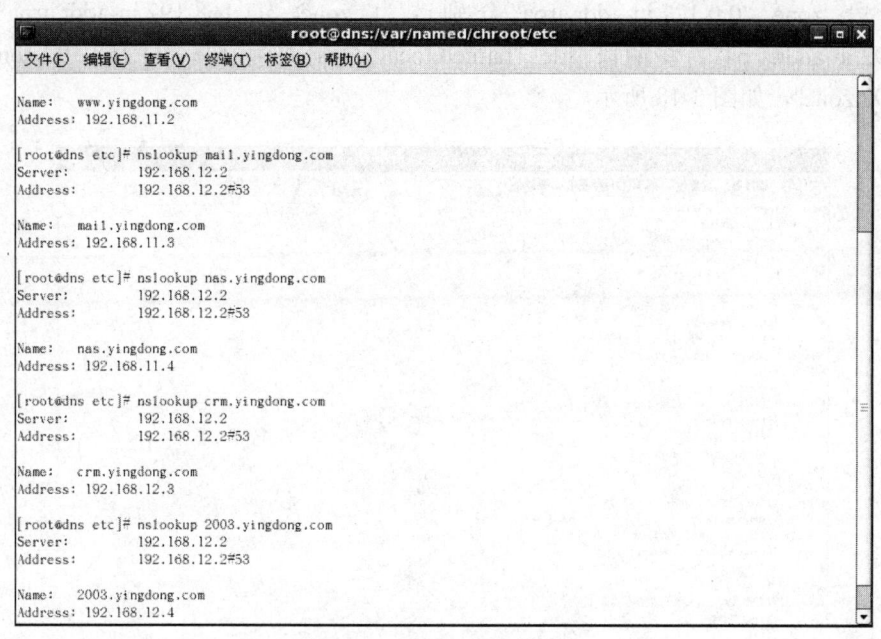

图 3-16 测试正向解析结果

6. 配置 DNS 服务器的反向解析

（1）定义反向解析的 zone。

1）使用命令 vi named.zones 进入配置界面，如图 3-17 所示。

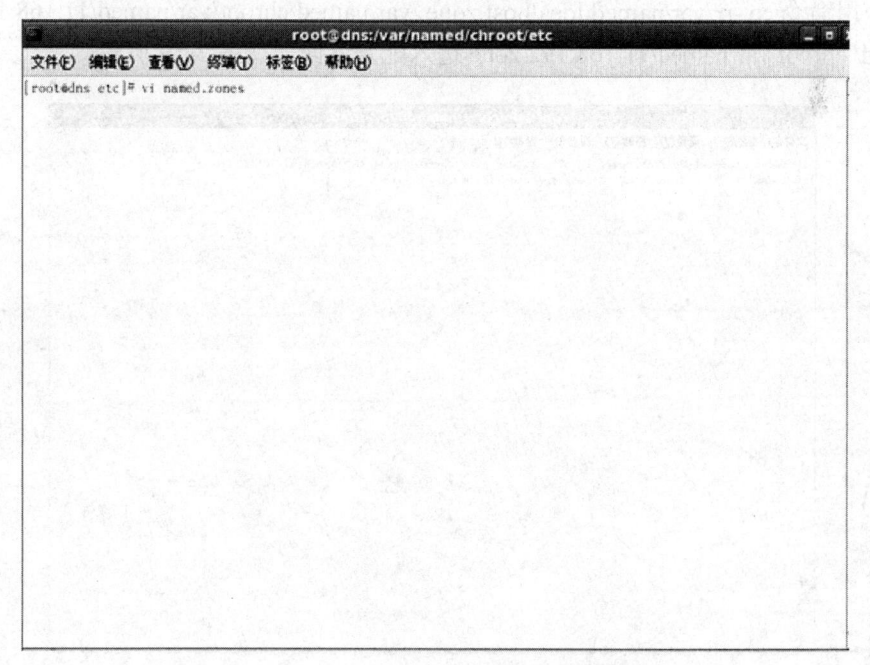

图 3-17 使用命令进入配置界面

2）在配置界面中，将 zone "0.0.127.in-addr.arpa"这段内容复制到配置界面的末尾处且复制两个。

将两段 zone "0.0.127.in-addr.arpa" 分别改为 zone "11.168.192.in-addr.arpa" 和 zone "12.168.192.in-addr.arpa"，将两段 file "named.local" 分别改为 file "11.168.192.zone" 和 file "12.168.192.zone"，如图 3-18 所示。

图 3-18 定义反向解析的 zone

（2）创建反向解析的 zone 文件。

1）使用命令 cp -p /var/named/localhost.zone /var/named/chroot/var/named/11.168.192.zone vi /var/named/ chroot/var/named/11.168.192.zone 进入配置界面，如图 3-19 所示。

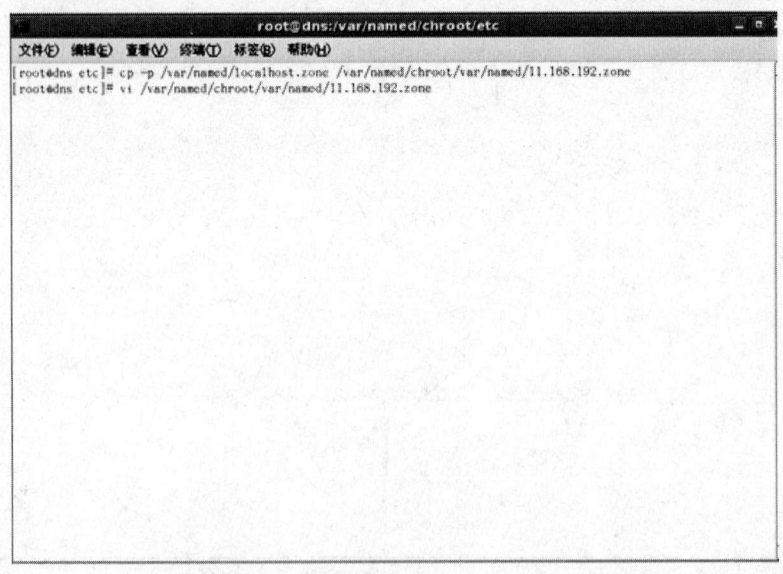

图 3-19 使用命令进入创建反向解析 zone 的配置界面

配置界面的初始状态如图 3-20 所示。

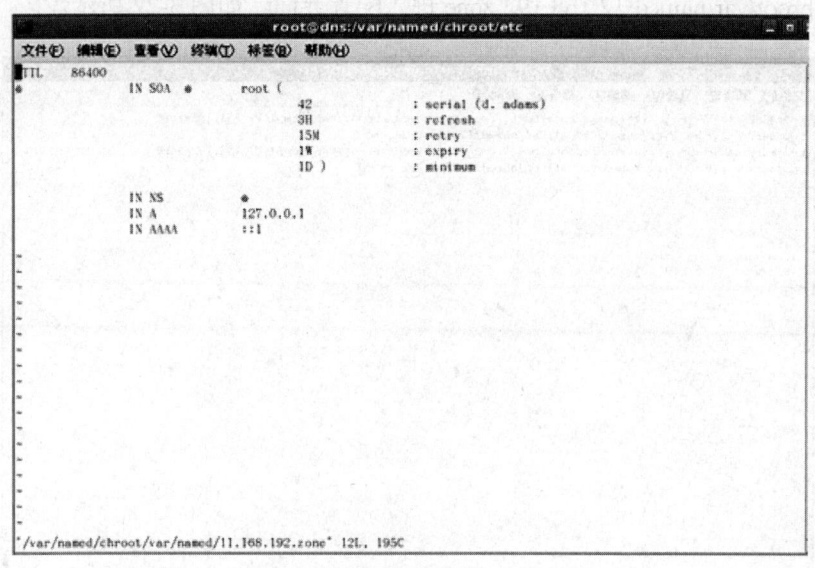

图 3-20 配置界面的初始状态

2）在配置界面中，将第二行的内容更改为：
@   IN SOA   dns.yingdong.com.   root.yingdong.com.

从第 8 行开始更改为：
@   IN NS   dns.yingdong.com.
2   IN PTR   www.yingdong.com.
3   IN PTR   mail.yingdong.com.
4   IN PTR   nas.yingdong.com.

如图 3-21 所示。

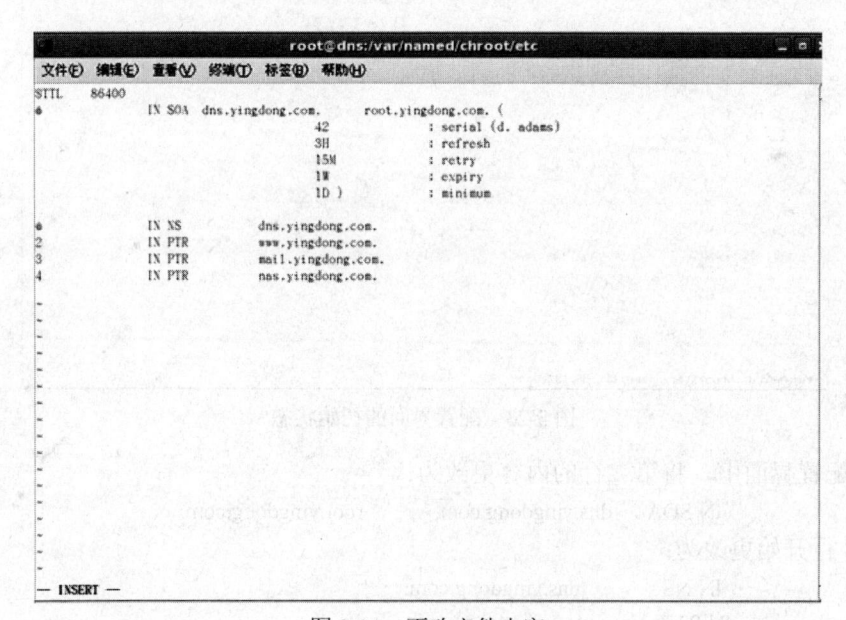

图 3-21 更改文件内容

3）使用命令 cp -p /var/named/localhost.zone /var/named/chroot/var/named/12.168.192.zone vi /var/named/ chroot/var/named/12.168.192.zone 进入配置界面，如图 3-22 所示。

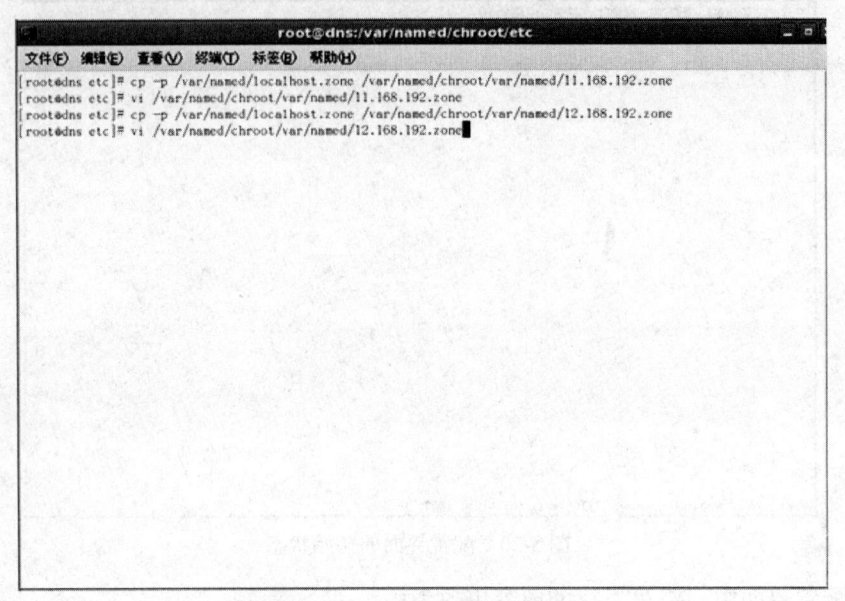

图 3-22 使用命令进入配置界面

配置界面的初始状态如图 3-23 所示。

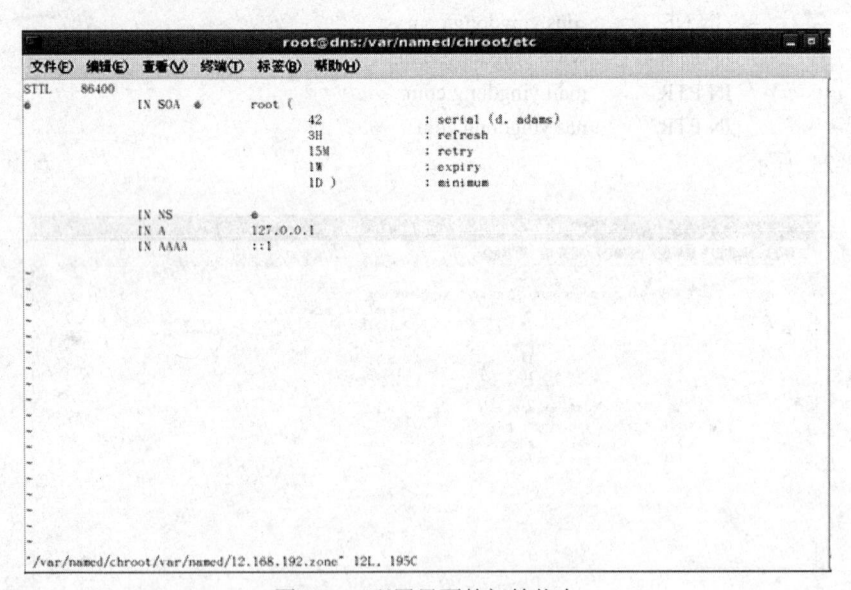

图 3-23 配置界面的初始状态

4）在配置界面中，将第二行的内容更改为：

@   IN SOA   dns.yingdong.com.   root.yingdong.com.

从第 8 行开始更改为：

@   IN NS   dns.yingdong.com.
2   IN PTR   dns.yingdong.com.

3		IN PTR	crm.yingdong.com.
4		IN PTR	2003.yingdong.com.

如图 3-24 所示。

图 3-24 更改文件内容

（3）重启服务并用命令 nslookup 对 DNS 服务器的反向解析进行测试；使用命令 service named restart 重启服务，如图 3-25 所示；测试结果如图 3-25 和图 3-26 所示，从图中可以看出 DNS 服务器的反向解析成功。

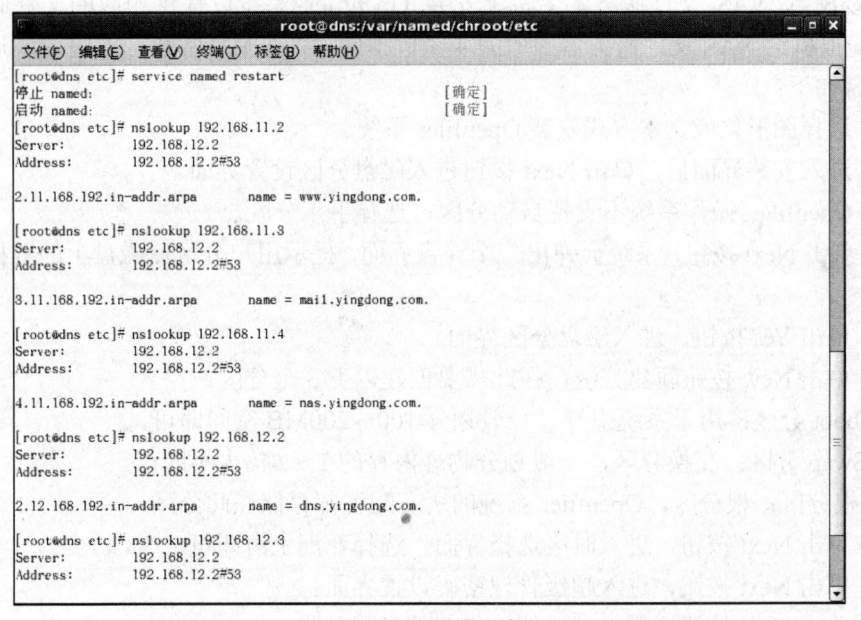

图 3-25 重启服务

```
[root@dns etc]# nslookup 192.168.11.3
Server:         192.168.12.2
Address:        192.168.12.2#53

3.11.168.192.in-addr.arpa       name = mail.yingdong.com.

[root@dns etc]# nslookup 192.168.11.4
Server:         192.168.12.2
Address:        192.168.12.2#53

4.11.168.192.in-addr.arpa       name = nas.yingdong.com.

[root@dns etc]# nslookup 192.168.12.2
Server:         192.168.12.2
Address:        192.168.12.2#53

2.12.168.192.in-addr.arpa       name = dns.yingdong.com.

[root@dns etc]# nslookup 192.168.12.3
Server:         192.168.12.2
Address:        192.168.12.2#53

3.12.168.192.in-addr.arpa       name = crm.yingdong.com.

[root@dns etc]# nslookup 192.168.12.4
Server:         192.168.12.2
Address:        192.168.12.2#53

4.12.168.192.in-addr.arpa       name = 2003.yingdong.com.

[root@dns etc]#
```

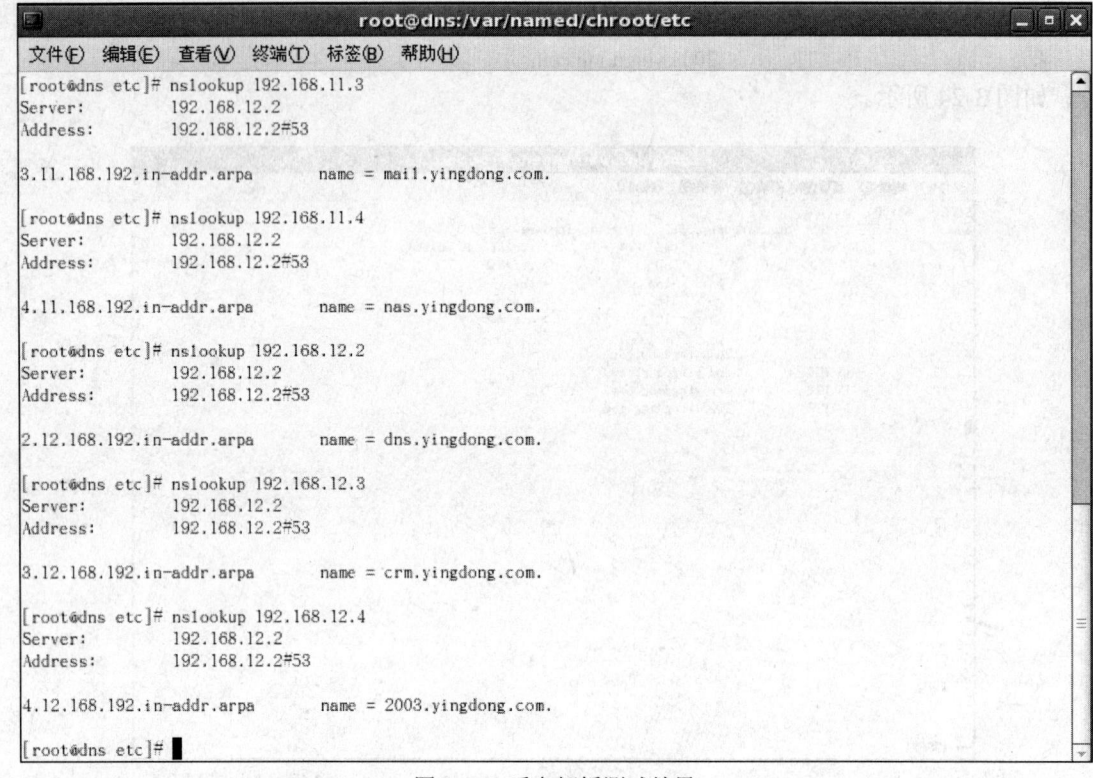

图 3-26　反向解析测试结果

3.6.2　安装配置 NAS 服务器

1．安装 Openfiler

在需要配置 NAS 文件服务的主机上安装 Openfiler 系统以提供相应的文件服务。使用 VMware 虚拟机给 NAS 文件服务器上增加 4 个虚拟硬盘，重启计算机，通过光驱启动。安装的操作步骤如下：

（1）选择图形化或文本方式安装 Openfiler 系统。

（2）进入安装界面后，单击 Next 按钮进入磁盘分区设置界面。

（3）Openfiler 操作系统不支持自动分区，选择手工分区。

（4）单击 Next 按钮，系统会弹出一个警告界面，提示用户分区后磁盘上的数据可能会被格式化。

（5）单击 Yes 按钮，进入磁盘分区界面。

（6）单击 New 按钮新建分区，在此需要创建以下 3 个分区。

- /boot 分区：用于系统引导，一般划分 100～200MB 空间即可。
- Swap 分区：交换分区，一般划分物理内存的 1～2 倍大小即可。
- /根分区：根分区，Openfiler 系统的所有配置都存储在此分区。

（7）单击 Next 按钮，进入时区选择界面，选择亚洲上海即可。

（8）单击 Next 按钮，进入超级管理密码设置界面。

（9）单击 Next 按钮，进入开始软件包安装界面。

（10）单击 Next 按钮，正式进行分区格式化，软件包安装界面。
（11）用 5~10 分钟，即可完成软件包的安装。
（12）单击 Reboot 按钮重启计算机，进入操作系统选择界面。
（13）按回车键直接进入系统，用 1~2 分钟即可完成 Openfiler 系统的启动。

2. 配置 NAS 服务

Openfiler 系统装好后，在浏览器上输入 https:// 192.168.11.4:446 进行 NAS 服务配置，在登录界面上输入管理员账户和密码，即 openfiler 和 123456，如图 3-27 所示。

图 3-27　登录 Openfiler

在 System 页面设置网络，如图 3-28 至图 3-30 所示。

图 3-28　网络设置

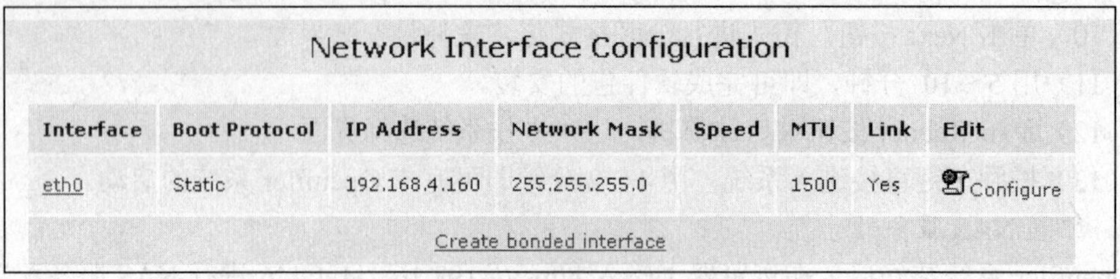

Network Interface Configuration

Interface	Boot Protocol	IP Address	Network Mask	Speed	MTU	Link	Edit
eth0	Static	192.168.4.160	255.255.255.0		1500	Yes	Configure

Create bonded interface

图 3-29　网络接口配置

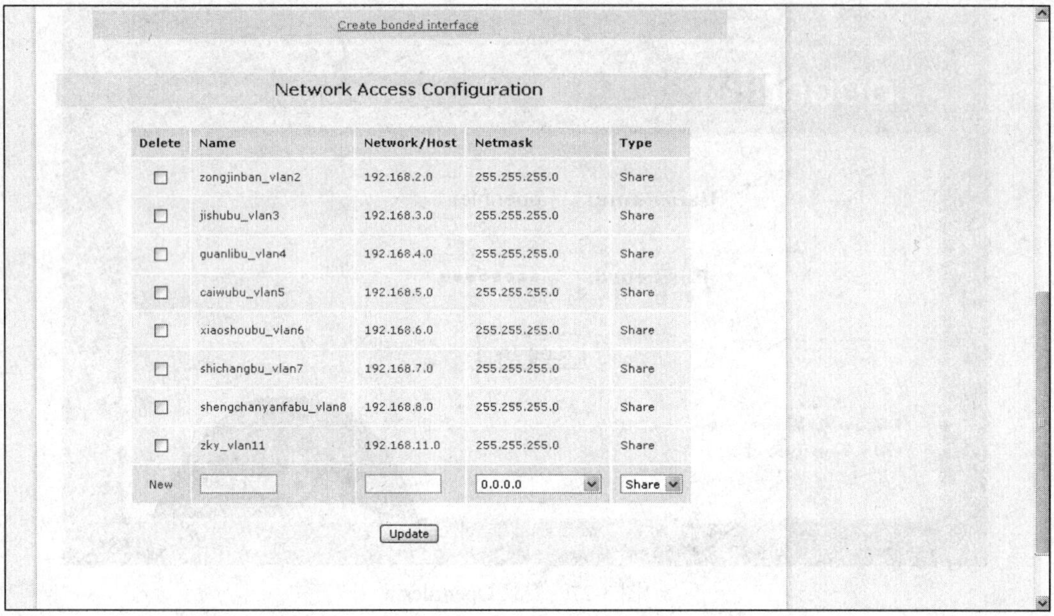

Create bonded interface

Network Access Configuration

Delete	Name	Network/Host	Netmask	Type
☐	zongjinban_vlan2	192.168.2.0	255.255.255.0	Share
☐	jishubu_vlan3	192.168.3.0	255.255.255.0	Share
☐	guanlibu_vlan4	192.168.4.0	255.255.255.0	Share
☐	caiwubu_vlan5	192.168.5.0	255.255.255.0	Share
☐	xiaoshoubu_vlan6	192.168.6.0	255.255.255.0	Share
☐	shichangbu_vlan7	192.168.7.0	255.255.255.0	Share
☐	shengchanyanfabu_vlan8	192.168.8.0	255.255.255.0	Share
☐	zky_vlan11	192.168.11.0	255.255.255.0	Share
New			0.0.0.0	Share

Update

图 3-30　网络访问设置

在 Volumes Lock Devices 中单击/dev/sdb 超链接，如图 3-31 所示。

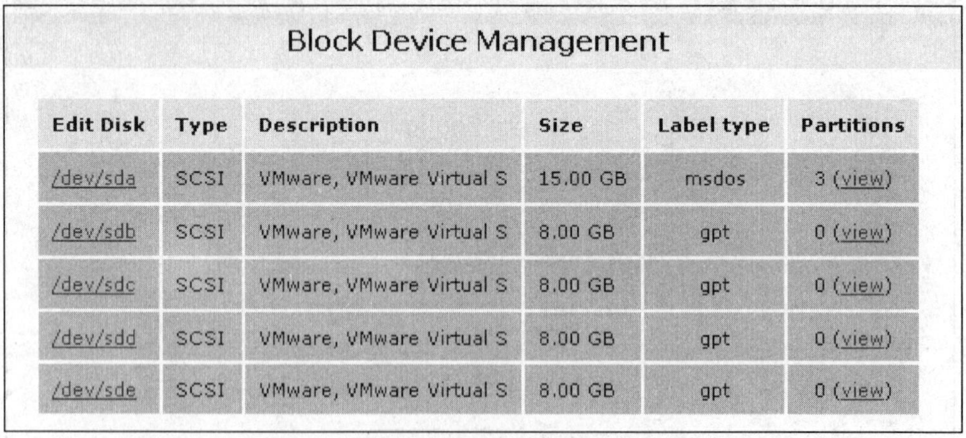

Block Device Management

Edit Disk	Type	Description	Size	Label type	Partitions
/dev/sda	SCSI	VMware, VMware Virtual S	15.00 GB	msdos	3 (view)
/dev/sdb	SCSI	VMware, VMware Virtual S	8.00 GB	gpt	0 (view)
/dev/sdc	SCSI	VMware, VMware Virtual S	8.00 GB	gpt	0 (view)
/dev/sdd	SCSI	VMware, VMware Virtual S	8.00 GB	gpt	0 (view)
/dev/sde	SCSI	VMware, VMware Virtual S	8.00 GB	gpt	0 (view)

图 3-31　块设备管理器

进入后进行如图 3-32 所示的相应配置。

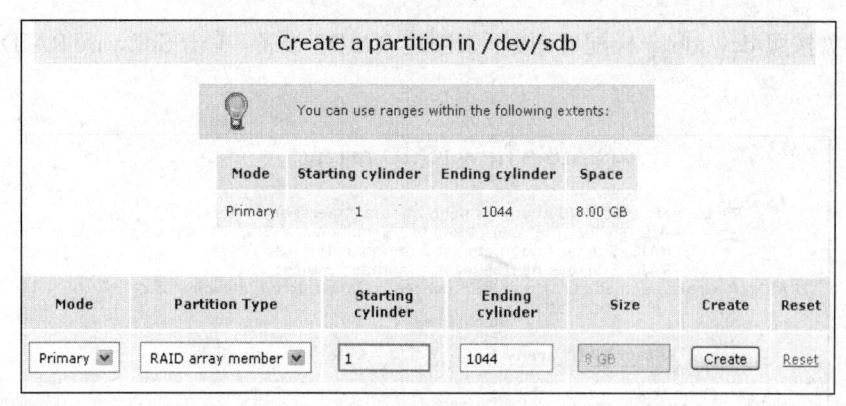

图 3-32 配置界面

单击 Create 按钮后出现如图 3-33 所示的界面。

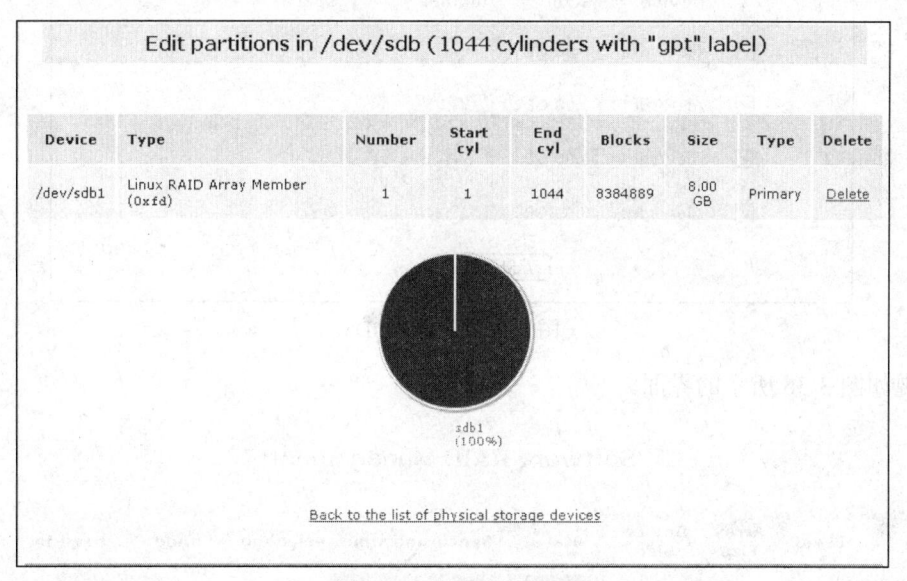

图 3-33 创建分区界面

然后单击 Back to the list of physical storage devices 超链接回到 Block Device Management 管理界面，如图 3-34 所示。

图 3-34 块设备管理器

其他硬盘按照/dev/sdb 一样配置。接下来创建 RAID5 设备，单击 Software RAID，如图 3-35 所示。

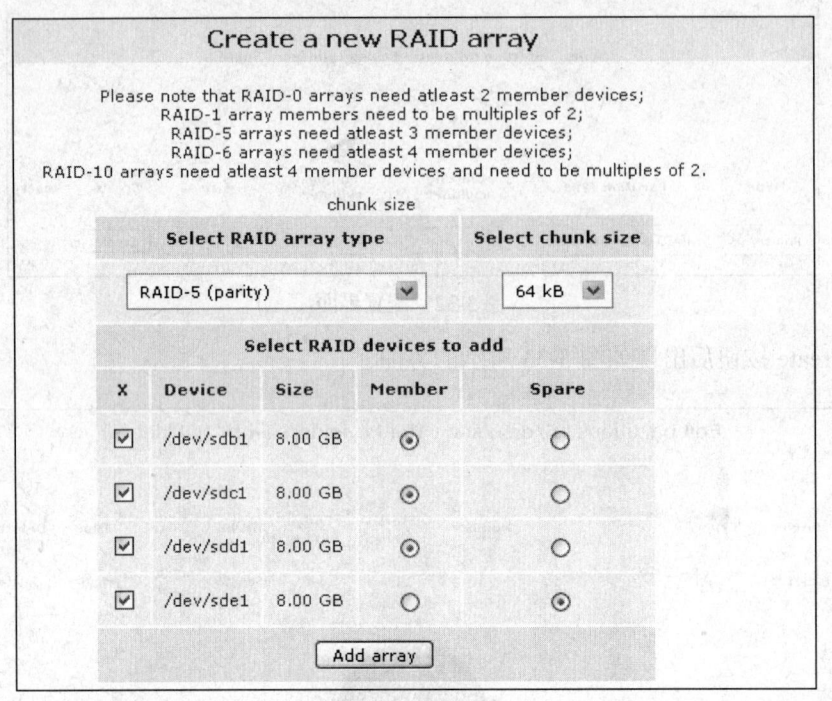

图 3-35　创建 RAID5

出现如图 3-36 所示的界面。

图 3-36　软件 RAID 管理器

接下来就会自动格式化，格式化完成后会出现如图 3-37 所示的界面。

图 3-37　软件 RAID 格式化

接下来创建 LVM 逻辑卷，单击 Volume Groups 按钮，进行如图 3-38 所示的配置。

图 3-38 创建 LVM 逻辑卷（一）

配置完以上内容后单击 Add volume group 按钮进行如图 3-39 所示的配置。

图 3-39 创建 LVM 逻辑卷（二）

完成后出现如图 3-40 所示的界面。

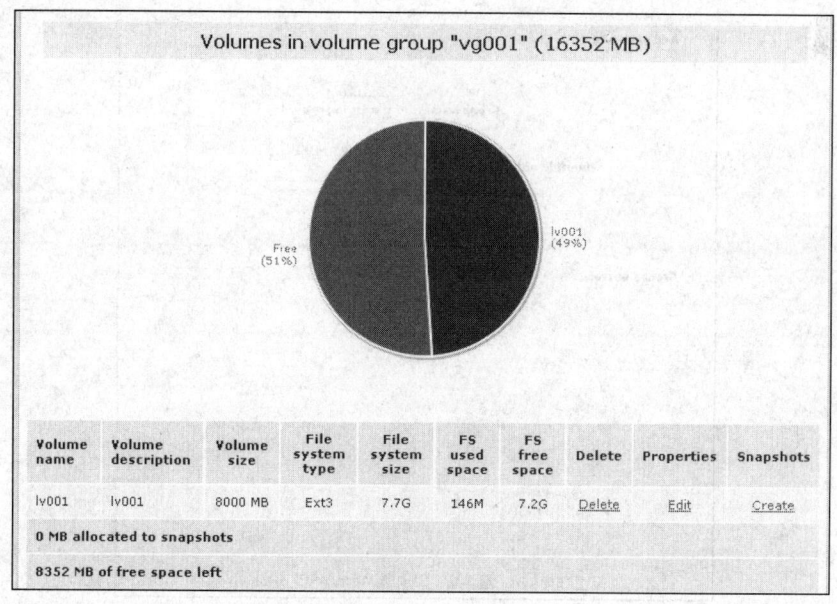

图 3-40 创建 LVM 逻辑卷（三）

按照中科资讯公司的需求，将创建部门文件服务系统。为了确保用户的统一管理，在此使用 LDAP 轻量级目录数据库进行用户和工作组管理。选择 Accounts，在 Authentication 内选中 Use LDAP 复选框，在 Base DN 文配框中输入 dc=example,dc=com，在 Root bind DN 文本框中输入 cn=openfiler,dc=example,dc=com，在 Root bind password 文本框中输入所要的密码，将 Login SMB server to root DN 复选框选上，将 Allow user to change password 复选框选上，然后将网页下拉，单击 Submit 按钮，如图 3-41 所示。

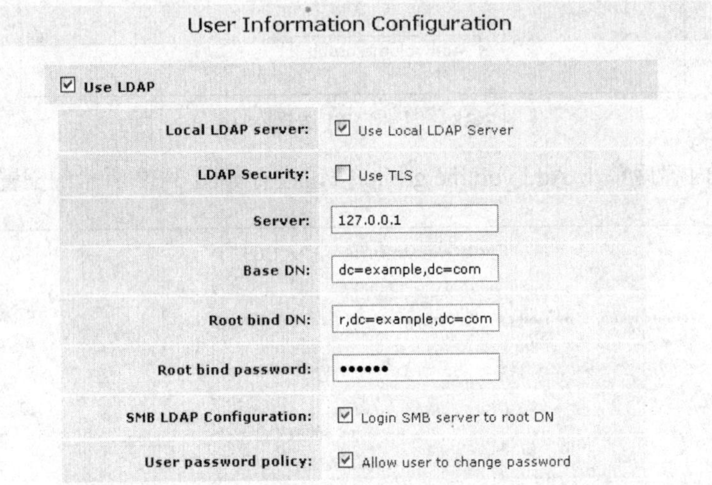

图 3-41 用户信息配置

做完后便开始创建部门组和部门工作人员账户。单击 Accounts→Administration 先创建一个网络管理网段的工作组 wladmingroup，设定工作组 ID 为 1000，如图 3-42 所示。

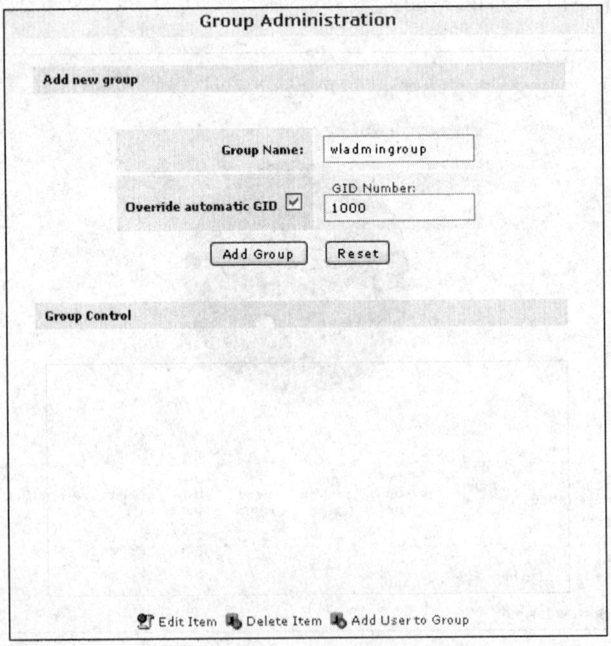

图 3-42 组管理器

单击 Add Group 按钮后，如图 3-43 所示。

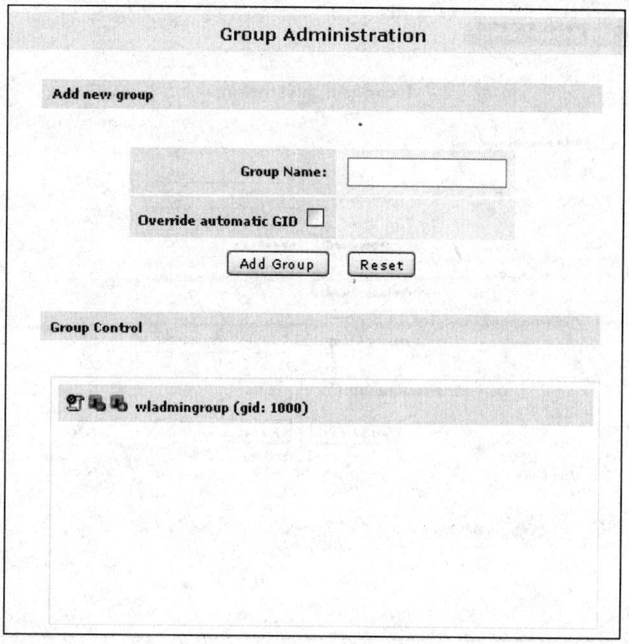

图 3-43　添加组

接下来创建工作组成员，单击 User Administration，增加一个成员 wladmin，如图 3-44 所示。

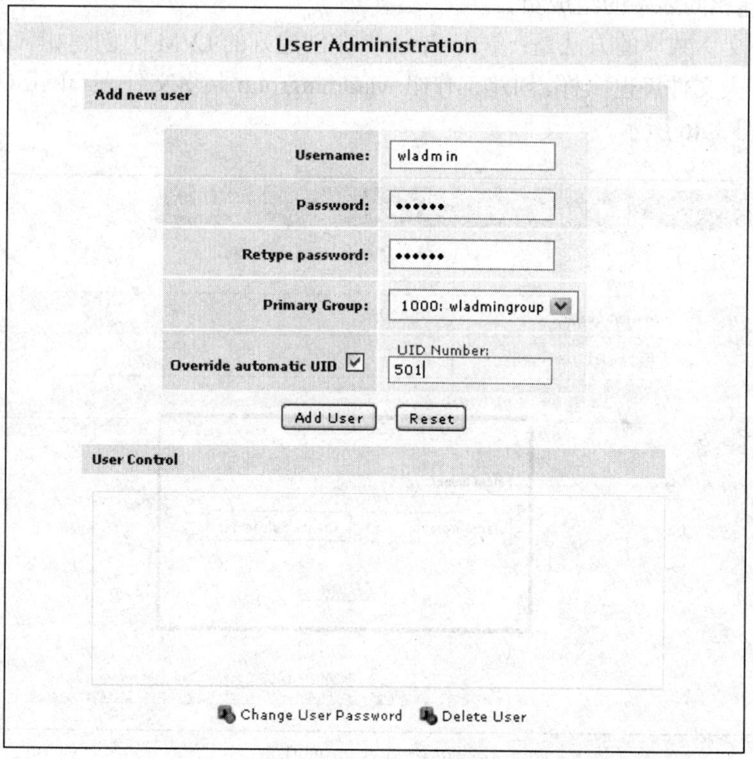

图 3-44　用户管理器

增加完成后如图 3-45 所示。

图 3-45 添加用户

同样地，要想增加其他工作组和组成员，操作同上，增加所有需求和所有的部门，并且以部门名称创建相同名字的组成员。

创建 NAS 文件共享的方法是：单击 shares，在创建好的 LVM 中创建相应的部门共享文件夹，要是创建个人文件夹也一样。创建工作组 wladmingroup 共享文件夹，单击 Create Sub-folder 按钮创建，如图 3-46 所示。

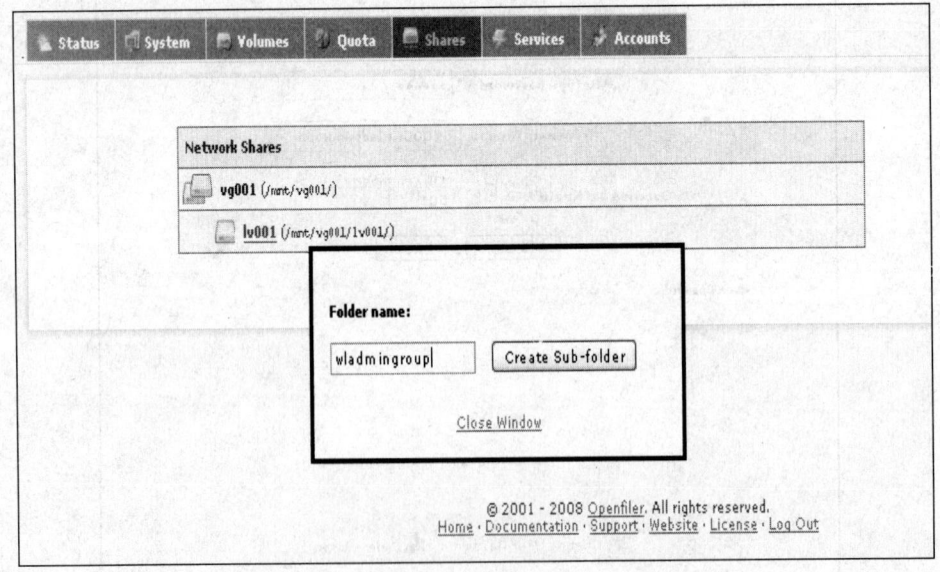

图 3-46 创建 NAS 文件共享（一）

学习情境 3　Linux 服务器应用与管理——基于 LAMP 架构的企业信息系统构建

创建后单击 wladmingroup 按钮，然后在弹出的对话框中单击 Make Share 按钮，如图 3-47 和图 3-48 所示。

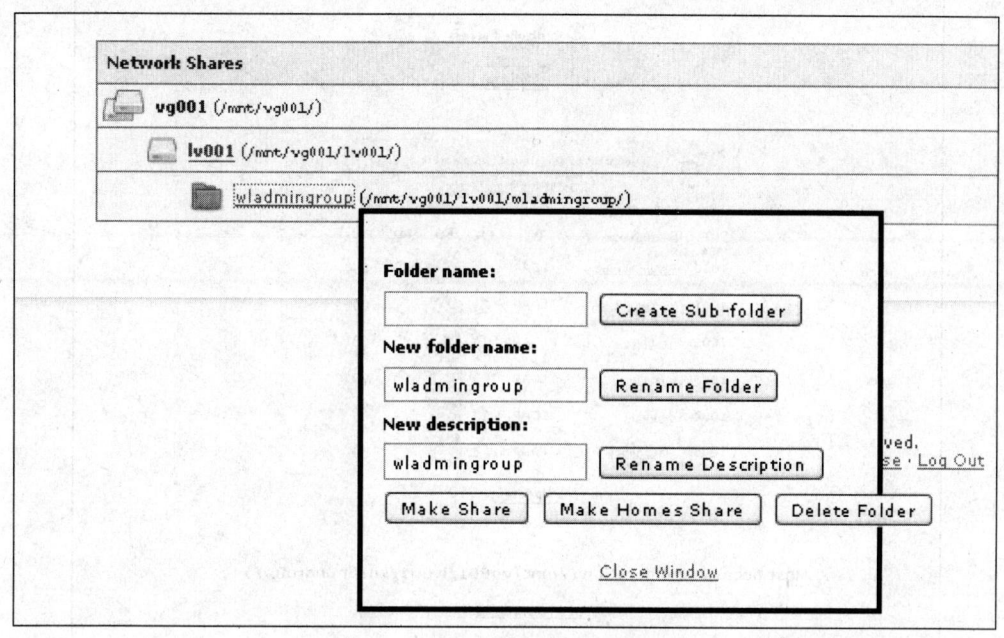

图 3-47　创建 NAS 文件共享（二）

图 3-48　创建 NAS 文件共享（三）

如果要让任何用户都可以共享文件夹，包括在其他组的用户也能共享，就选择 public guest access；如果要限制某些组内的成员访问该文件夹，则选择 controlled access，如图 3-49 所示。

对于 wladmingroup 文件夹的所有组是 wladmingroup，里面的所有成员均有读、写的权限，而其他组成员则不能访问，这就限制了其他用户组，然后该文件夹提供了 Smb 和 Ftp 服务与 Windows 系统进行兼容。要想实现其他功能请用户自己选择。单击 services 选项，将需要的服务选项打开，如图 3-50 所示。

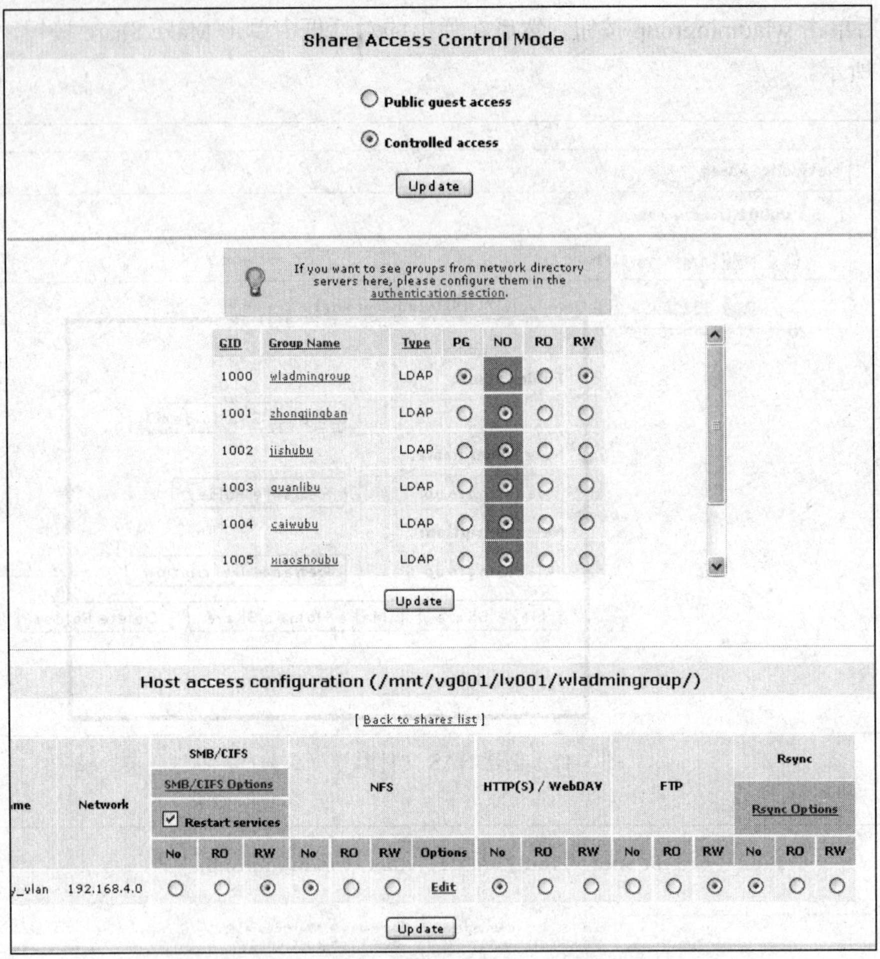

图 3-49　创建 NAS 文件共享（四）

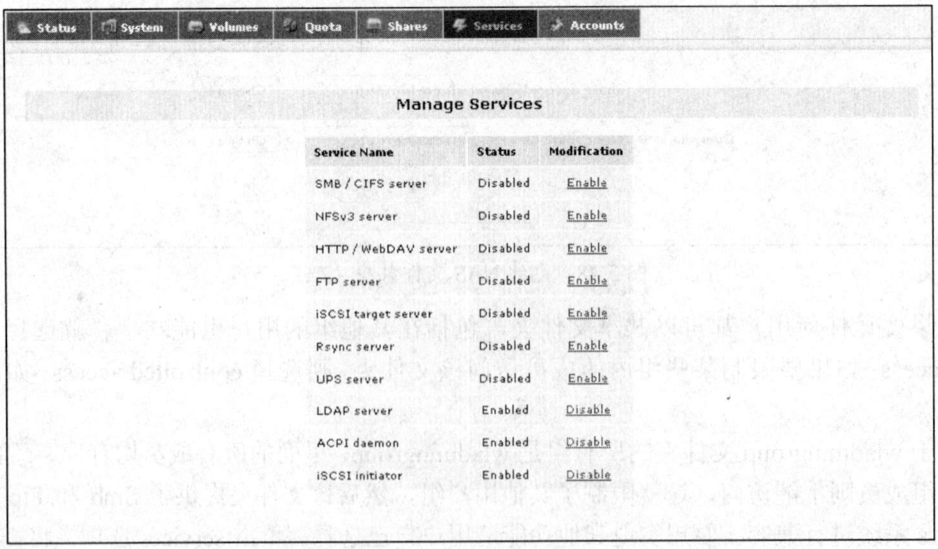

图 3-50　创建 NAS 文件共享（五）

要想给每个用户进行磁盘配额,可以在 Qutoa 选项中根据需要进行配置。

1. 配置的共享文件夹

caiwubu   guanlibu   jishubu   shichangbu   shichangyanfabu

xiaoshoubu   zongjinban   wladministrator

各个文件夹只能在相应的网段才能用运行进行访问,在内外网均可用 ftp 对文件夹进行访问。

2. 数据备份

应用系统进行一次全备份,以便以后应用系统出现灾难时进行恢复。

(1) Web 服务器。

/systembackup/www 是 NAS 服务器的一个文件夹,现被挂载到当前应用系统的/nasbackup,然后便可以将所需备份的数据备份到 NAS 服务器上。

应用系统分区全备份:

dump -0u -f   /nasbackup/dev/wwwsda1.bak   /dev/sda1

dump -0u -f   /nasbackup/dev/wwwsda2.bak   /dev/sda2

dump -0u -f   /nasbackup/dev/wwwsda3.bak   /dev/sda3

(2) E-mail 服务器。

/systembackup/mail 是 NAS 服务器的一个文件夹,现被挂载到当前应用系统的/nasbackup,然后便可以将所需备份的数据备份到 NAS 服务器上。

应用系统分区全备份:

dump -0u -f   /nasbackup/dev/emailsda1.bak   /dev/sda1

dump -0u -f   /nasbackup/dev/emailsda2.bak   /dev/sda2

dump -0u -f   /nasbackup/dev/emailsda3.bak   /dev/sda3

(3) CRM 服务器。

/systembackup/crm 是 NAS 服务器的一个文件夹,现被挂载到当前应用系统的/nasbackup,然后便可以将所需备份的数据备份到 NAS 服务器上。

应用系统分区全备份:

dump -0u -f   /nasbackup/dev/crmda1.bak   /dev/sda1

dump -0u -f   /nasbackup/dev/crmda2.bak   /dev/sda2

dump -0u -f   /nasbackup/dev/crmda3.bak   /dev/sda3

(4) DNS 服务器。

/systembackup/dns 是 NAS 服务器的一个文件夹,现被挂载到当前应用系统的/nasbackup,然后便可以将所需备份的数据备份到 NAS 服务器上。

应用系统分区全备份:

dump -0u -f   /nasbackup/dev/dnsda1.bak   /dev/sda1

dump -0u -f   /nasbackup/dev/dnsda2.bak   /dev/sda2

dump -0u -f   /nasbackup/dev/dnsda3.bak   /dev/sda3

按需求使用"完全备份+差分备份"的方式对数据进行备份,每周日进行一次全备份,周一至周六将进行差分备份,在各个服务器上建立相应的要保存数据的路径,如表 3-1 所示。

表 3-1 服务器数据备份表

服务器	需备份的文件路径	已挂载的备份路径	NAS 备份服务器路径
Web	/	/webback	/backup/web
Email	/var/spool/mail	/emailback	/backup/email
Crm	/var/lib/mysql/c3crm	/crmback	/backup/crm
Nas	/mnt/vg001/lv001	/nasfileback/	/backup/nasback

1）Web 服务器。
- 在根目录下创建 backsh 和 webback 文件夹。
- 在 backsh 中创建两个可执行文件，即 allwebback.sh 和 webback.sh。

①完全备份。在 allwebback.sh 中输入以下字符：

todayofmonth="allwebback" 'date |date +%Y-%m-%d -d - '
dump -0u -f "/webback/" $todayofmonth".bak" /usr/local/apache2/htdocs

②差分备份。在 webback.sh 输入以下字符：

todayofmonth="webback" 'date |date +%Y-%m-%d -d -'
dump -1u -f "/ webback/"$todayofmonth".bak" /usr/local/apache2/htdocs/

2）E-mail 服务器。
- 在根目录下创建 backsh 和 emailback 文件夹。
- 在 backsh 中创建两个可执行文件，即 allemailback.sh 和 emailback.sh。

①完全备份。在 allemailback.sh 中输入以下字符：

todayofmonth="allemailback" 'date |date +%Y-%m-%d -d -'
dump -0u -f "//emailback /" $todayofmonth".bak" /var/spool/mail

②差分备份。在 emailback.sh 输入以下字符：

todayofmonth="emailback" 'date |date +%Y-%m-%d -d -'
dump -1u -f " //emailback /" $todayofmonth".bak" /var/spool/mail

3）Crm 服务器。
- 在根目录下创建 backsh 和 crmback 文件夹。
- 在 backsh 中创建两个可执行文件，即 allcrmback.sh 和 crmback.sh。

①完全备份。在 allcrmback.sh 中输入以下字符：

todayofmonth="allcrmlback" 'date |date +%Y-%m-%d -d -'
dump -0u -f "/crmback /" $todayofmonth ".bak" /var/lib/mysql/c3crm

②差分备份。在 emailback.sh 中输入以下字符：

todayofmonth="emailback" 'date |date +%Y-%m-%d -d -'
dump -1u -f "/ crmback /" $todayofmonth ".bak" /var/lib/mysql/c3crm

4）Nas 服务器。
- 在根目录下创建 backsh 和 nasfileback 文件夹。
- 在 backsh 中创建一个可执行文件 nasfile.sh。

在 nasfile.sh 中输入以下字符：

Tar -cvf "/nasfileback/" nasfile'date +%Y- %m-%d -d –"'.bak" /mnt/vg001/lv001'

3. 计划任务

在各个服务器上进行计划任务，使计算机能自动备份相应的数据，输入命令 crontab -e 便可以编辑计划任务。

（1）Web 服务器。

* * * * 0 /backsh/allwebback.sh
* * * * 1 / backsh /webback.sh
* * * * 2 / backsh /webback.sh
* * * * 3 / backsh /webback.sh
* * * * 4 / backsh /webback.sh
* * * * 5 / backsh /webback.sh
* * * * 6 / backsh /webback.sh

（2）E-mail 服务器。

* * * * 0 / backsh /allemailback.sh
* * * * 1 / backsh /emailback.sh
* * * * 2 / backsh /emailback.sh
* * * * 3 / backsh /emailback.sh
* * * * 4 / backsh /emailback.sh
* * * * 5 / backsh /emailback.sh
* * * * 6 / backsh /emailback.sh

（3）Crm 服务器。

* * * * 0 / backsh /allcrmback.sh
* * * * 1 / backsh /allcrmback.sh
* * * * 2 / backsh /allcrmback.sh
* * * * 3 / backsh /allcrmback.sh
* * * * 4 / backsh /allcrmback.sh
* * * * 5 / backsh /allcrmback.sh
* * * * 6 / backsh /allcrmback.sh

（4）Nas 服务器。

* * * * 0 / backsh /allcrmback.sh

3.6.3　安装配置邮件服务器

（1）配置 DNS 服务器。

查询当前邮件服务器域名及 IP 地址解析情况，如图 3-51 所示。

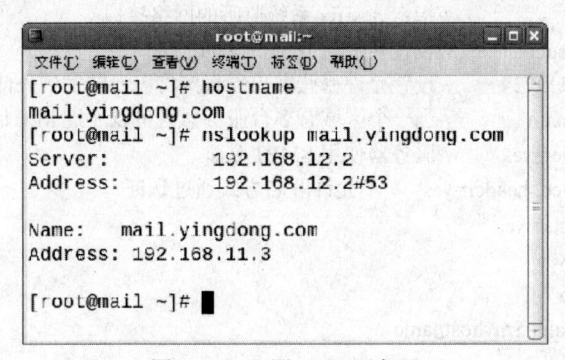

图 3-51　配置 DNS 服务器

（2）从 Nas 服务器下载以下安装包并安装：

openssl-devel-0.9.8e-7.el5   //安装加密工具 OPENSSL
rpm-build-4.4.2.3-9.el5
postfix-2.3.3-2.1.el5_2   //邮件 SMTP
dovecot-1.0.7-7.el5   //邮件 IMAP、POP3
cyrus-sasl-devel-2.1.22-4   //简单身份认证和安全层 SMTP 认证时使用
perl-Text-Iconv-1.7-1.el5.rf
perl-suidperl-5.8.8-18.el5
openwebmail-data-2.53-3   //免费开源的 Webmail 软件
openwebmail-2.53-3
httpd-devel-2.2.3-22.el5   //安装 HTTP 服务器
httpd-manual-2.2.3-22.el5
httpd-2.2.3-22.el5
mysql-server-5.0.45-7.el5   //安装 MySQL 服务器
telnet-server-0.17-39.el5
telnet-0.17-39.el5

（3）因 SMTP 在传输过程中并不会对数据进行加密，为了数据传输安全，使用以下命令生成 CA 私钥及证书，使 postfix 的 SMTP 服务配合 SSL 的加密。

mkdir /etc/postfix/.certs
cd /etc/postfix/.certs
openssl req -new -x509 -keyout cakey.pem -out cacert.pem -days 730

（4）使用以下命令生成 postfix 证书：

openssl req -nodes -new -x509 -keyout smtpkey.pem -out smtpcert.pem -days 730

（5）使用以下命令生成 POP3s 及 IMAPs 所需要的证书：

cd /etc/pki/tls/certs
make /etc/pki/tls/certs/dovecot.pem
mv dovecot.pem /etc/postfix/.certs/

（6）基于安全考虑应修改生成的证书文件权限：

chmod -R 600 /etc/postfix/.certs/

（7）修改/etc/postfix/main.cf：

myhostname = mail.yingdong.com   //邮件服务器主机名
mydomain=yingdong.com   //指定邮件服务器所在区域
myorigin=$mydomain   //指定发件人 DNS 后缀
mydestination=$mydomain   //指定 postfix 允许处理的邮件
inet_interfaces=all   //指定 postfix 系统监听的网络接口
mynetworks_style =subnet   //设置客户端 IP 地址匹配方法
mynetworks=192.168.11.0/24   //设置允许哪些客户端直接将需要转发到外部区域的邮件提交给 postfix
relay_domain=$mydomain   //当一个区域有多台服务器时可以通过 MX 记录设置各自的优先级
smtpd_sasl_auth_enable =yes   //服务器使用 SMPT 认证
smtpd_sasl_authenticated_header=yes   //不允许匿名方式通过认证
broken_sasl_auth_clients =yes
smtpd_helo_required=yes
smtpd_sasl_path =smtp
smtpd_sasl_local_domain=$myhostname
smtpd_sasl_security_options=noanonymous

（8）修改 Telnet 服务的默认配置文件/etc/xinetd.d/telnet，把"disable=yes"改为"disable=on"。

（9）创建 user001 和 user002 两个用户：

useradd user001
passwd user001
useradd user002
passwd user002

（10）重启 Postfix 服务和 Telnet 服务：

service postfix restart
service xinetd restart

（11）查看 25 网络端口，如图 3-52 所示。

netstat -antup|grep 25

图 3-52　查看网络端口

（12）远程连接 192.168.11.3 的 25 端口：

```
#telnet 192.168.11.3 25
    mail from:user001@yingdong.com      //发件人
    rcpt to:user002@yingdong.com        //收件人
    data
    subject:test                        //题目
    hello                               //内容
quit                                    //退出
```

如图 3-53 所示。

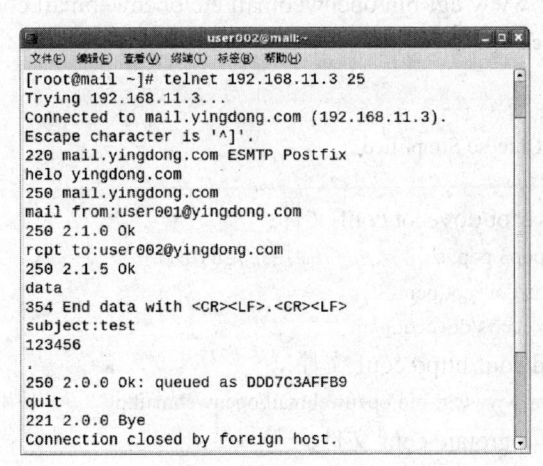

图 3-53　远程连接（一）

```
#su - user002        //进入 user002
mail                 //查看邮件
```
如图 3-54 所示。

图 3-54 远程连接（二）

（13）内容检查，修改/etc/postfix/header_checks 中的以下参数：

```
/^Received:/          HOLD
/^Received:.*\[127\.\0\.0\.1/    IGNORE     //隐藏内部主机 IP 地址信息
/^Received:.*\[192.168\.0\.[0-255]      IGNORE
```

（14）使用以下命令生成 header_check 查询表：

postmap /etc/postfix/header_checks

（15）使用以下命令生成一些空的查询表，以后可以根据需要增加内容：

```
touch /etc/postfix/SenderAccess
portmap /etc/postfix/SenderAccess
touch /etc/postfix/HeloAccess
portmap /etc/postfix/HeloAccess
touch /etc/postfix/ClientAccess
portmap /etc/postfix/ClientAccess
```

（16）使用以下命令进行 openwebmail 初始化：

/var/www/cgi-bin/openwebmail/openwebmail-tool.pl --init

（17）修改 vim /var/www/cgi-bin/openwebmail/etc/openwebmail.conf 文件：

```
domainnames yingdong.com
smtpserver 192.168.11.3
authpop3_server 192.168.11.3
default_iconset Cool3D.Chinese.Simplified
enable_webdisk yes
```

（18）修改 /etc/dovecot/dovecot.conf 文件：

```
protocols = imap imaps pop3 pop3s        //启用指定的协议
ssl_cert=/etc/postfix/.certs/dovecot.pem
ssl_key_file =/etc/postfix/.certs/dovecot.pem
```

（19）修改/etc/httpd/conf/httpd.conf 文件：

ScriptAlias /webmail "var/www/cgi-bin/openwebmail/openwebmail.pl"   //使用别名访问

（20）修改 vim /etc/logrotate.conf 文件：

/var/log/openwebmail.log

```
{
    weekly                  //指定循环周期为一周
    rotate 5                //指定日志文件删除之前转存 5 天
    missingok               //指定如果找不到 openwebmail.log 就忽略这个转存配置
    nocompress              //指定不对日志进行压缩
    notifempty              //指定如果日志文件为空，则不转存
    create 0660 root mail   //指定转存时创建文件的权限所有者及拥有组
}
```

（21）使用以下命令启动相关服务，并设置为下次开机启动：

```
service sendmail stop
service dovecot start
service httpd start
service mysqld start
service postfix start
service saslauthd start
chkconfig sendmail off
chkconfig postfix on
chkconfig dovecot on
chkconfig httpd on
chkconfig mysqld on
chkconfig named on
chkconfig saslauthd on
```

（22）测试。

已发送邮件，如图 3-55 所示。

图 3-55　已发送邮件

收到邮件，如图 3-56 所示。

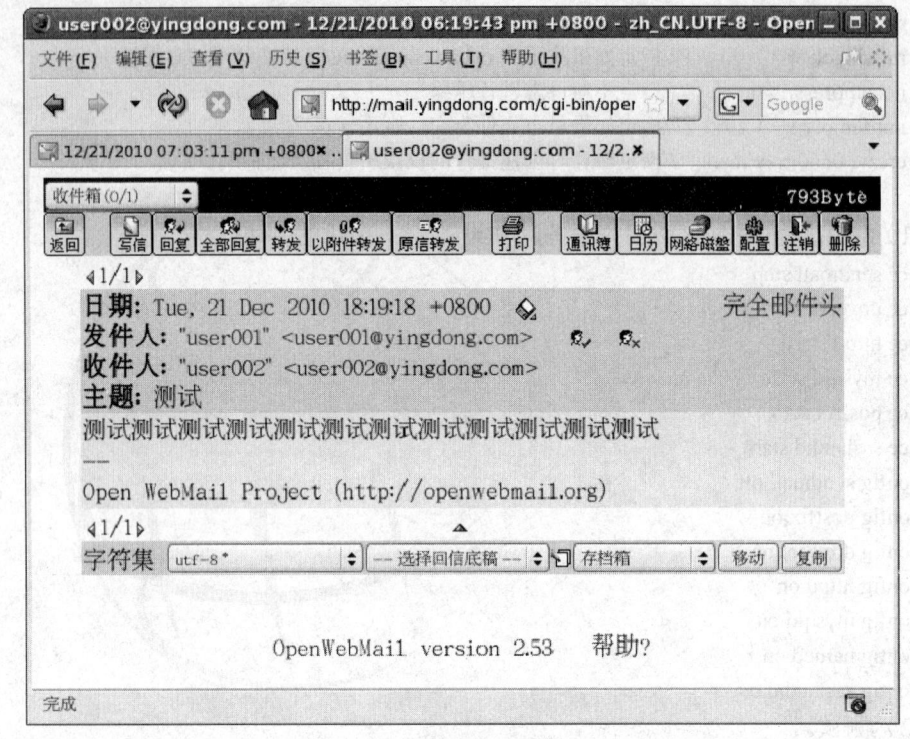

图 3-56 接收邮件

3.6.4 安装配置 Web 服务器

1. 安装配置 Apache 服务器

（1）下载 httpd-2.2.8.tar.gz 压缩安装包（www.apache.org/dyn）。

（2）解压安装包到 opt 目录下：

tar -zxvf httpd-2.2.8.tar.gz -C/opt

（3）采用编译源码安装中的模块的动态安装的方法来安装 ./configure：

--prefix=/usr/local/apache2 --sysconfdir=/etc/apache2 --enable-modules ―enable-ssl　　//enable-modules 写入内核

（4）启动源码安装的 Apache 服务器：

/usr/local/apache2/bin/apachectl start&

service httpd stop //停掉 rpm 包装的 httpd

（5）查看服务器是否启动成功：

netstat -antup|grep 80

（6）打开 Firefox 浏览器，输入本机 IP 地址 http://192.168.11.2，如图 3-57 所示。

（7）设置 Apache 服务器开机自动启动：

cd /etc/init.d

cp /usr/local/apache2/bin/apachectl apache　　//复制 Apache 到当前目录

chmod +x apache //修改 apache 的执行权限

vi apache

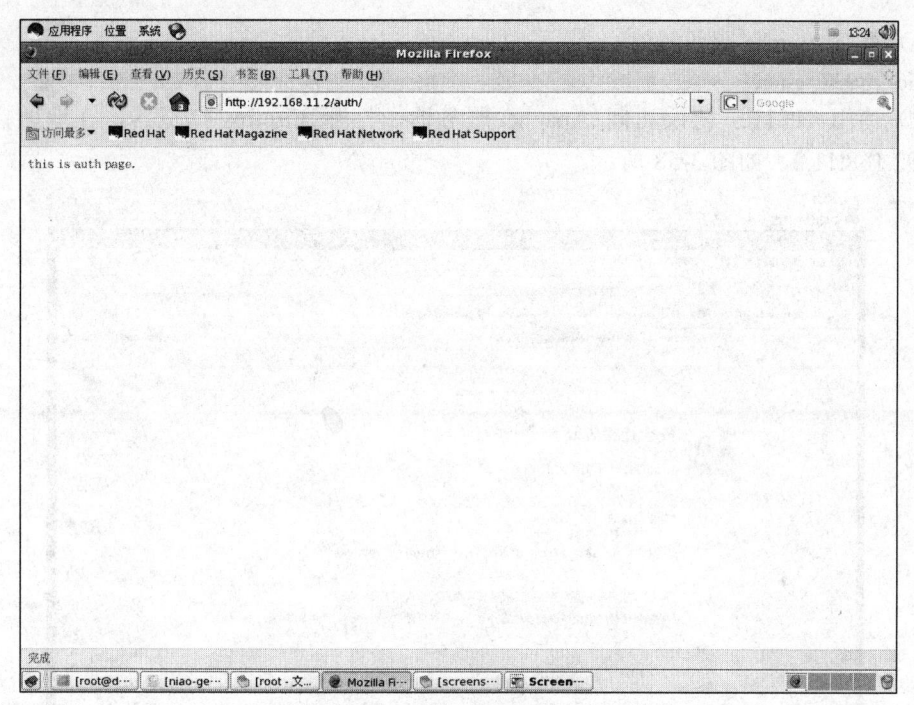

图 3-57　测试 Apache 服务器

将下面的内容添加到第一行下面（Apache 服务的优化）：
#chkconfig:2345 10 90　　//在 2345 运行级别开启 90 优先级，关闭 10 优先级
#description:Activates/Deactivates Apache Web Server
chkconfig --add apache
chkconfig--level 345 apache on　　//设置 apache 在 345 级别启动
service apache restart

2. 安装 SSL 协议

（1）下载 ssl.ca-0.1.tar.gz 压缩安装包（www.modssl.org）。

（2）解压安装包到 local 目录下：
tar -zxvf ssl.ca-0.1.tar.gz-C/usr/local

（3）创建 SSL 根认证密钥：
./new-root-ca.sh

（4）创建服务器认证密钥：
./new-server-cert.sh yingdong

（5）签署服务器认证密钥：
./sign-server-cert.sh yingdong

- 配置 apache 服务器，打开 SSL 认证功能。
- 修改/etc/apache2/httpd.conf 配置，找到 400。
- 将 Include/etc/apache2/extra/httpd-ssl.conf 指令前的#去掉。
- 修改/etc/apache2/extra/httpd-ssl.conf 配置文件，将 server.crt 和 server.key 的名字改为 yingdong.crt（第 99 行）、yingdong.key（第 108），并将前面的#去掉。
- 将刚刚产生的服务器的密钥对复制到/etc/apache2 目录下：

cp yingdong.crt yingdong.key /etc/apache2

（6）重启 Apache 服务器：
service apache restart

（7）使用 HTTPS 协议访问 Apache 服务器，打开 Firefox 浏览器，在地址栏中输入 https://192.168.11.2，如图 3-58 所示。

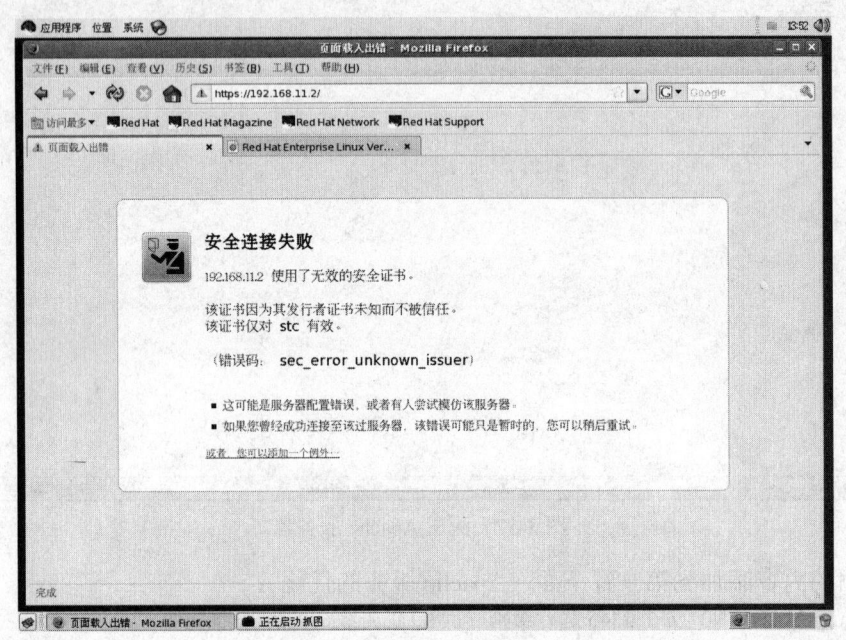

图 3-58　测试安全连接（一）

单击"或者，您可以添加一个例外…"超链接，输入安全连接地址，步骤如图 3-59 至图 3-61 所示。

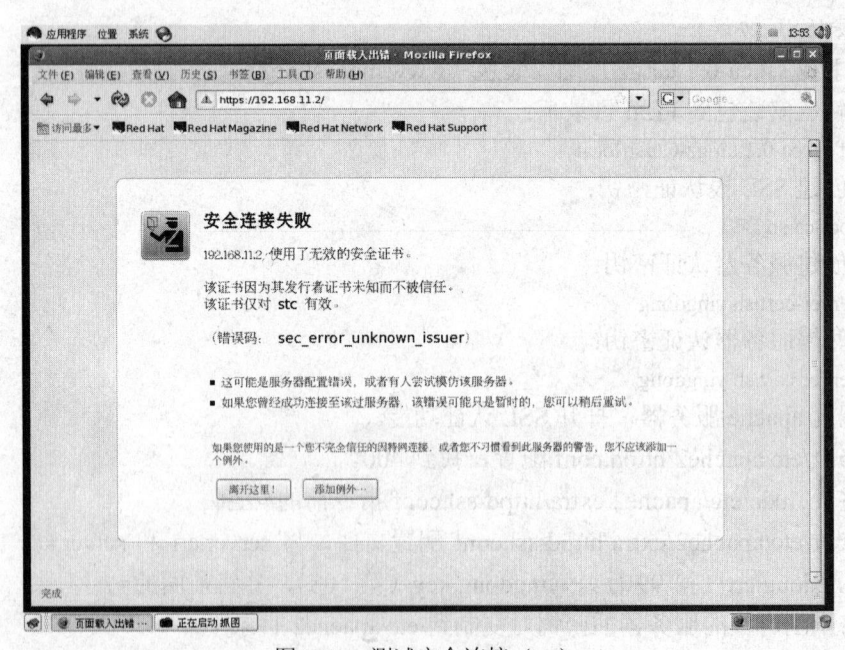

图 3-59　测试安全连接（二）

图 3-60　配置安全连接（一）

图 3-61　配置安全连接（二）

测试安全连接，如图3-62所示。

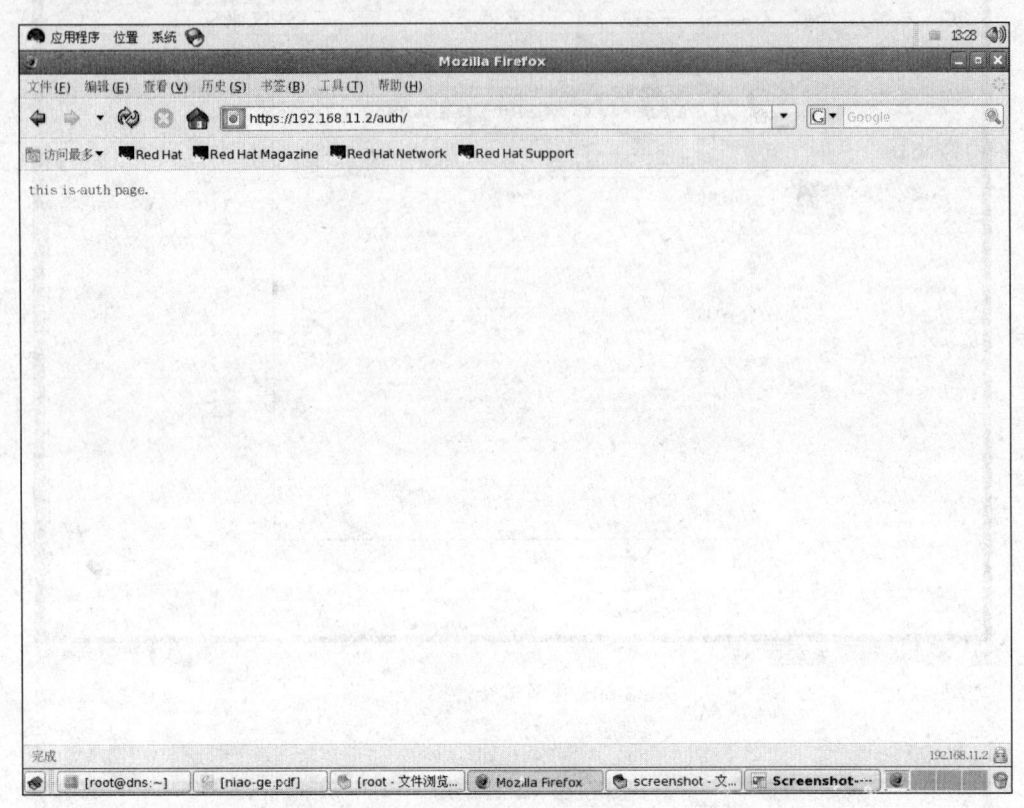

图3-62 测试安全连接（三）

3. 安装配置MySQL服务器

（1）下载mysql-6.0.4-alpha.tar.gz并解压源码文件：

tar -zfx mysql-6.0.4-alpha.tar.gz -C /usr/local　　//把mysql包解压到/usr/local目录下
cd /usr/local　　//进入/usr/local目录
ls　　//查看解压出来的MySQL包

（2）配置MySQL源码安装文件，设置MySQL安装到/usr/local/mysql目录，配置文件目录为/etc/目录：

cd mysql-6.0.4-alpha　　//进入源码文件目录
./configure --prefix=/usr/local/mysql --sysconfdir=/etc/　　//设置安装的目录和配置文件目录

（3）编译MySQL源码：

make　　//编译过程

（4）安装MySQL服务器：

make install　　//安装过程

（5）创建MySQL用户，并停止rpm包安装的MySQL服务器：

service mysqld stop
chkconfig mysqld off　　//停止mysql服务器
useradd -d /home/mysql mysql　　//创建一个MySQL用户

（6）设置 MySQL 权限，初始化 MySQL 数据库：
chown -R mysql.mysql /usr/local/mysql   //改变/usr/local/MySQL 的拥有者为 mysql.mysql
su –mysql   //登入 MySQL 用户
sh bin/mysql_install_db
（7）启动 MySQL 数据库：
/usr/local/mysql/binmysqld_safe &
（8）查看 MySQL 数据库是否启动成功，显示端口为 3306 时表示启动成功：
netstat -antup|grep 3306
（9）测试 MySQL 数据库：
mysqladmin -u root password 'yingdong' //更改 MySQL 管理员密码
su -mysql   //切换到 MySQL 用户
mysql -u root -p   //登入到 MySQL 数据库
Enter password: //输入刚刚更改的密码，登入 MySQL 数据库
mysql>show databases   //显示 MySQL 数据库信息
mysql>\s   //显示 MySQL 数据库状态信息
mysql>\q   //退出
Exit   //退回到 root 用户模式
（10）设置 MySQL 开机自动运行：
cd /etc/init.d/
cp /usr/local/mysql/share/mysql/mysql.server mysql
chmod +x mysql   //给 MySQL 用户加入可执行权限
chkconfig --add mysql   //检查 MySQL 服务
chkconfig --level 345 mysql on   //设置在 345 级别启动 MySQL
service mysql restart

4. 安装 PHP
tar -zxvf php-5.3.3.tar.gz -C /opt/   //解压源码文件到/opt
cd /opt/php-5.3.3/   //跳至安装目录
./configure --prefix=/usr/local/php --with-mysql=/usr/local/mysql --with-apxs2=/usr/local/apache2/bin/apxs
//配置源码
make;make install   //编译安装
cp php.ini-development /usr/local/php/php.ini   //复制配置文件到相应目录
vim /etc/apache2/httpd.conf   //修改 httpd.conf 文件，添加下列 3 行
AddType application/x-httpd-php .php
AddType application/x-httpd-source .phps
DirectoryIndex index.php
echo "<? phpinfo() ?>" >/usr/local/apache2/htdocs/index.php   //测试
/usr/local/apache2/bin/apachectl restart   //重启 apache 服务
测试 PHP 结果如图 3-63 所示。

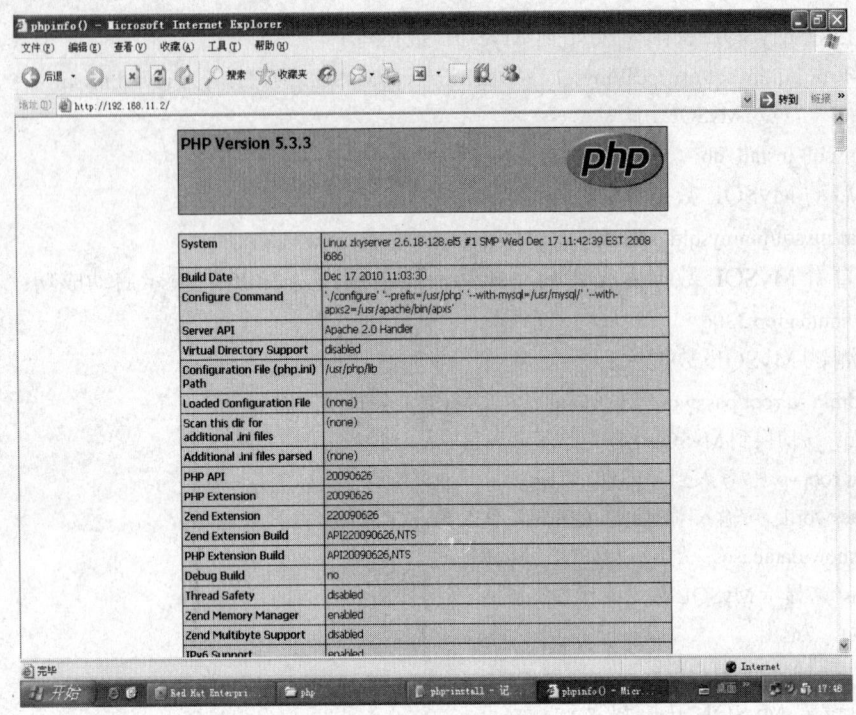

图 3-63　测试 PHP 结果

3.6.5　安装配置 CRM 服务器

本项目安装的 CRM 版本为 C3CRM 客户关系管理系统。

（1）将软件包解压至/var/www/html/目录，改名为 c3crm。

（2）用命令 chmod -R 777 /var/www/html/c3crm 更改相应权限。

（3）用命令 vim /etc/php.ini 修改 314 行 memory_limit = 16M（16M 改为 20M），设置相关内存。

（4）用命令 vim /etc/httpd/conf/httpd.conf 修改主页路径。391 行改为 DirectoryIndex c3crm index.html index.html.var。

（5）打开浏览器，在其中输入地址 crm.yingdong.com，单击"开始"按钮，如图 3-64 所示。

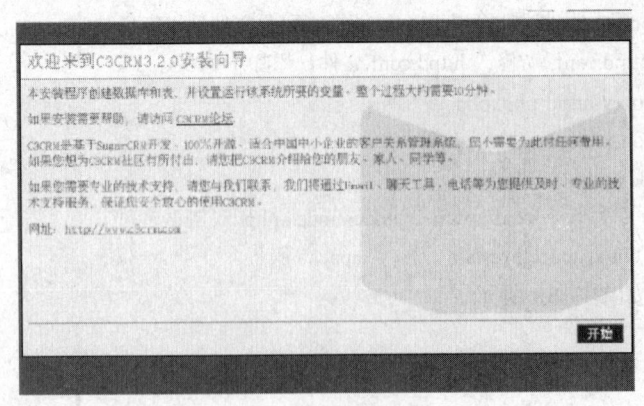

图 3-64　安装 C3CRM（一）

选中"我接受"复选框,然后单击"下一步"按钮继续,如图 3-65 所示。

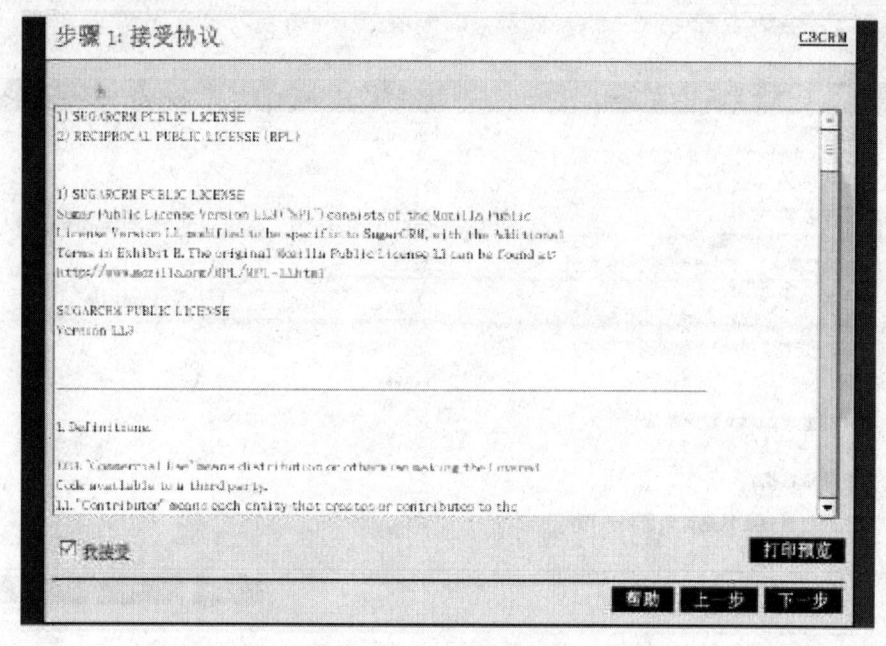

图 3-65　安装 C3CRM(二)

检测通过后单击"下一步"按钮继续,如图 3-66 所示。

图 3-66　安装 C3CRM(三)

在"密码"文本框中输入数据库 root 用户密码,这里为 123456,如图 3-67 所示。

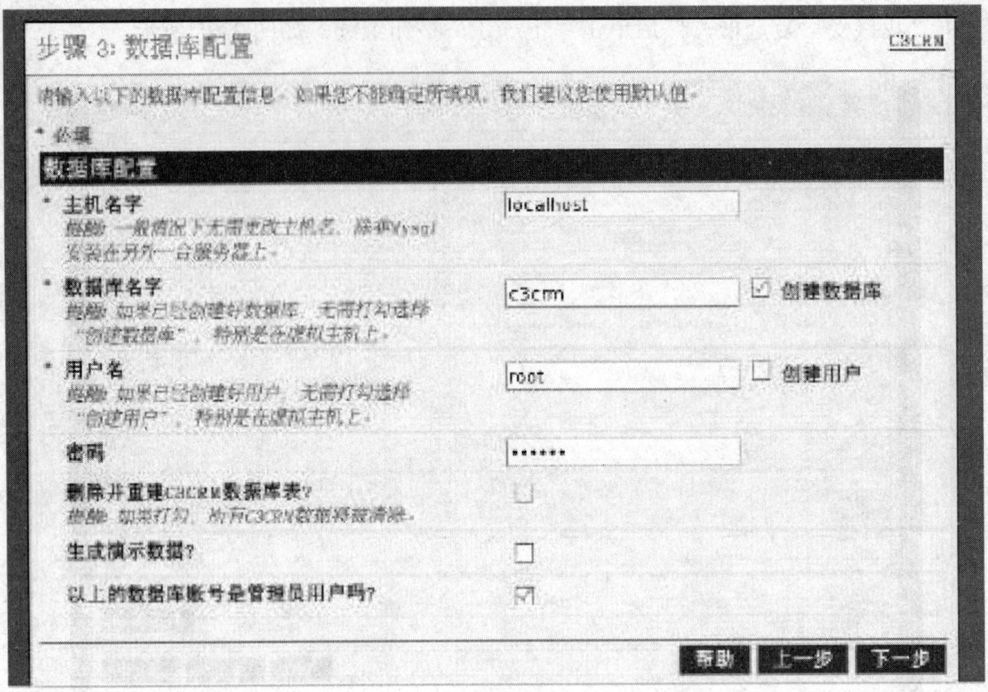

图 3-67　安装 C3CRM（四）

更改管理员密码，这里为：654321，如图 3-68 所示。

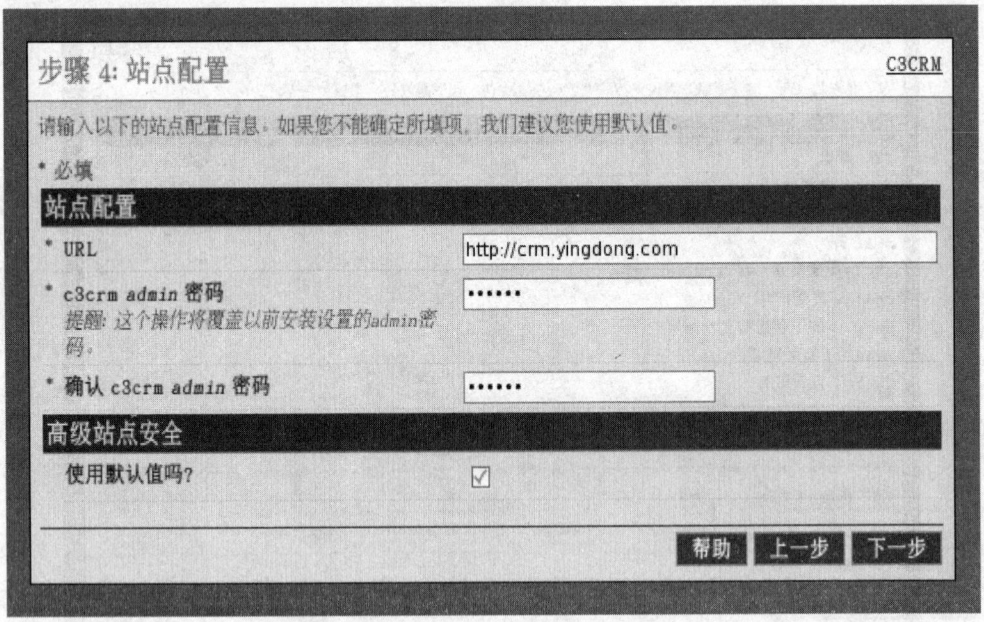

图 3-68　安装 C3CRM（五）

确认设置，如图 3-69 所示。

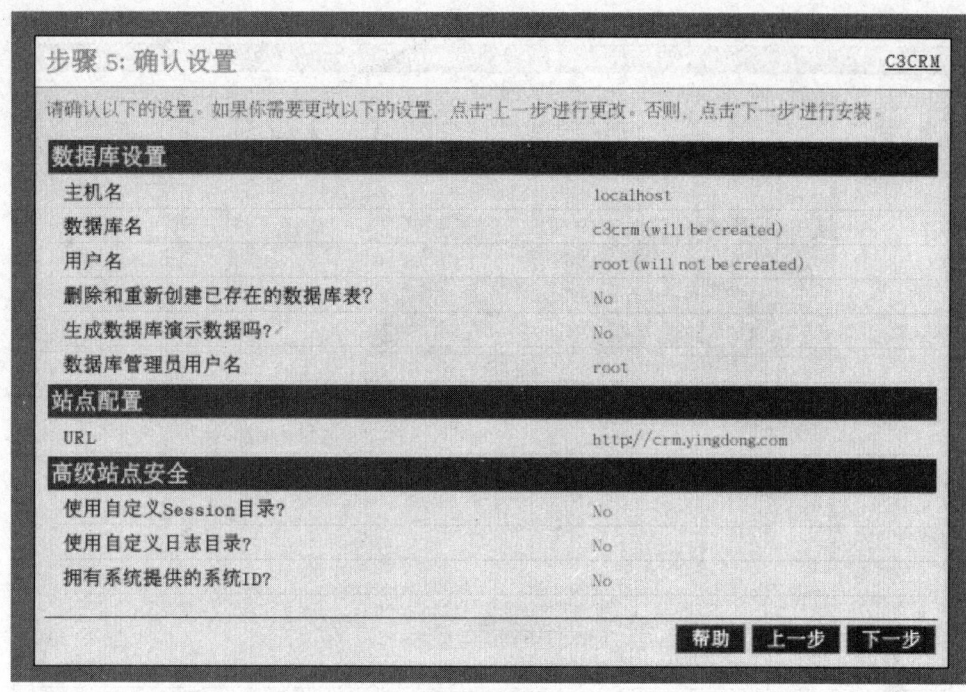

图 3-69　安装 C3CRM（六）

开始安装，如图 3-70 所示。

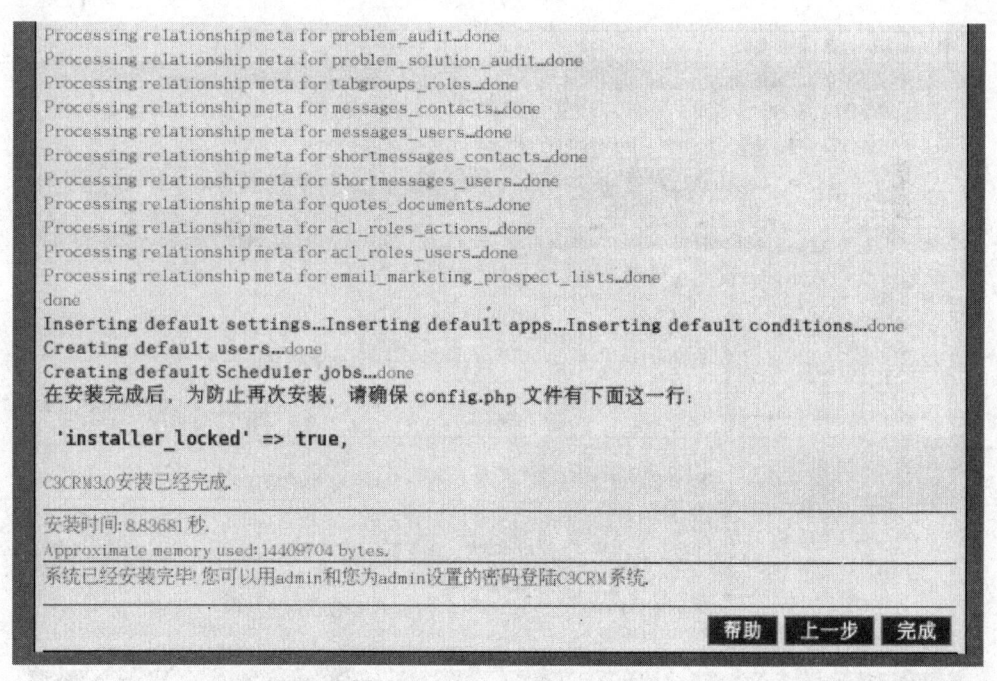

图 3-70　安装 C3CRM（七）

输入域名访问 C3CRM 系统，如图 3-71 所示。

图 3-71　运行 C3CRM

管理员登录，如图 3-72 所示。

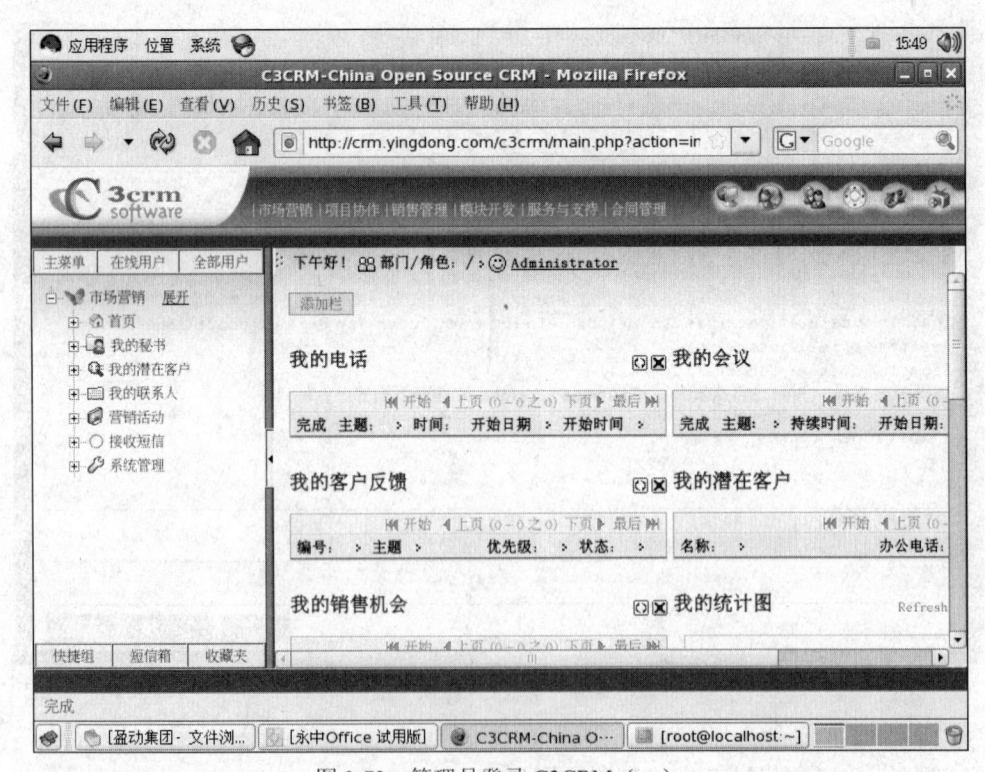

图 3-72　管理员登录 C3CRM（一）

管理员创建用户，如图 3-73 所示。

图 3-73 管理员创建用户

普通用户登录，如图 3-74 所示。

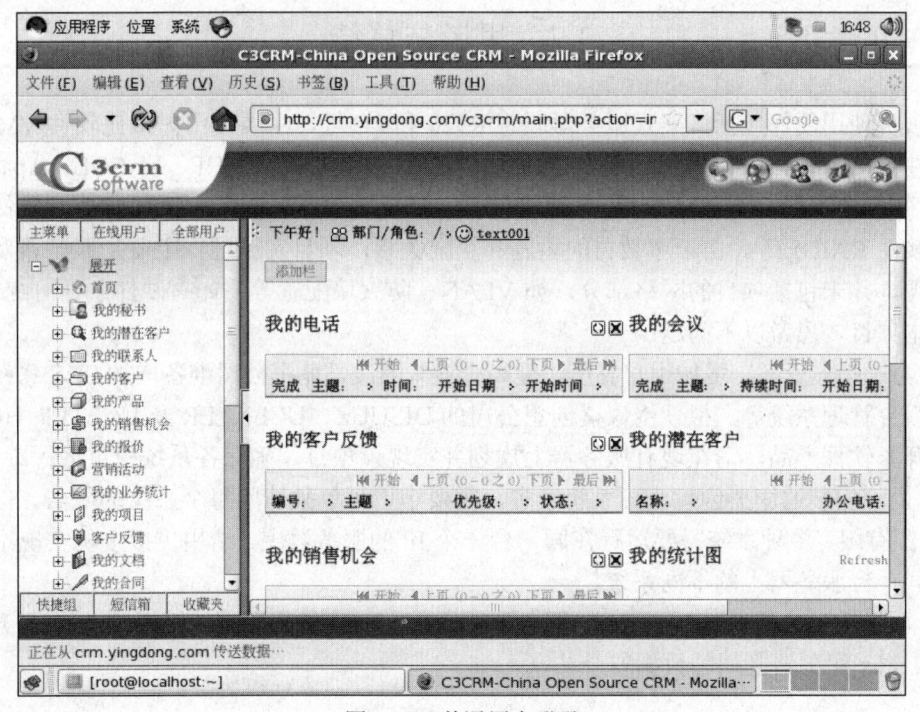

图 3-74 普通用户登录

创建联系人，如图 3-75 所示。

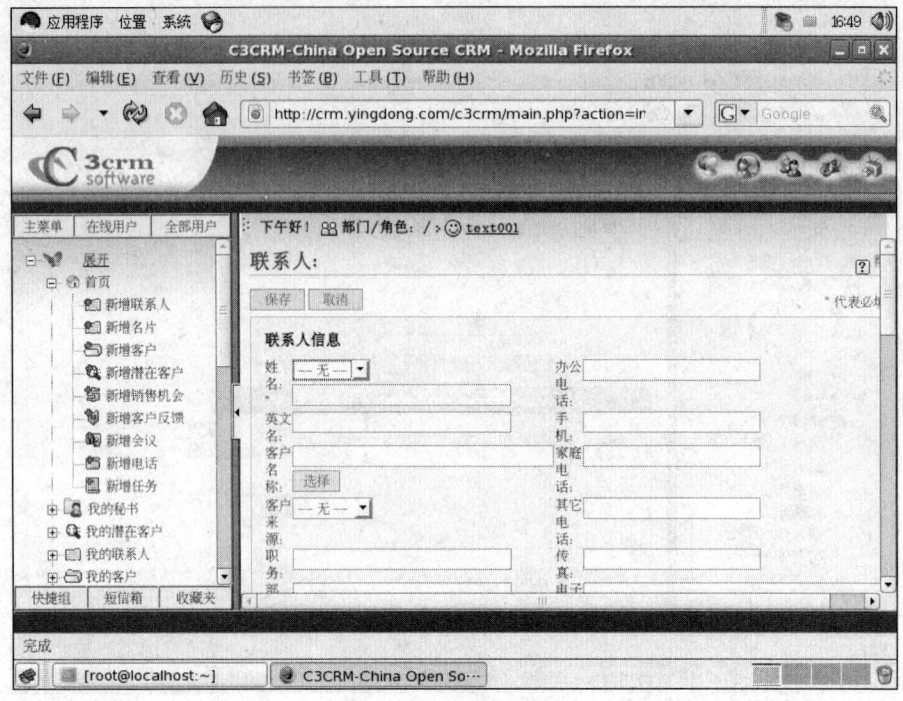

图 3-75 创建联系人

至此，项目实施及测试全部完成。

3.7 思考与总结

　　该项目使用硬件包括机架式服务器联想 R520 和 PC 等，主要使用虚拟化软件 VMware 实现，软件包括 VMware Workstation 7、RedHat AS5、CRM 系统、PHP、MySQL、Apache、邮件系统（Postfix、Webmail）、NAS 存储软件等；涉及知识点包括 Linux 服务器及软件、数据备份、软件 RAID5 等。由于本教材的主题和篇幅关系，项目实施过程主要是服务器及存储部分的实现，并未包括项目的网络部分，如 VLAN、防火墙配置等，如有硬件条件可综合实现。请结合本项目，思考以下问题：

　　1. 为了拓展业务，增加用户黏度，提高企业知名度，世纪公司准备增加 SNS 系统、论坛系统及后台管理系统等，拟使用康盛创想公司的 DISUUZ、UCENTER 及 UCETER HOME 等一系列开源软件产品，请在现有服务器上规划并实现该项目，确保各系统稳定运行。

　　2. 由于安装的康盛创想开源系统较多，需要申请可单独访问每个系统的域名。但服务器和 IP 资源有限，多种系统需要运行在同一台一个 IP 的服务器上，请用虚拟主机实现不同域名可访问同一台服务器上的不同系统。

　　3. 如果项目中的 Windows 2003 服务器用于保存一些员工数据，请用 Samba 服务器实现与其他 Linux 服务器之间的数据安全共享。

学习情境 4　高可用邮件服务器群集应用与管理
——虚拟化 Exchange 邮件服务器群集实现

4.1　项目背景

东南证券公司一直采用了 Exchange Server 来提供企业邮件系统和办公系统消息协作平台，随着企业运作对邮件系统与办公系统的依赖，如何提高这些系统的高可用性越来越引起公司的关注。公司 IDC 机房原配置有 Exchange 2003 Server，为实现服务高可用，公司决定实施 Exchange 服务器群集，最大程度地保护服务和数据。为测试该项目的稳定性，IDC 技术支持和系统工程师决定先在一台刀片服务器上运行虚拟化软件 VMware Workstation，通过虚拟服务器进行 Exchange 服务器群集的设计、实施和测试。

4.2　实施角色

IDC 技术支持、系统工程师。

4.3　需求分析

4.3.1　软件要求

群集中的所有计算机上均安装有 Microsoft Windows Server 2003 Enterprise Edition 或 Windows Server 2003 Datacenter Edition。域名系统 DNS 及动态更新协议、一个现有的域，所有的节点必须是同一个域的成员，一个域级账户必须是每个节点上的本地管理员组的成员。

4.3.2　硬件要求

1. 网络

群集中的每个节点拥有两个 PCI 网络适配器，一组网卡用于心跳线的通信，另一组用于网络连接。

2. 共享磁盘

有共享磁盘，包括仲裁磁盘，共享磁盘所在的控制器必须不同于系统磁盘所使用的控制器。一个最小 50MB 的专用磁盘用作仲裁设备。为了得到最佳的 NTFS 文件系统性能，建议采用最小 500MB 的磁盘分区。为 SCSI 磁盘设备分配唯一的 SCSI 标识号，并正确地将其端接。

所有共享磁盘必须配置为基本磁盘,服务器群集磁盘资源不能使用动态磁盘配置。群集共享磁盘本身不支持软件容错。

在运行 64 位版本的 Windows Server 2003 的系统上,所有共享磁盘必须配置为主引导记录(MBR)磁盘。

群集磁盘上的所有分区必须格式化为 NTFS。

建议所有磁盘均采用硬件容错 RAID 配置,且最少采用两个逻辑共享驱动器。

4.4 项目设计

由于测试的服务器为保持性能,仅虚拟两台虚拟服务器并将其兼作 AD 域控制器与 DNS 服务器。但此混装精简配置方式会降低系统的可靠性与可用性,微软建议采用独立的域控制器。配置群集服务,必须以一个具有所有节点管理权限的账户登录。每个节点都必须是同一个域的成员。选择将其中一个节点作为域控制器,在相同的子网上再设置一个域控制器,以便消除单点故障,并对该节点进行维护,如图 4-1 所示。

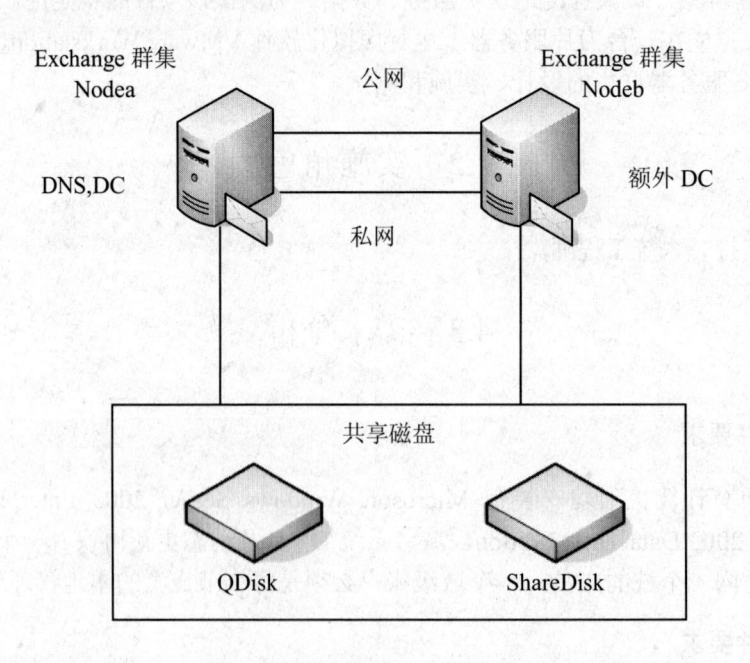

图 4-1 项目拓扑结构

4.4.1 存储配置

存储设备控制器,用 VMware 虚拟共享磁盘,包括仲裁磁盘。磁盘分别为 QDisk(500MB)、ShareDisk(2GB)。

在安装过程中,安装某些节点时将关闭其他节点。这个步骤有助于保证附加到共享总线的磁盘上的数据不会丢失或遭到破坏。当多个节点同时尝试写入一个未受到群集软件保护的磁盘时,可能会出现数据丢失或遭到破坏的情况。在 Windows 2003 中,系统不会自动装载那些引导分区不在同一总线的逻辑磁盘，也不会为其分配驱动器盘符。这有助于确保在复杂的 SAN 环境中服务器不会装载可能属于另一台服务器的驱动器。虽然服务器不会自动装载驱动器，但是仍然需要按照表 4-1 中的步骤以确保共享磁盘不会遭到破坏。

表 4-1 磁盘安装要求

步骤	节点 1	节点 2	磁盘	说明
安装配置服务器与网络	开机	开机	断电	确保磁盘阵列柜存储设备断电，群集中的两台节点服务器开机安装 Windows Server 2003 企业版，然后配置网络
安装配置共享磁盘阵列柜（1）	开机	关机	加电	所有的节点服务器关机，共享磁盘柜加电，然后第一个节点服务器开机
安装配置共享磁盘阵列柜（2）	关机	开机	加电	关闭第一个节点服务器，然后第二个节点服务器开机
配置群集的第一个服务器节点	开机	关机	加电	所有的节点服务器关机，然后第一个节点服务器开机，再启动 Windows 群集配置向导，开始配置群集
配置群集的第二个服务器节点	开机	开机	加电	第一个节点服务器群集配置成功后，保持开机状态，第二个节点服务器开机，然后启动 Windows 群集配置向导，加入群集系统
群集安装后验证	开机	开机	加电	所有的节点保持开机状态

4.4.2 软件环境

（1）群集中的计算机 NODEA、NODEB 均安装了 Microsoft Windows Server 2003 Enterprise Edition，且打好补丁。

（2）安装域名系统 DNS。

（3）企业域名：business.com。

（4）域级账户：administrator。

（5）虚拟化软件：VMware.workstation 7/ Server 2。

4.4.3 网络配置

（1）NODEA 作为 DNS 服务器。

（2）NODEA 作为域控制器，NODEB 作为额外 DC。

（3）群集中的每个节点拥有两个 PCI 网络适配器，分别为 Public 和 Private。

（4）IP 规划：

1）NODEA。

- Public。

IP 地址：172.18.0.1

子网掩码：255.255.255.0

DNS：172.18.0.1

- Private。

IP 地址：10.1.1.1

子网掩码：255.255.255.0

2）NODEB。

- Public

IP 地址：172.18.0.2

子网掩码：255.255.255.0

DNS：172.18.0.1

- Private。

IP 地址：10.1.1.2

子网掩码：255.255.255.0

4.5 项目关键技术

4.5.1 刀片服务器

刀片服务器指在标准高度的机架式机箱内可插装多个卡式的服务器单元，实现高可用和高密度，如图 4-2 所示。每一块"刀片"实际上就是一块系统主板。它们可以通过"板载"硬盘启动自己的操作系统，如 Windows NT/2000、Linux 等，类似于一个个独立的服务器，在这种模式下，每一块主板运行自己的系统，服务于指定的不同用户群，相互之间没有关联。管理员可以使用系统软件将这些主板集合成一个服务器群，所有的主板可以连接起来提供高速的网络环境，并同时共享资源，为相同的用户群服务。在刀片服务器中插入新的"刀片"，就可以提高整体性能。而由于每块"刀片"都是热插拔的，所以系统可以轻松地进行替换，并且将维护时间减少到最小。

图 4-2 刀片服务器

如表 4-2 所示是几种典型的 IBM 刀片产品。

表 4-2 常用的 IBM 刀片服务器

刀片服务器	业务用途	处理器/速度	内存（范围）	磁盘（范围）
IBM BladeCenter HX5	理想的应用领域包括数据库、虚拟化、商业智能、建模、模拟和其他业务应用	英特尔至强 7500 和 6500 处理器，最高 2.66GHz，2 插槽和 4 插槽，四核心、六核心或八核心英特尔至强处理器	使用 MAX5 扩展刀片服务器的 2 插槽 HX5 最多拥有 320GB 的内存容量	使用固态驱动器的每台 2 插槽 HX5 最多拥有 100GB 的存储容量；每台 4 插槽 HX5 可扩展至 200GB（使用 50GB 的 SSD）
IBM BladeCenter HS12	理想应用领域包括：当前在单处理器系统上运行的应用程序客户，以及包括文件和打印、协作和 Web 服务在内的一般业务应用程序	单核或双核英特尔至强处理器（最高主频可达 2.13GHz），或者四核 Intel Xeon 处理器（最高主频可达 2.83GHz，前端总线速度最高可达 1333MHz）	1GB～24GB	0～293.6GB
IBM BladeCenter HS22V	HS22V 是一款专门针对虚拟化和能效而优化的高密度、高性能刀片服务器。它提供了可选的嵌入式虚拟机管理程序、最高可达 144GB 的超大内存容量以及最多两个低压 1.8 英寸固态驱动器	可选择两颗英特尔至强 5500 或 5600 系列处理器；支持高级、标准、基本和低压版本	高达 144GB 的 VLP DDR-3 内存	高达 100GB 的内部总存储容量
IBM BladeCenter HS22	易于使用的多功能刀片服务器，针对性能、功率和散热进行了优化，是适用于大多数企业应用（包括虚拟化、托管的客户端和 SAP）的最佳解决方案	双插槽六核或四核 Intel Xeon	高达 192GB 的 VLP DDR-3 内存	高达 1.0TB 的容量，包括两个热插拔 SAS、SATA 或固态驱动器
IBM BladeCenter PS700	BladeCenter PS700 基于对真正动态基础架构的承诺推出、有助于提供敏捷快速的卓越业务和 IT 服务，所有这些均可通过易于管理的高效方法来实现	具有 AltiVec SIMD 和硬件十进制浮点加速功能的 4 个 64 位 3.0GHz POWER7 内核	8GB/64GB	0GB/1.2TB

续表

刀片服务器	业务用途	处理器/速度	内存（范围）	磁盘（范围）
IBM BladeCenter PS703	PS703 有助于提供敏捷快速的卓越业务和 IT 服务。与实现高级虚拟化的 PowerVM 配合使用时，PS703 是驱动性能要求最苛刻的内存密集型工作负载的理想刀片服务器解决方案	32 个 64 位 2.4GHz POWER7 内核，带 AltiVec SIMD 和硬件十进制浮点加速功能	16GB/128GB	0GB/600GB 硬盘驱动器或 0GB/354GB 固态驱动器
IBM BladeCenter PS704	PS704 有助于提供敏捷快速的卓越业务和 IT 服务。与实现高级虚拟化的 PowerVM 配合使用时，PS704 是驱动性能要求最苛刻的内存密集型工作负载的理想刀片服务器解决方案	32 个 64 位 2.4GHz POWER7 内核，带 AltiVec SIMD 和硬件十进制浮点加速功能	32GB/256GB	0GB/1.2TB 硬盘驱动器或 0GB/708GB 固态驱动器
BladeCenter JS12	IBM BladeCenter JS12 刀片服务器能够利用高度节能的解决方案来削减成本并提供领先的虚拟化功能，适合任何规模的企业。利用能够为企业提供真正创新，使企业在竞争中脱颖而出的技术，企业不仅可以实现环保和节约，还可以管理增长、复杂性和风险。JS12 刀片服务器在虚拟化环境中提供非凡的性价比；适用于广泛的应用程序；具有可靠性、可用性和易维护性（RAS）特点；可以实现节能并提供领先的虚拟化功能	两个 64 位 IBM POWER6，带有 AltiVec SIMD 和硬件十进制浮点加速功能	2GB 或 4GB/64GB	0GB/292GB
BladeCenter QS22	IBM BladeCenter QS22 是加速财务分析、地震处理、图像处理、信号处理、图形渲染等计算密集型 HPC 工作负载的理想之选	双插槽多核 IBM PowerXCell 8i	高达 32GB	可选 8GB 闪存

4.5.2 MSCS 服务器群集

群集（Cluster）技术是一个区域内包含多台拥有共享存储空间的服务器，各服务器通过内部局域网相互通信，群集内的任一服务器上运行的业务都可被所有的客户所使用。当一台服务器发生故障时，它所运行的应用将由其他服务器自动接管，可实现负载均衡和互为备份。

Microsoft Cluster Service（MSCS）服务器群集是一组协同工作并运行 MSCS 的独立服务器。服务器群集为资源和应用程序提供了高可用性、故障恢复能力、伸缩性和可管理性。

1. 群集服务的特点

群集允许客户端在出现故障和计划中的暂停时，依然能够访问应用程序和资源。如果群集中的某一台服务器由于故障或维护需要而无法使用，资源和应用程序将转移到可用的群集节点上。

群集无法保证无间断运作，但是确实能够为多数关键任务应用程序提供足够的可用性。群集服务可以对应用程序和资源进行监控，并能够自动识别和恢复众多故障状况。这为在群集中管理工作负荷提供了灵活性。另外，还提高了整个系统的可用性。群集服务具有以下特点：

（1）高可用性。通过服务器群集，资源（如磁盘驱动器和 Internet 协议（IP）地址）的所有权会自动从故障服务器转移到可用的服务器。当群集中的某个系统或应用程序发生故障时，群集软件会在可用的服务器上重新启动故障应用程序，或者将工作从故障节点分散到剩下的节点上。因此，用户只会在瞬间感觉到服务的暂停。

（2）故障恢复。当故障服务器重新回到其预定的首选所有者的联机状态时，群集服务将自动在群集中重新分配工作负荷。该特性可配置，但默认为禁用。

（3）可管理性。可以使用"群集管理器"工具（CluAdmin.exe），将群集作为一个单一的系统进行管理，并将应用程序作为单一服务器上的应用程序进行管理。可以将应用程序转移到群集中的其他服务器上。"群集管理器"可用于手动平衡服务器的工作负荷，并根据计划维护发布服务器，还可以从网络中的任何位置监控群集、所有节点及资源的状态。

（4）伸缩性。可以扩展群集服务以满足需求的增长。当具有群集意识的应用程序的总体负荷超出了群集的能力范围时，可以添加更多的节点。

如果群集中的某一台服务器由于故障或维护需要而无法使用，资源和应用程序将转移到可用的群集节点上。能够为多数关键任务应用程序提供足够的可用性。群集服务可以对应用程序和资源进行监控。当群集应用程序的总体负荷超出了群集的能力范围时，可以添加附加的节点来满足需求的增长。

群集并发存取方式适用于对计算数据处理要求高的应用，其特点是实时性强、阶段性数据流量大、对应用系统有严格的高可靠性要求。这种方式需要更多的硬件投资，为企业带来更大的可靠性和更多的任务能力。

群集技术并不要求所有服务器的性能相当，不同档次的服务器都可以作为群集的节点。在需要运行高负载的应用任务时，可以通过临时接入新节点的方法增加系统的运算和响应能力。群集技术系统可以在低成本的条件下完成大运算量的计算，具有较高的运算速度和响应能力，能够满足当今日益增长的信息服务的需求。群集技术适用于以下场合：

- 大规模计算，如基因数据的分析、气象预报、石油勘探需要极高的计算性能。
- 应用规模的发展使单个服务器难以承担负载。

- 不断增长的需求需要硬件有灵活的可扩展性。
- 关键性的业务需要可靠的容错机制。

在群集的并发存取方式下，多台主机一起工作，各自运行一个或几个服务。当某个主机发生故障时，运行在其上的服务就被其他主机接管。群集并发存取方式在获得高可用性的同时，也显著提高了系统整体的性能。以 Windows 群集（Windows Clustering）软件为例，图 4-3 简要描绘了一个四节点群集的配置。

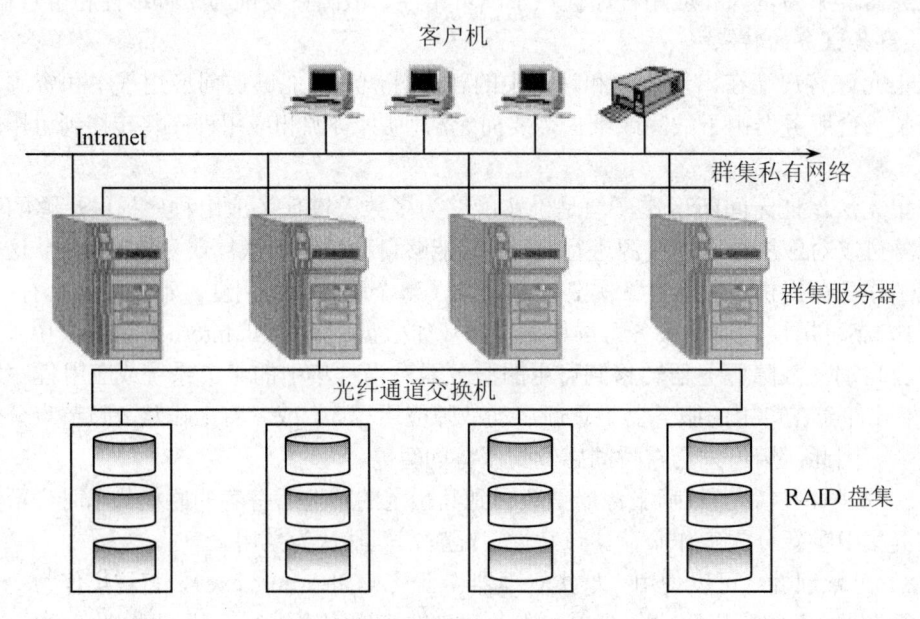

图 4-3　四节点 MSCS 群集配置

2. Windows 群集

Windows 群集提供三种不同但互补的群集技术。群集技术随许多不同的产品发布，能够独立使用或与其他产品联合使用，提供可缩放的、可用性高的服务。

（1）网络负载平衡群集。网络负载平衡群集通过将多达 32 个运行 Windows Server 2003，Web Edition、Windows Server 2003，Standard Edition、Windows Server 2003，Enterprise Edition 或 Windows Server 2003，Datacenter Edition 的服务器合并成一个群集，为基于 TCP 和 UDP 的服务和应用程序提供可伸缩性和高可用性。通过使用网络负载平衡建立一组克隆或相同的群集计算机，可以增强下列服务器的可用性：Web 和文件传输协议（FTP）服务器、ISA 服务器（用于代理服务器和防火墙服务）、虚拟专用网络（VPN）服务器、Windows Media 服务器、企业 LAN 上的终端服务。

（2）组件负载平衡群集。通过使 COM+应用程序（如电子商务网站上的购物车应用程序）分布到多个服务器，组件负载平衡群集可提供高可用性和可伸缩性。组件负载平衡群集是 Microsoft Application Center 2000 的一项功能，而不是 Windows Server 2003，Standard Edition、Windows Server 2003，Enterprise Edition 或 Windows Server 2003，Datacenter Edition 的功能。

（3）服务器群集。服务器群集可通过资源故障转移为应用程序提供高可用性。它侧重于保持客户端对应用程序和系统服务的访问，例如消息传递方面的 Microsoft Exchange、数据库应用程序方面的 Microsoft SQL Server、文件和打印服务。

服务器群集最多可以包含 8 个节点。另外，群集不能由同时运行 Windows Server 2003,Enterprise Edition 和 Windows Server 2003,Datacenter Edition 的节点组成。在有两个以上节点的服务器群集中，所有节点必须运行 Windows Server 2003,Datacenter Edition 或 Windows Server 2003,Enterprise Edition，但不能同时运行。默认情况下，安装 Windows Server 2003 家族中的任何操作系统时，所有的群集和管理软件文件都将自动安装在计算机上。

3. MSCS 双机软件

MSCS 双机软件是 Microsoft 的产品，所采用的容错软件——MSCS 集成在 Windows Server 中，如图 4-4 所示。对不少的应用程序资源提供了保护，对 Windows 的服务列表中的所有服务全部可以提供保护。支持 SQL Server、Oracle、Sybase、Informix 等数据库和支持 Notes、Web 服务器、FTP 服务器、Exchange、SAP 等应用软件。对于"Windows 群集"解决方案，使用"高可用性"这个术语要比使用"容错"更为合适。容错技术提供更高层次的弹性和恢复能力。容错服务器通常使用深层硬件冗余，加上专门的软件，几乎可以即时地恢复任何单一的硬件或软件错误。这些解决方案要比"Windows 群集"解决方案昂贵得多，因为企业必须为处于闲置状态等待错误的冗余硬件支付费用。

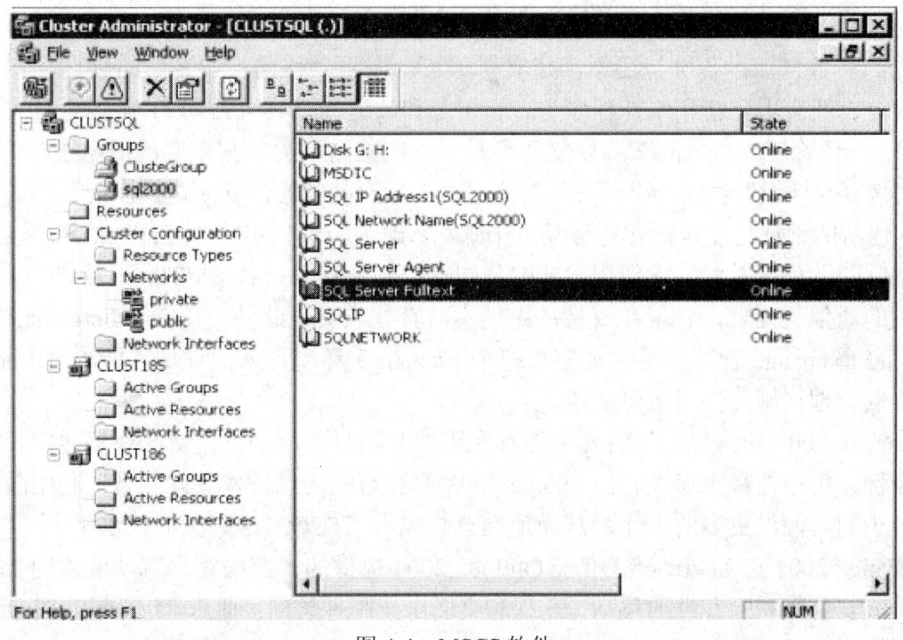

图 4-4 MSCS 软件

MSCS 产品的特点包括以下几点：
- 应用级的高性能切换。可以实现系统级的服务器切换，而且提供强大的应用级服务器切换，表现在对任意应用可以进行检测，并可以分为不同的资源组切换到不同的服务器。
- 易管理性、易使用性。MSCS 系统安装简单、易于维护；占用系统资源极少，不增加网络负荷，且不扰乱任何具体应用系统的任何操作；图形界面操作，简单方便。
- 多种配置实现。可以实现双机直接连接，也可以实现基于 SAN 的全冗余结构。

4.5.3 Exchange 2003

Exchange 2003 所包含的众多新增和改进特性,这些特性让 Exchange 2003 成为了具有高度生产力和面向移动访问的理想消息和协作服务器平台,如图 4-5 所示。

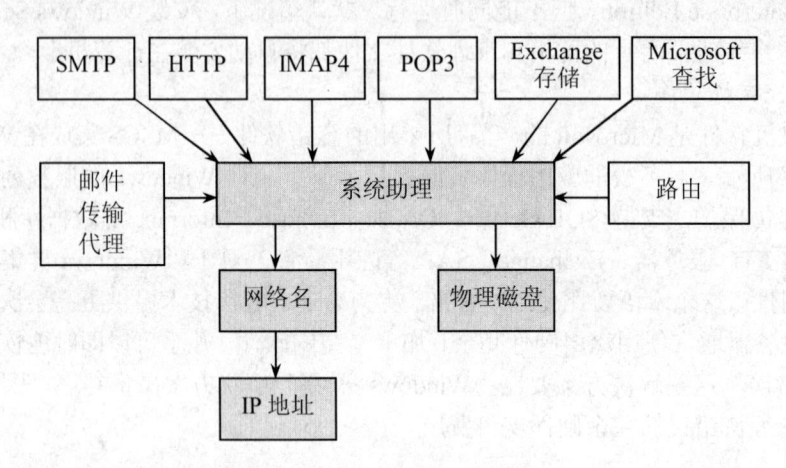

图 4-5 Exchange 2003 产品架构

常见的任务包括:备份与还原,建立新邮箱,恢复,移动,安装新的硬件、存储区、软件和工具,以及应用更新和修补程序等。新工具和改进的工具可帮助 IT 员工更有效地完成工作。例如,一位管理人员可能需要恢复几个月以前删除的一封非常重要的旧电子邮件。通过使用新的"恢复存储组"功能,管理员可以恢复个人用户的邮箱,以便查找以前删除的重要电子邮件。其他新的管理功能包括并行移动多个邮箱、改进的消息跟踪和 Outlook 客户端性能记录功能。增强的队列查看器,它使用户能够从同一控制台同时查看 SMTP 和 X.400 队列。新的基于查询的通信组列表,它现在支持动态地实时查找成员。此外,用于 Microsoft Operations Manager 的 Exchange 管理包可自动监视整个 Exchange 环境,从而使用户能够对 Exchange 问题预先采取管理措施并快速予以解决。

Exchange 2003 使信息工作者几乎能够在需要时随时随地进行重要的业务通信,它具有更高的安全性、可用性和可靠性。Exchange 2003 通过帮助信息技术(IT)员工利用改进的管理工具以较少的资源做更多的工作,从而使拥有总成本(TCO)达到更低的水平。

Exchange 2003 与 Microsoft Office Outlook 2003 提供的丰富的客户端功能协同工作,可提供具有一流安全性和隐私性的移动、远程和桌面电子邮件访问;通过 Microsoft Windows Serve 2003 提供的服务降低了拥有成本;提供高可靠性和卓越的性能;提供基于电子邮件的协作以及轻松的升级、部署和管理;Exchange Server 2003 与 Windows Server 2003 兼容。

Exchange 2003 在群集方面有了很多改进,其中包括支持、性能和安全方面的改进。下面是一些重要的 Exchange 2003 群集功能。

(1)支持多达 8 个节点的群集。使用 Windows Server 2003 企业版或 Windows Server 2003 Datacenter 版时,Exchange 可支持多达 8 个节点的主动/被动群集。

(2)支持卷装入点。使用 Windows Server 2003 企业版或 Windows Server 2003 Datacenter 版时,Exchange 支持使用卷装入点。

（3）提高故障转移性能。Exchange 减少了服务器故障转移到新节点所用的时间，从而提高了群集性能。

（4）提高安全性。Exchange 群集服务器现在变得更为安全。例如，Exchange 2003 中的权限模型已经改变，默认情况下会启用 Kerberos 身份验证协议。

（5）改进先决条件检查。Exchange 执行更多的先决条件检查，以帮助确保正确部署和配置群集服务器。

4.6 项目实施与测试

4.6.1 虚拟共享磁盘的配置

（1）创建并启动 VMware Workstation 虚拟机创建虚拟磁盘 sharedisk.pln 和 qdisk.pln。在硬件配置里单击 Add 按钮，弹出"Add hardware Wizard"对话框，进入 Hardware Type 界面，选择 Hard Disk 选项，单击 Next 按钮，如图 4-6 所示。

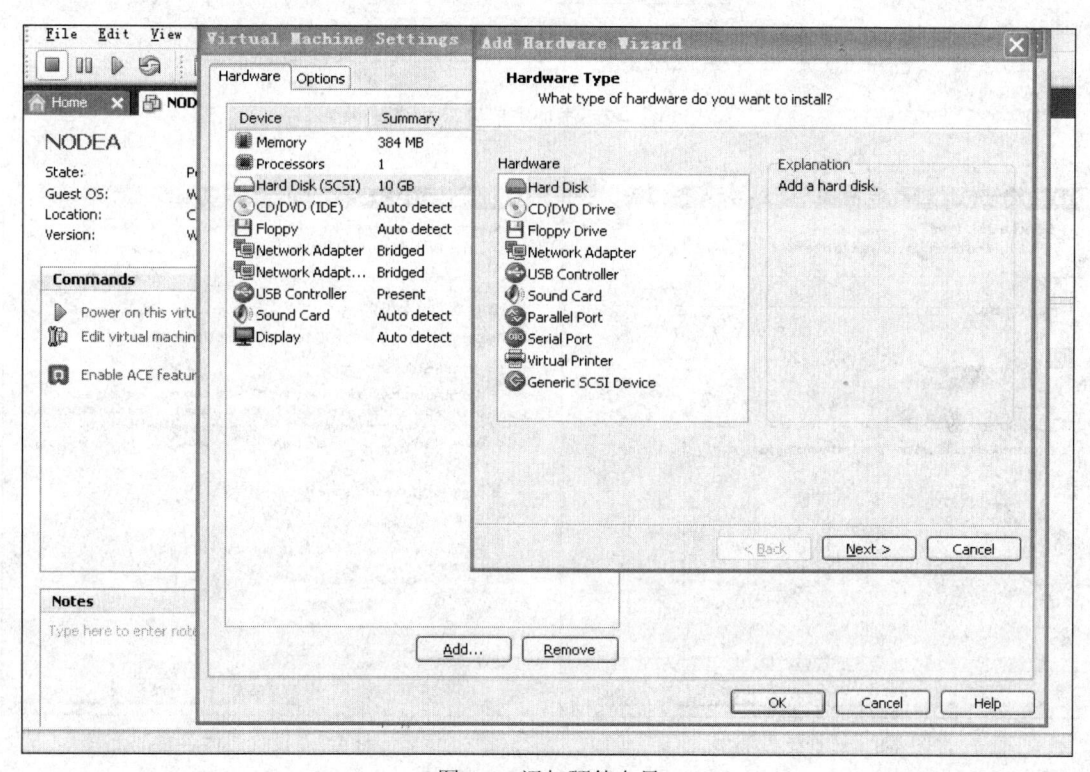

图 4-6　添加硬件向导

（2）在弹出的对话框中选择 Create a new virtual disk 单选按钮，如图 4-7 所示。单击 Next 按钮。

（3）选中 SCSI 单选按钮，如图 4-8 所示；单击 Next 按钮，弹出 Spectify Disk Capacity 对话框，如图 4-9 所示。将 Maximum disk size 设置为 0.5GB，取消对 Allocate all disk space now 复选框的勾选，单击 Next 按钮。

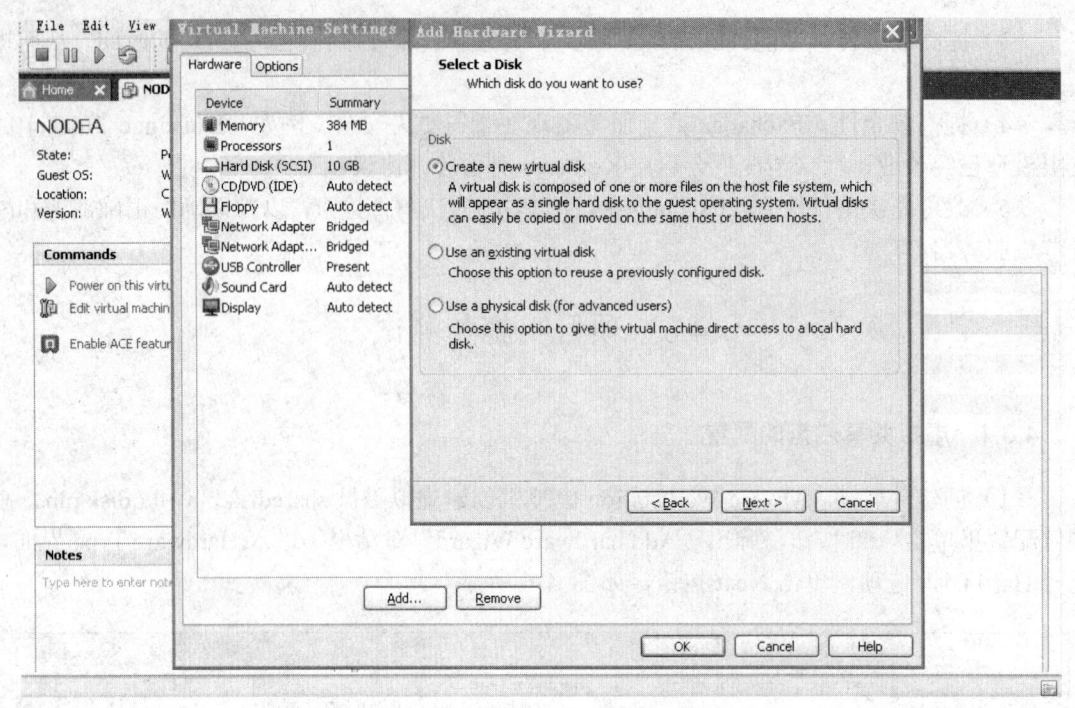

图 4-7 添加虚拟磁盘

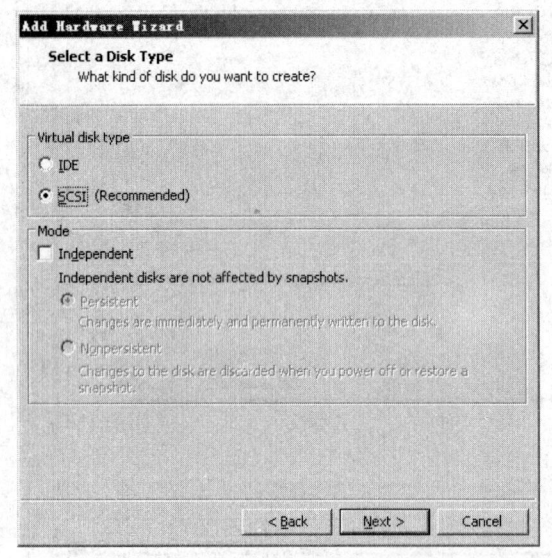

图 4-8 选择磁盘类型

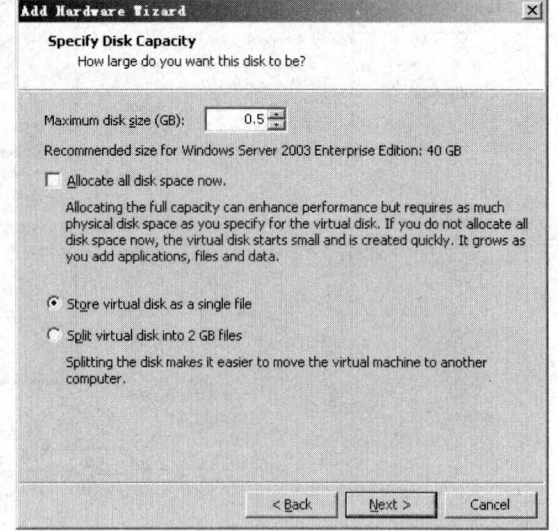

图 4-9 设置磁盘容量

（4）在弹出的对话框中将其命名为 QDISK，保存到本地的 G:\SCSI 路径下。同理，添加 SHAREDISK，将 Maximum disk size 设置为 2GB，取消对 Allocate all disk space now 复选框的勾选。

（5）修改 QDISK 磁盘的 SCSI 总线，使之与虚拟机原本的虚拟磁盘不在同一总线上，如图 4-10 所示。

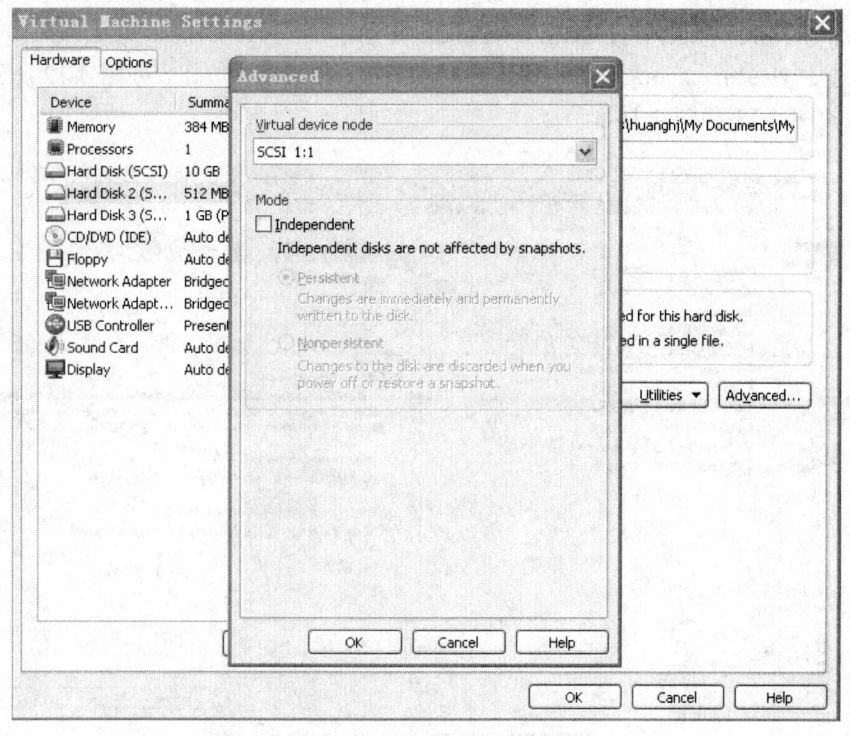

图 4-10 修改 QDISK 磁盘总线 IP

（6）同理，修改 SHAREDISK 磁盘的 SCSI 总线 ID，如图 4-11 所示。

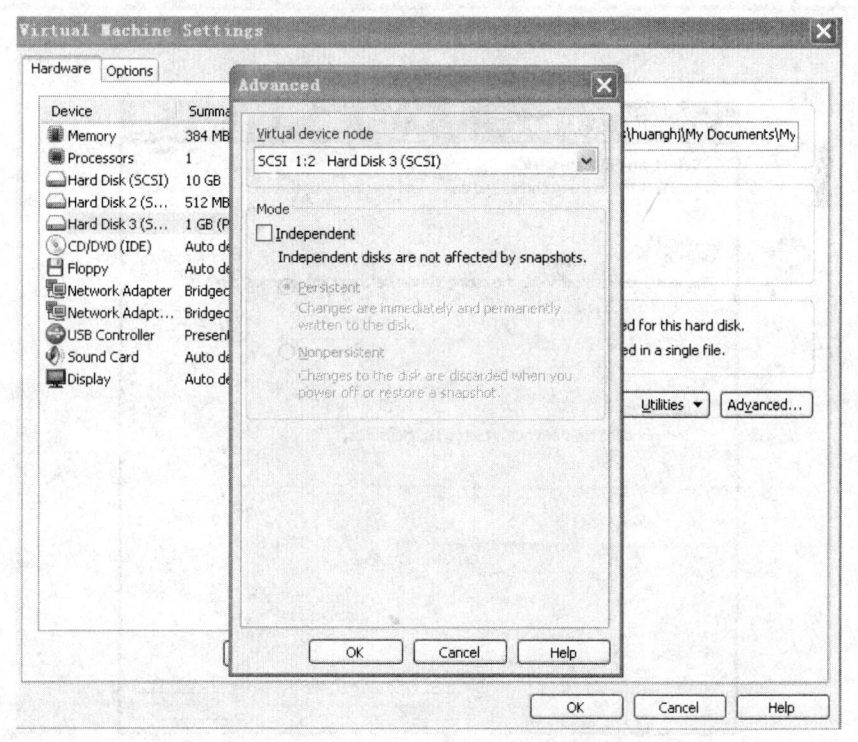

图 4-11 修改 SHAREDISK 磁盘总线 ID

（7）将 QDISK.vmdk、SHAREDISK.vmdk 分别添加到 NODEA、NODEB 中。首先，在 NODEA 中选中 Use an existing virtual disk 单选按钮，单击 Next 按钮，如图 4-12 所示；添加虚拟磁盘步骤如图 4-13 和图 4-14 所示。

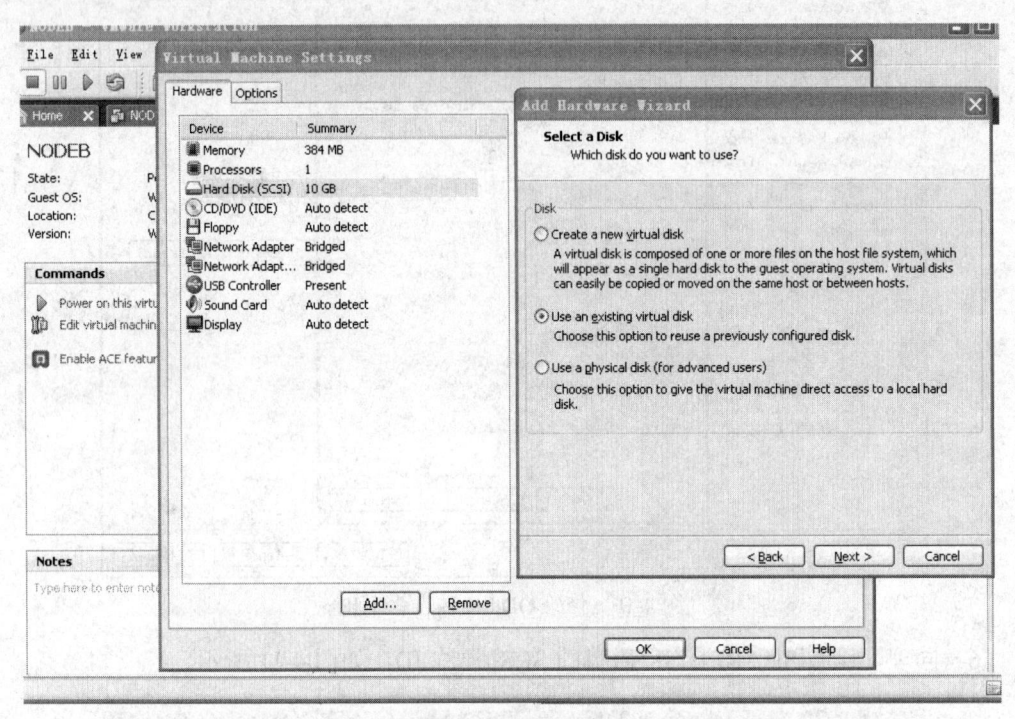

图 4-12　添加磁盘

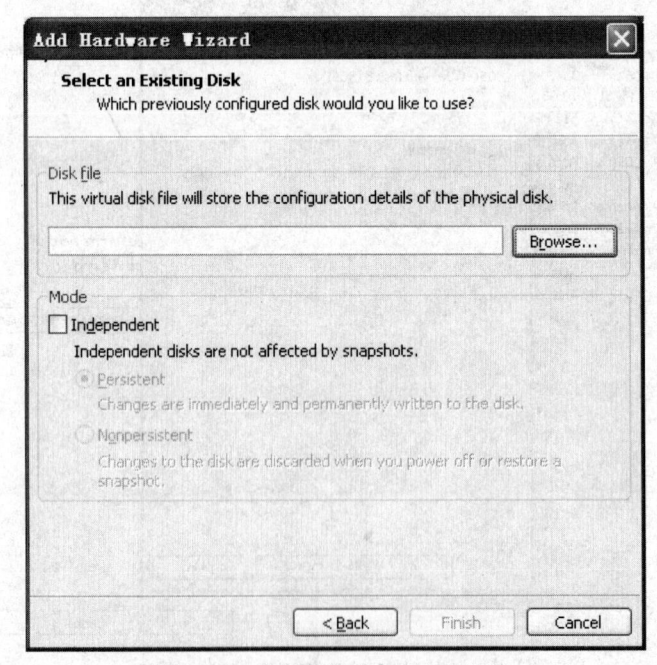

图 4-13　选择虚拟磁盘所在的路径

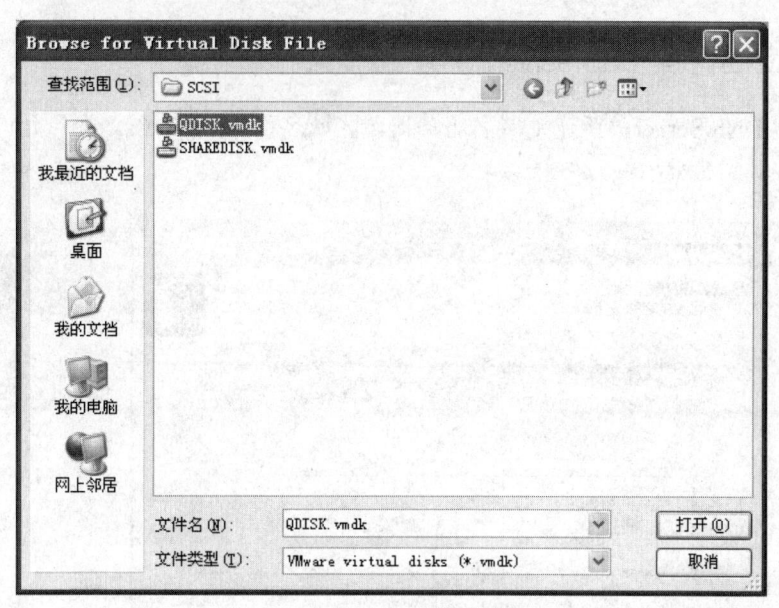

学习情境 4　高可用邮件服务器群集应用与管理——虚拟化 Exchange 邮件服务器群集实现

图 4-14　添加虚拟磁盘到 NODEA

（8）在 NODEB 中使用同样的方法添加 QDISK.vmdk 和 SHAREDISK.vmdk。

（9）分别打开两台虚拟机目录中的 vmx 文件，在最后一行添加：disk.locking="FALSE" scsi0:1.SharedBus="Virtual" scsi1:1.SharedBus="Virtual"，这样可使 NODEA、NODEB 同时使用共享的虚拟磁盘。

（10）在 NODEA 和 NODEB 中打开磁盘管理，配置 QDISK.vmdk、SHAREDISK.vmdk，将两个 SCSI 盘转换为 basic 磁盘，创建主分区，格式化为 NTFS 分区，QDISK 设置为 Q 分区，卷标 Qdisk，SHAREDISK 设置为 S 分区，卷标 Sharedisk，如图 4-15 所示。

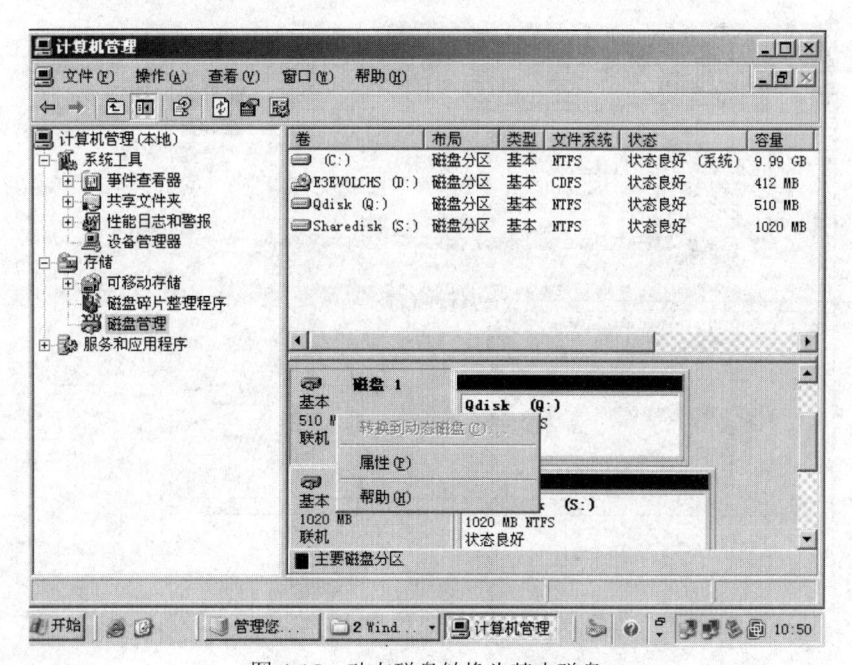

图 4-15　动态磁盘转换为基本磁盘

4.6.2　NODEA 安装 DNS Server

（1）安装 DNS Server，新建主域名服务器，区域名称为 business.com，允许 DNS 服务器动态更新，如图 4-16 所示。

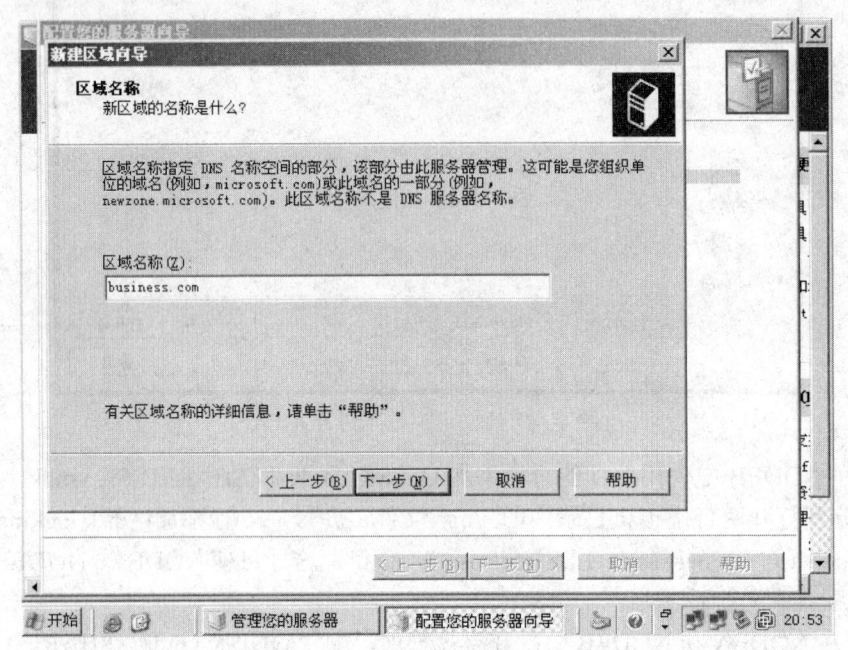

图 4-16　安装 DNS

（2）安装完成后，配置 DNS 服务正向与反向查找区域，允许动态更新，如图 4-17 所示。

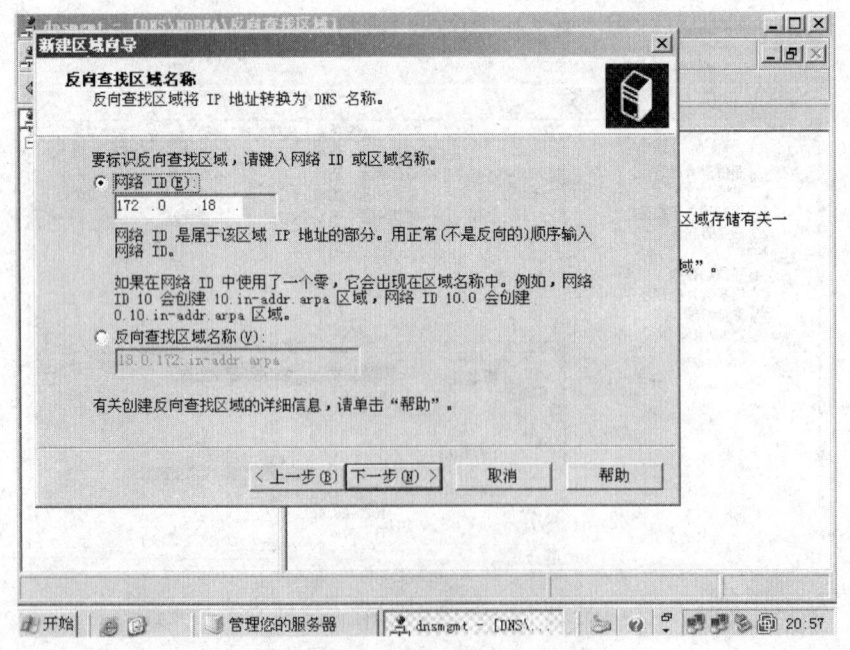

图 4-17　配置正向与反向查找区域

（3）在本地连接 public 中将 DNS 地址指向 172.18.0.1，设置 DNS 后缀名为 business.com，如图 4-18 所示。

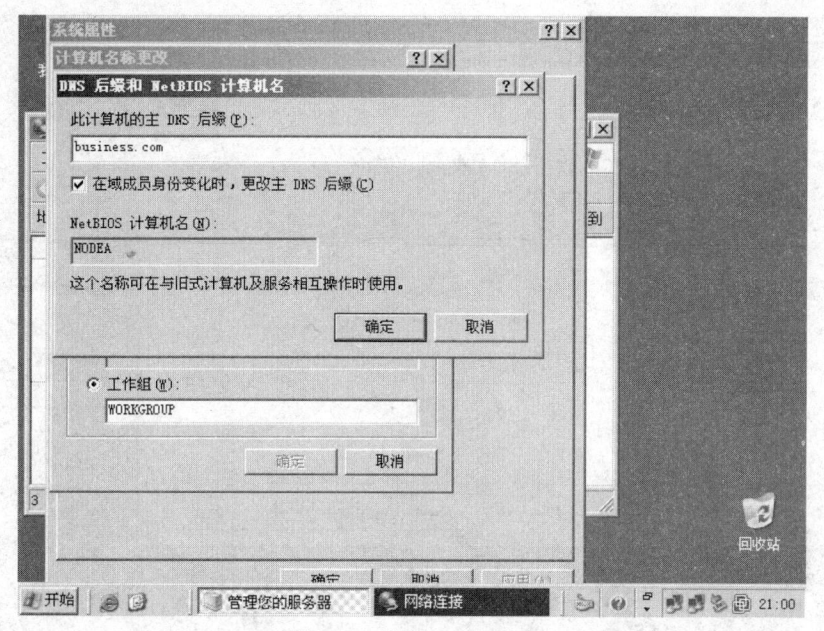

图 4-18　设置 DNS 名称

4.6.3　NODEA 中 DC 的部署

（1）在 NODEA 安装活动目录，单击"开始"→"运行"命令，输入 dcpromo，创建新域的域控制器，如图 4-19 所示。

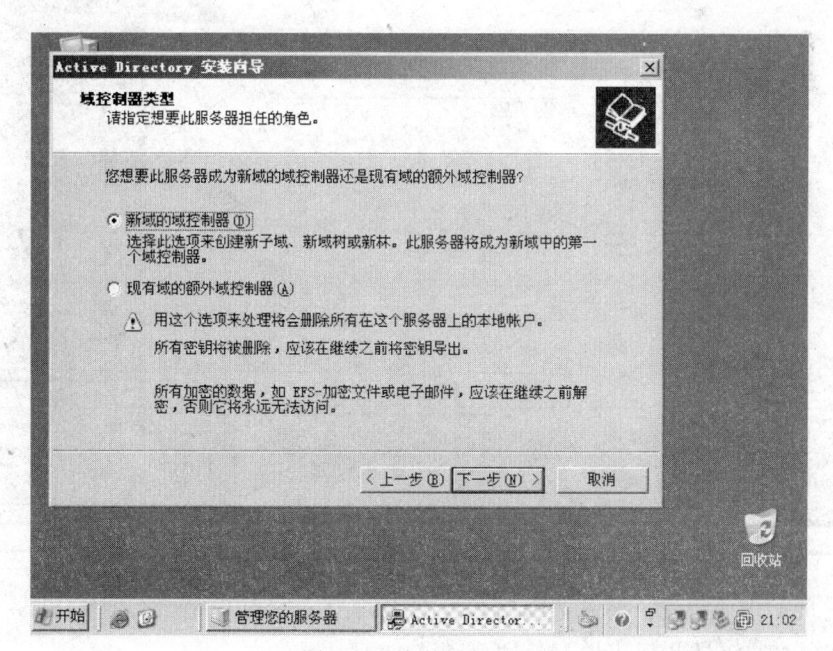

图 4-19　安装活动目录

（2）输入新的 DNS 全名 business.com 和 NetBios 名 BUSINESS，如图 4-20 和图 4-21 所示。

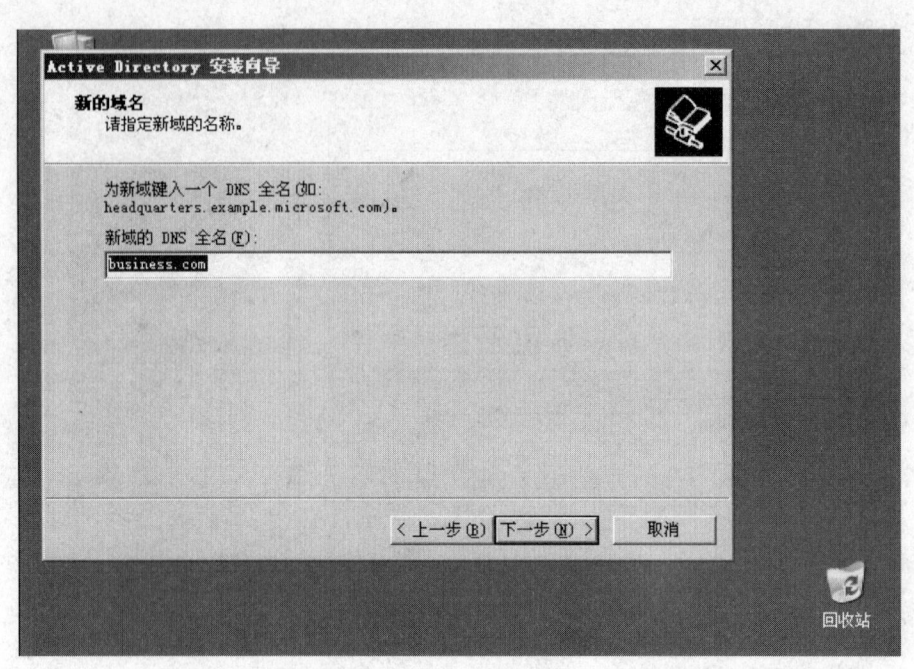

图 4-20　输入新域的域名

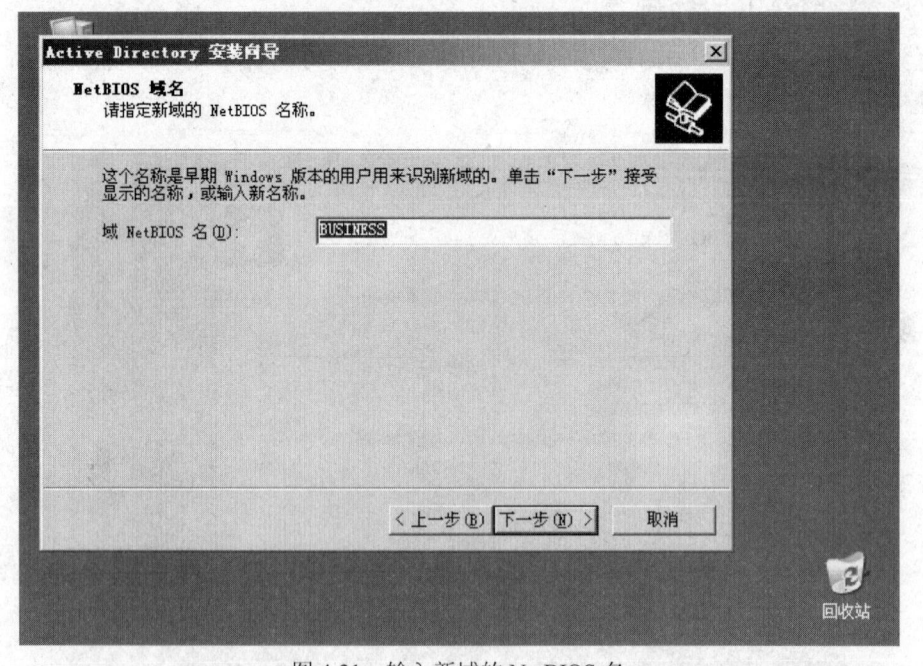

图 4-21　输入新域的 NetBIOS 名

（3）完成后重启机器，装完 AD 后检查 DNS 的 test.com 内是否有放置 SRV 记录的 4 个目录，目录名分别为 TCP、UDP、MSDCS 和 Sites。

4.6.4 部署 NODEB 中的 DC

（1）运行 dcpromo 命令，在弹出的对话框中选择"现有域的额外域控制器"单选按钮，单击"下一步"按钮，如图 4-22 所示。

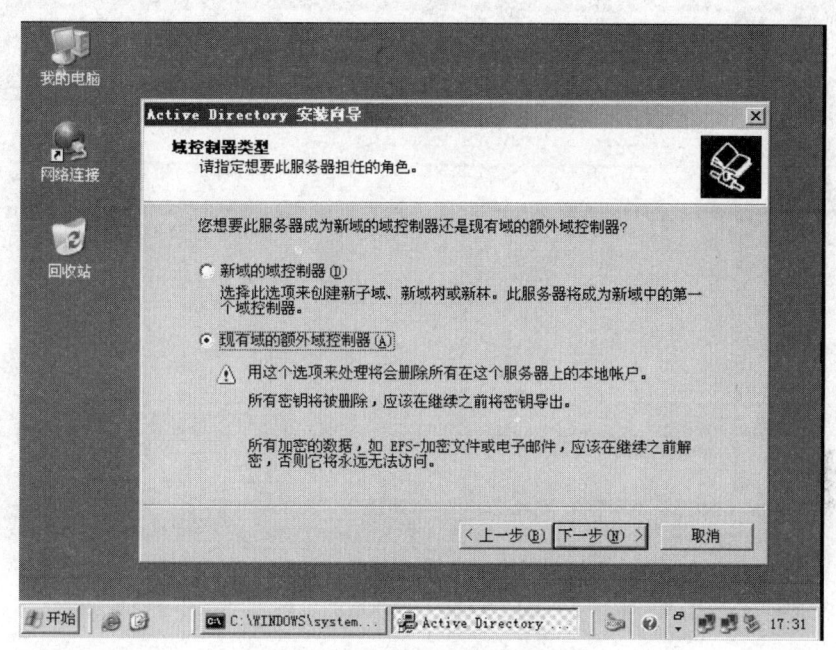

图 4-22 添加额外的域控制器

（2）输入域管理员名及密码，如图 4-23 所示。

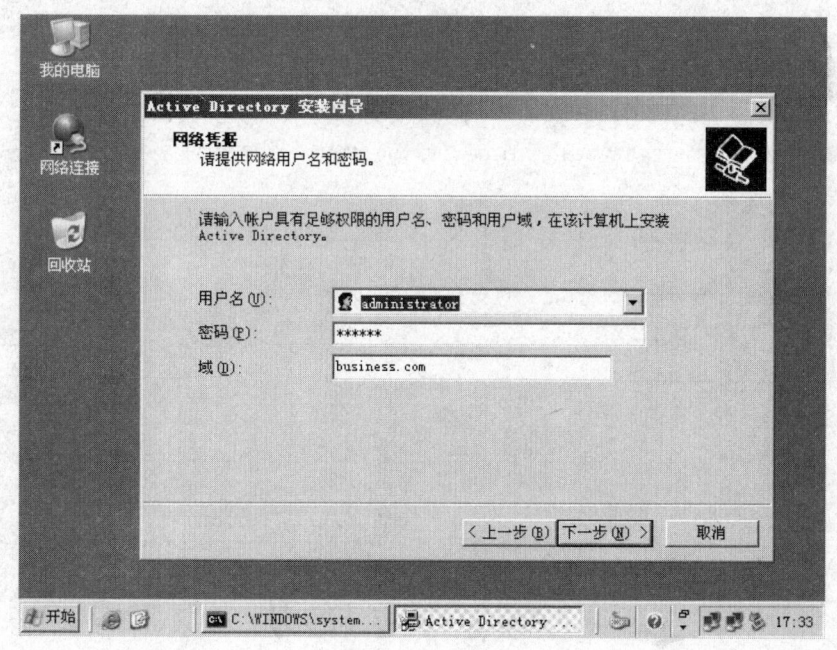

图 4-23 提供网络凭据

（3）输入域名，单击"下一步"按钮，如图4-24所示。

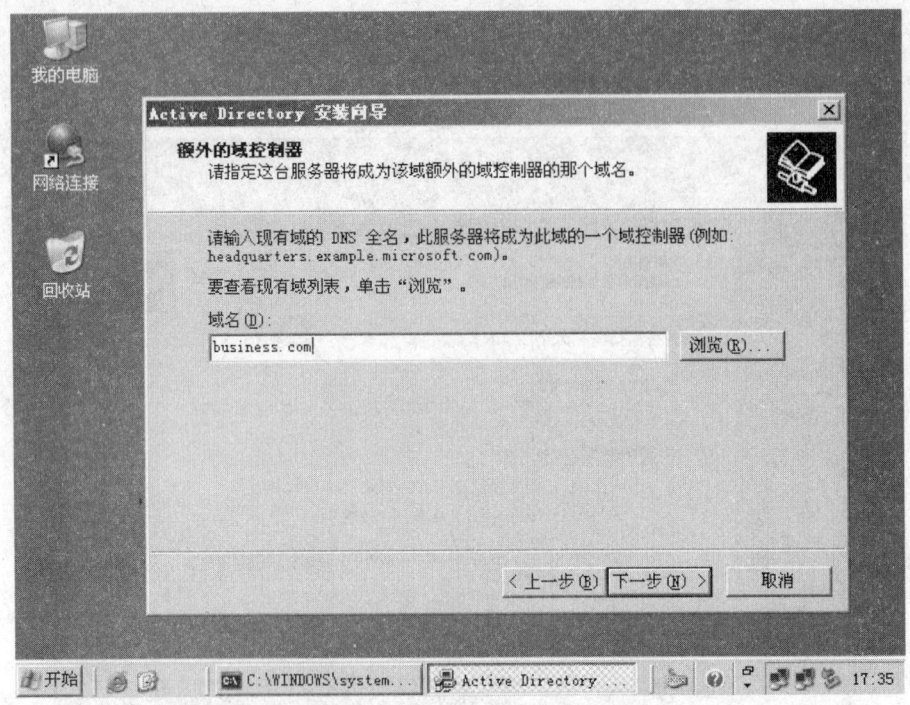

图 4-24　输入加入域的域名

（4）开始安装，DC 在 NODEA 和 NODEB 中已部署完成，如图 4-25 所示。

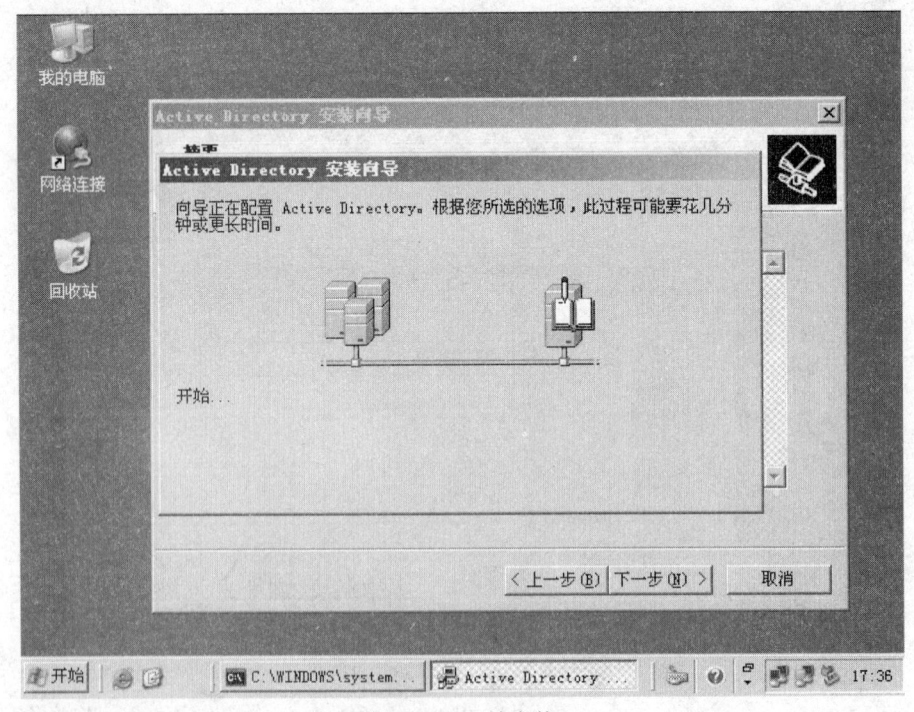

图 4-25　开始安装

4.6.5 NODEA 上部署群集

(1) 部署前关闭 NODEB。打开"群集管理器",出现如图 4-26 所示的界面。

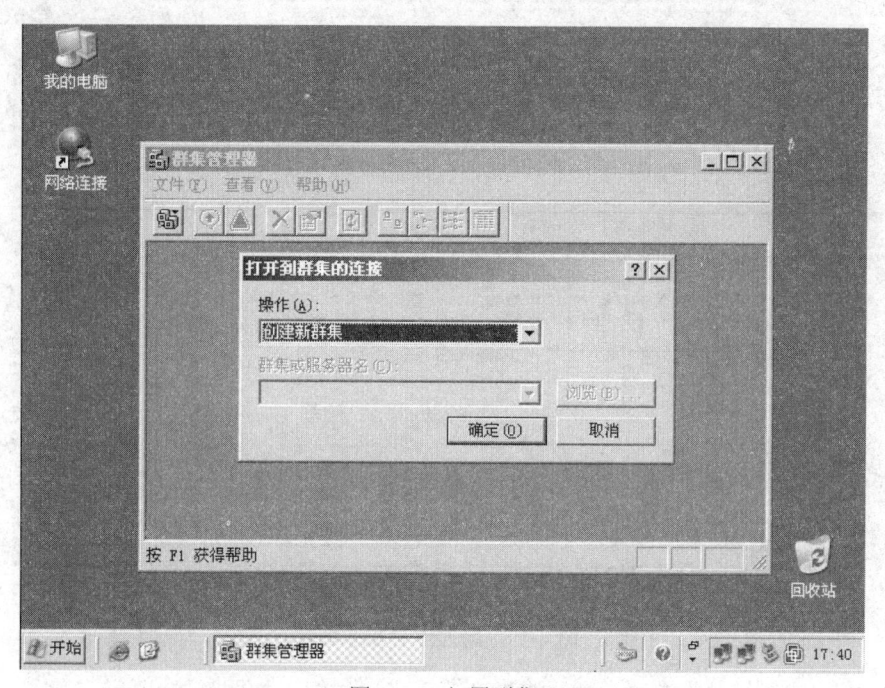

图 4-26 部署群集

(2) 选择创建新的群集,单击"下一步"按钮,如图 4-27 所示。

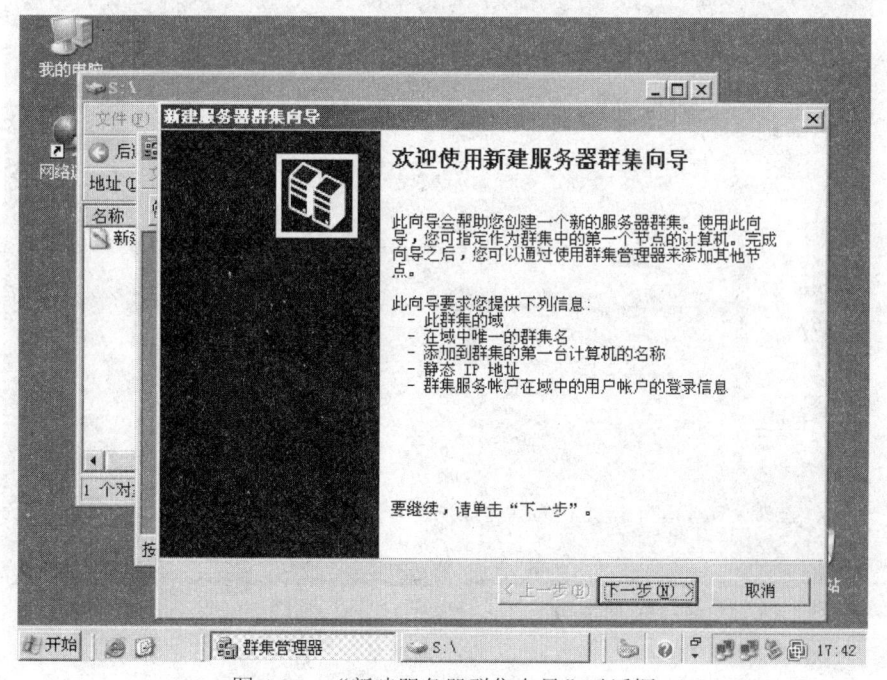

图 4-27 "新建服务器群集向导"对话框

(3) 设置 "群集名" 为 win2003cluster, 单击 "下一步" 按钮, 如图 4-28 所示。

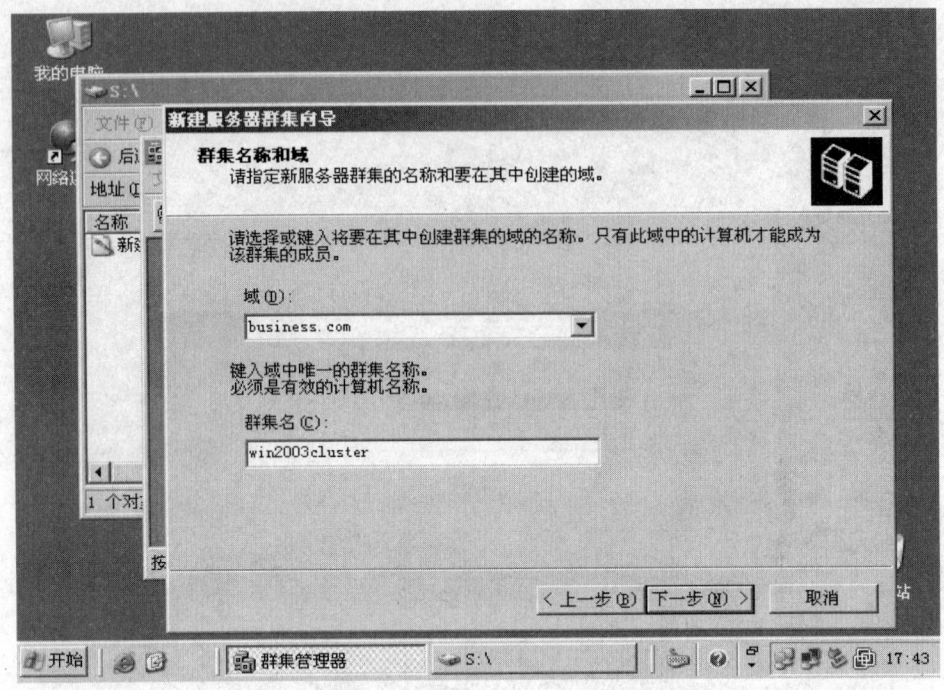

图 4-28 输入域名和群集名

(4) 输入新群集节点名 nodea, 单击 "下一步" 按钮, 如图 4-29 所示。

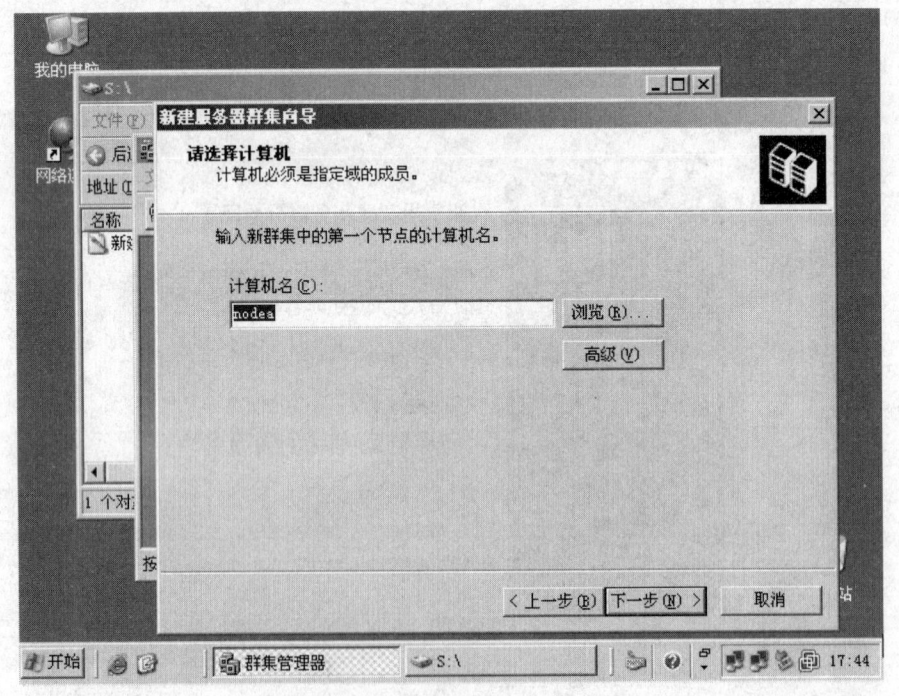

图 4-29 输入新群集节点名

（5）系统分析配置，完成后单击"下一步"按钮，如图 4-30 和图 4-31 所示。

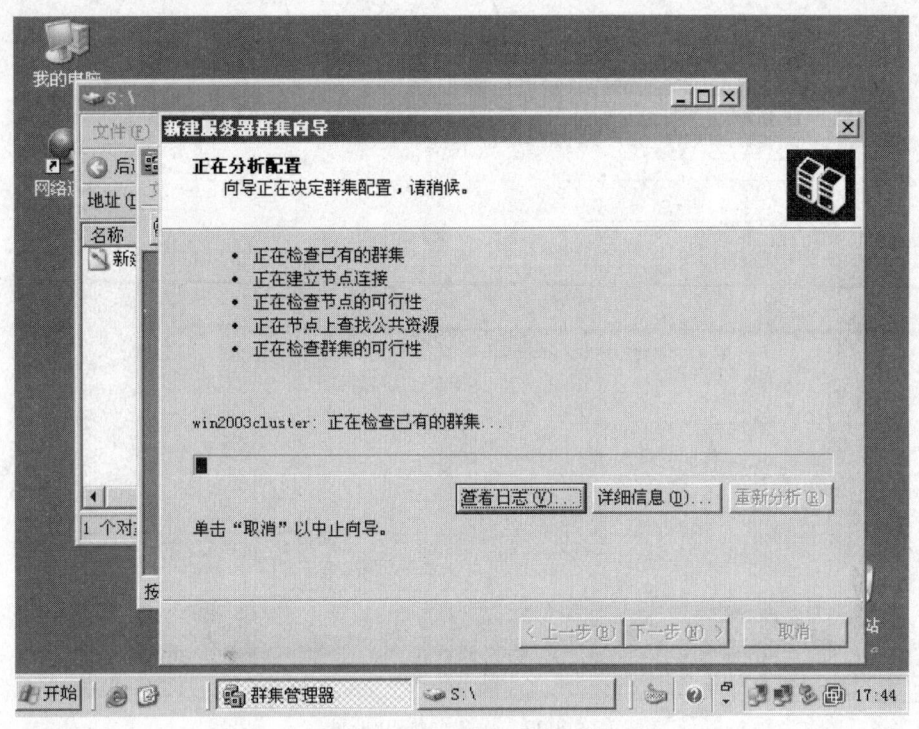

图 4-30　系统自检群集环境

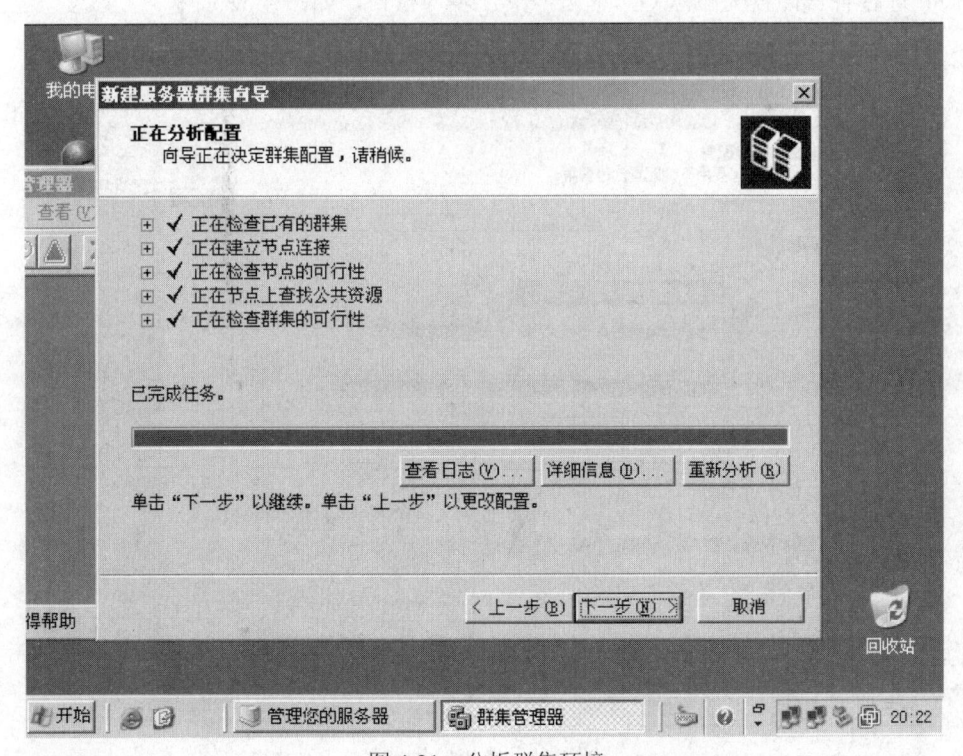

图 4-31　分析群集环境

（6）设置群集 IP 地址为 172.18.0.11，单击"下一步"按钮，如图 4-32 所示。

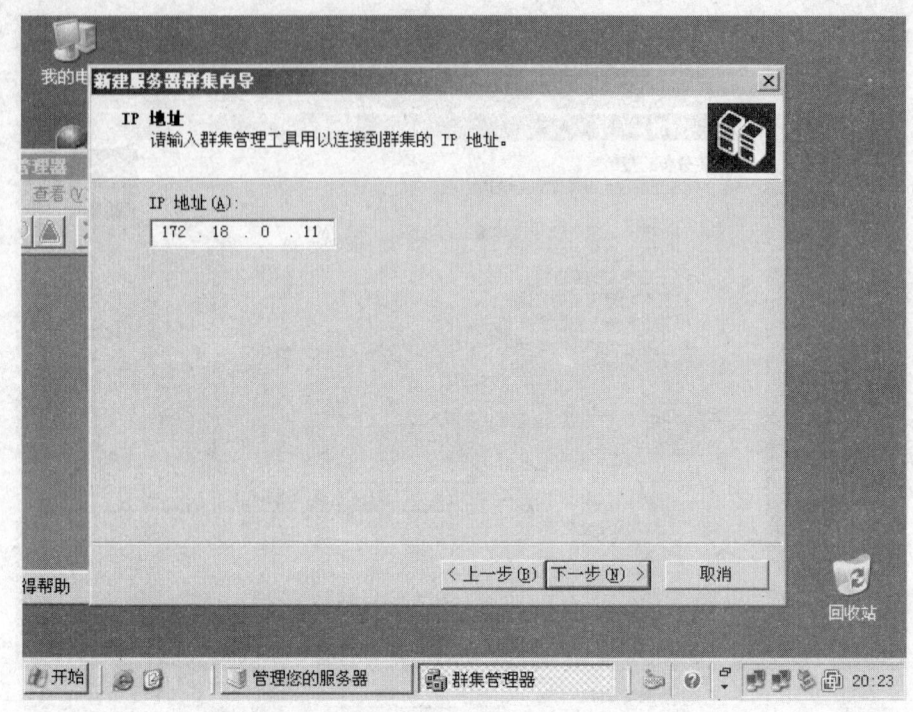

图 4-32　设置群集 IP 地址

（7）选择仲裁磁盘为磁盘 Q，单击"下一步"按钮，如图 4-33 所示。

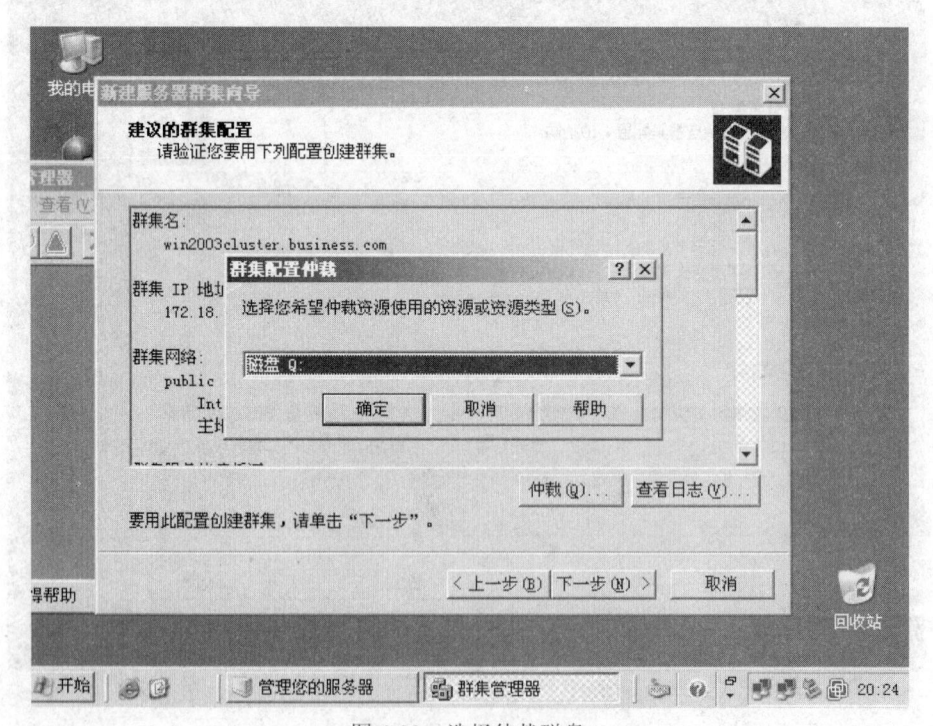

图 4-33　选择仲裁磁盘

(8) 配置群集,如图 4-34 所示。

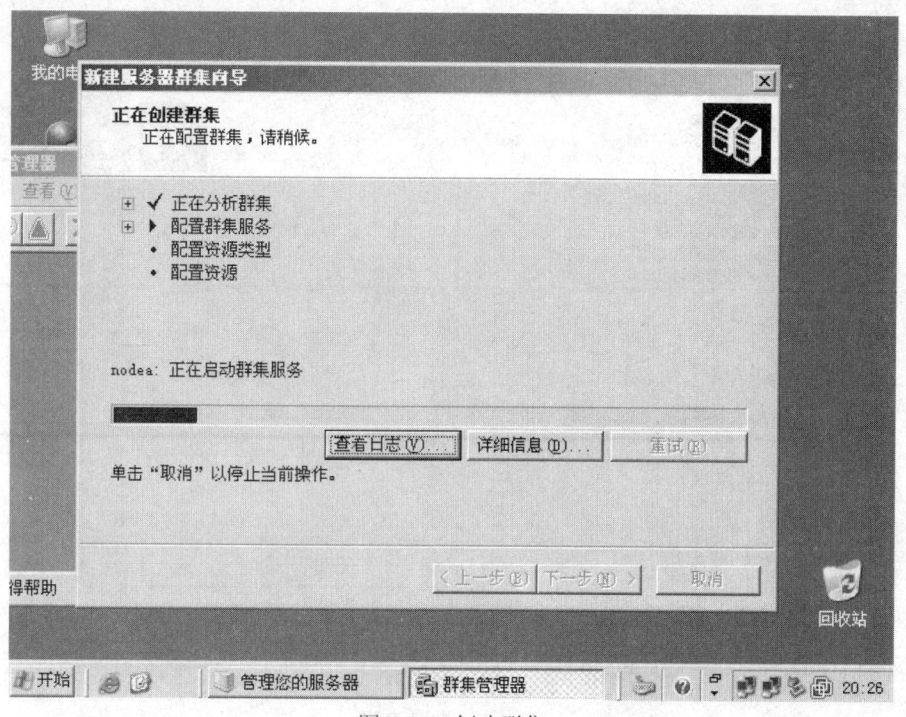

图 4-34 创建群集

(9) 单击"下一步"按钮,设置群集服务的用户名和密码,如图 4-35 所示。

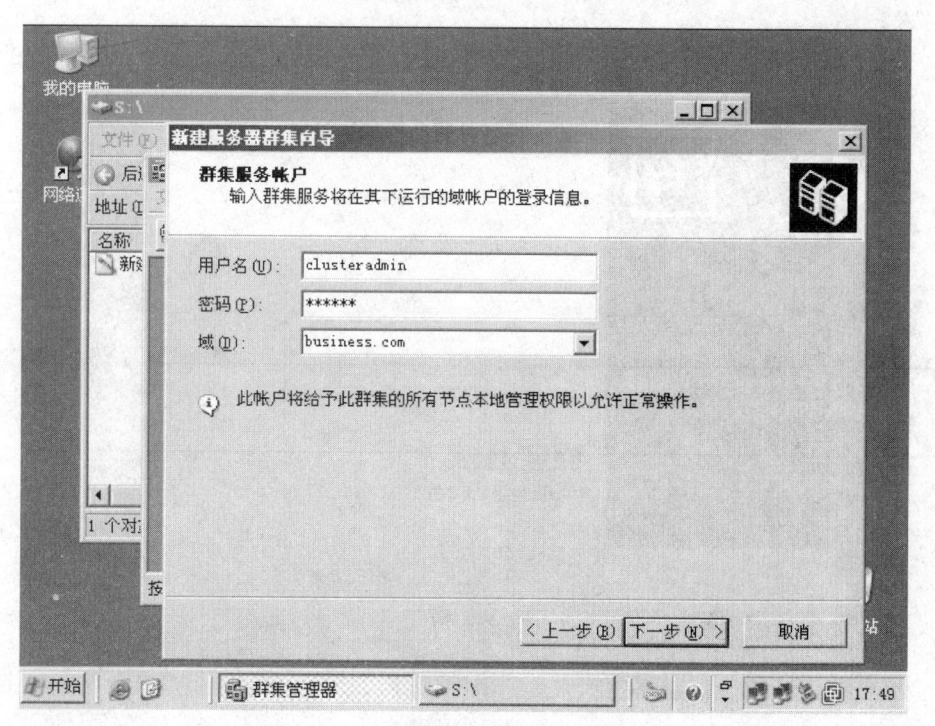

图 4-35 设置群集服务的用户名及密码

（10）单击"下一步"按钮，开始安装，如图4-36所示。

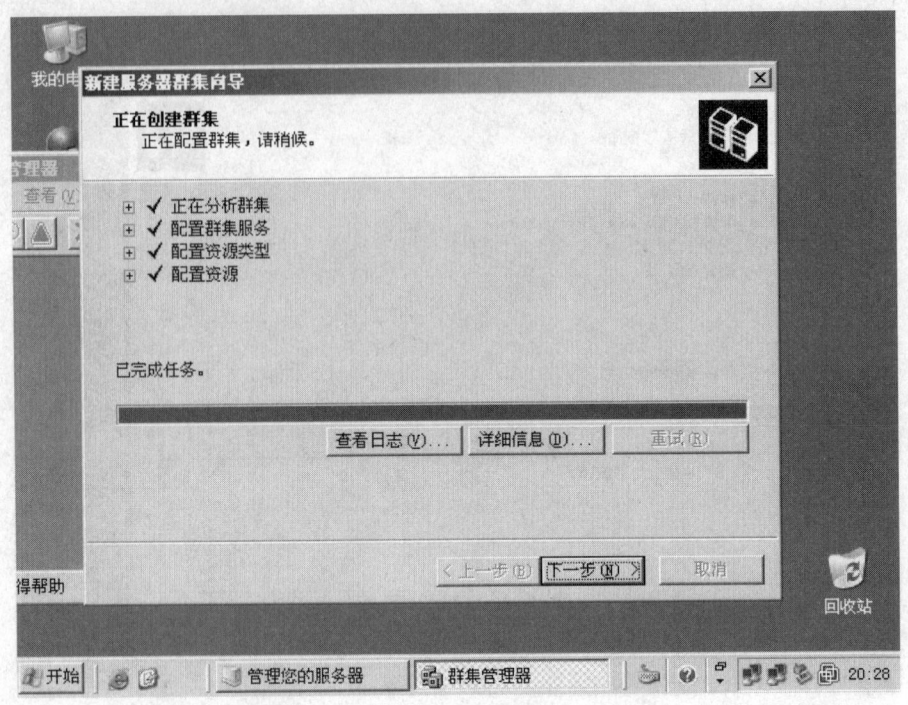

图4-36　群集安装

（11）完成NODEA上的群集安装，如图4-37所示。

图4-37　安装完成

（12）检查群集安装结果，如图 4-38 所示。

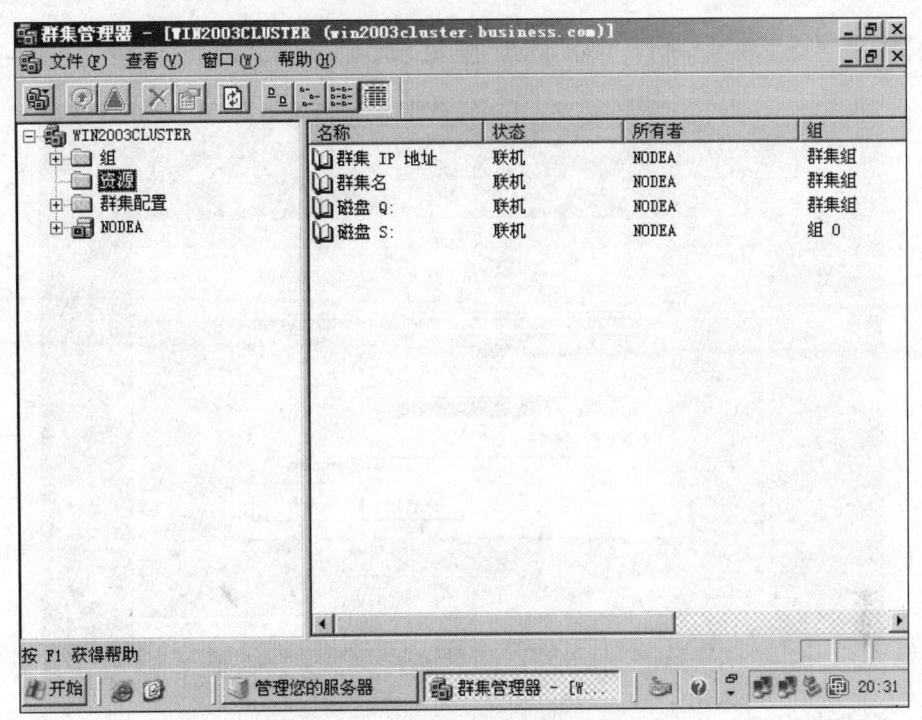

图 4-38　检查群集安装结果

（13）现在资源正用的是 NODEA，如图 4-39 所示。

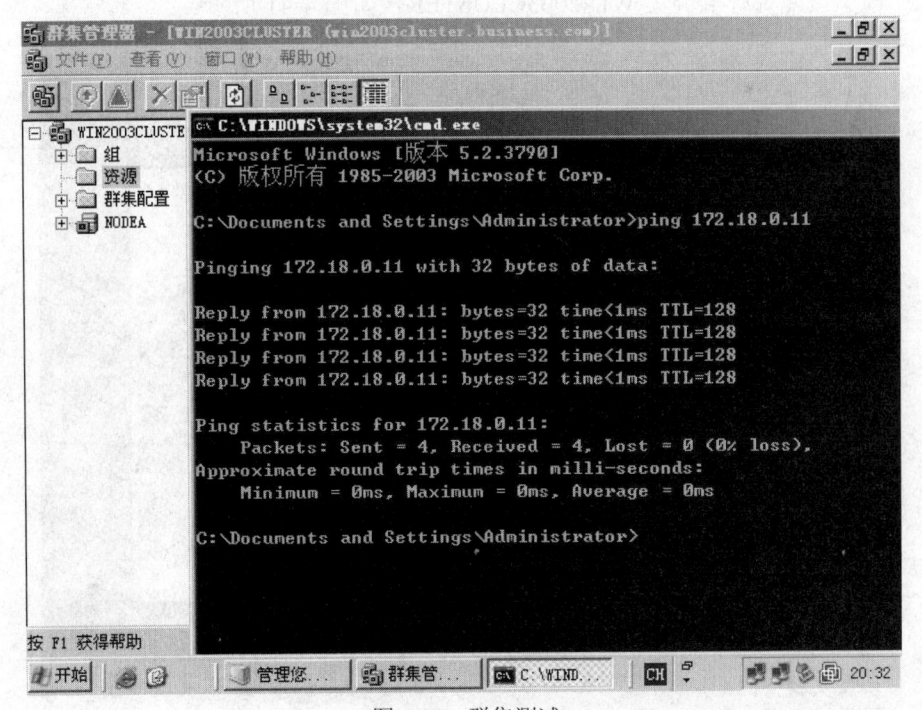

图 4-39　群集测试

4.6.6 NODEB 群集部署

（1）打开群集管理器，选择"添加节点到群集"选项，单击"浏览"按钮，如图 4-40 所示。

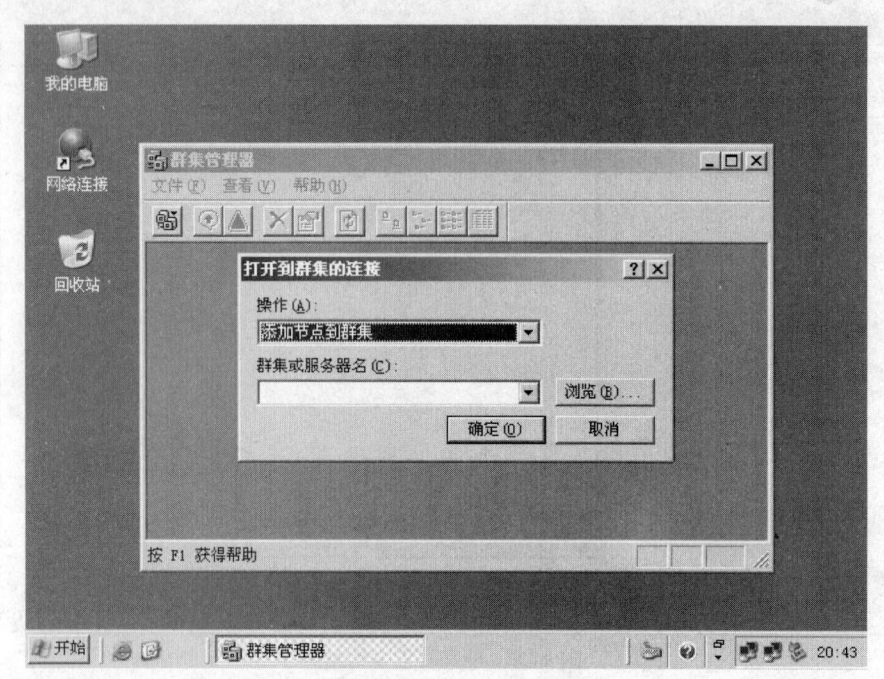

图 4-40　添加节点到群集

（2）选中已配置好的群集 WIN2003CLUSTER，如图 4-41 所示。

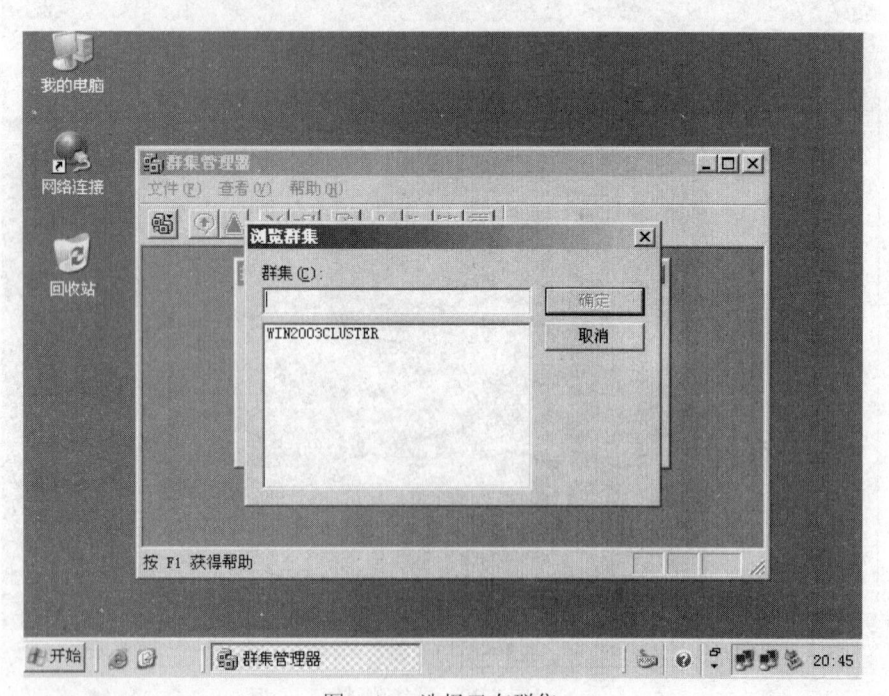

图 4-41　选择已有群集

学习情境 4　高可用邮件服务器群集应用与管理——虚拟化 Exchange 邮件服务器群集实现

（3）单击"确定"按钮，如图 4-42 所示。

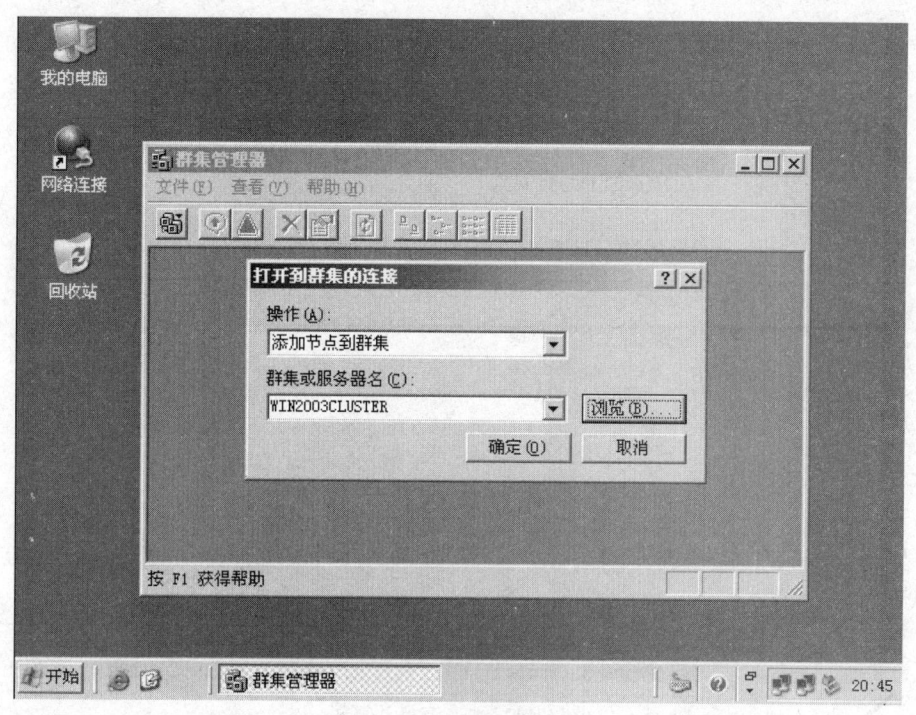

图 4-42　打开群集连接

（4）在弹出的"添加节点向导"对话框中单击"下一步"按钮，如图 4-43 所示。

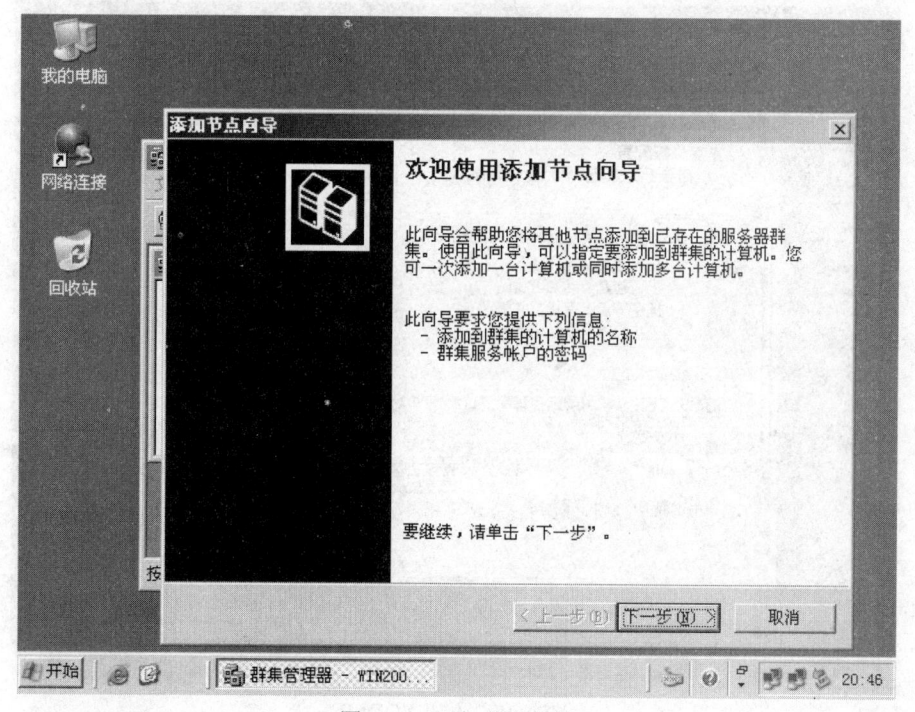

图 4-43　添加节点向导

（5）选择计算机名为 nodeb，单击"下一步"按钮，如图 4-44 所示。

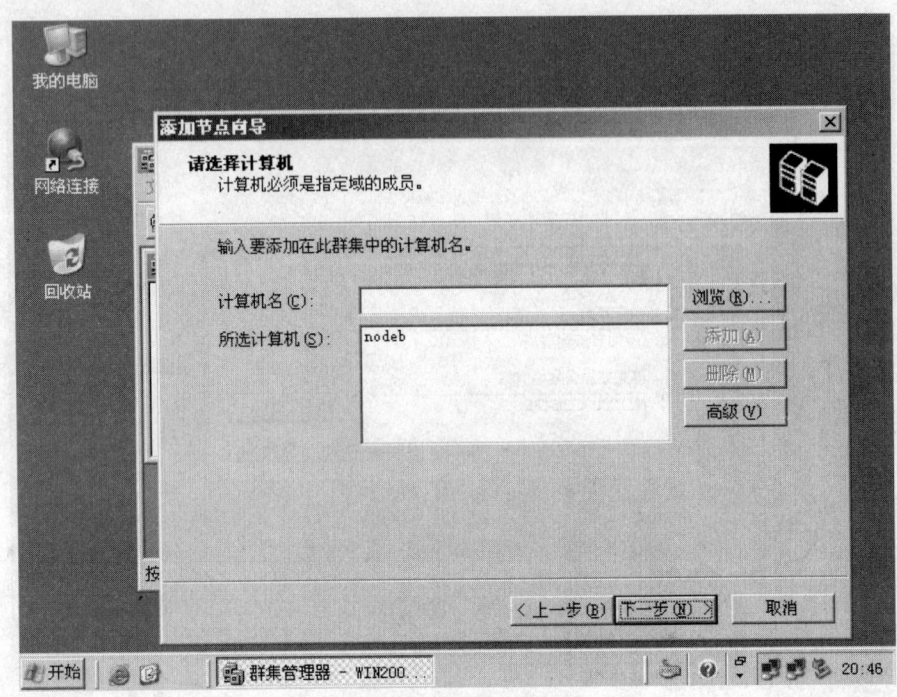

图 4-44　添加节点计算机

（6）选择 NODEB，单击"下一步"按钮，如图 4-45 所示。

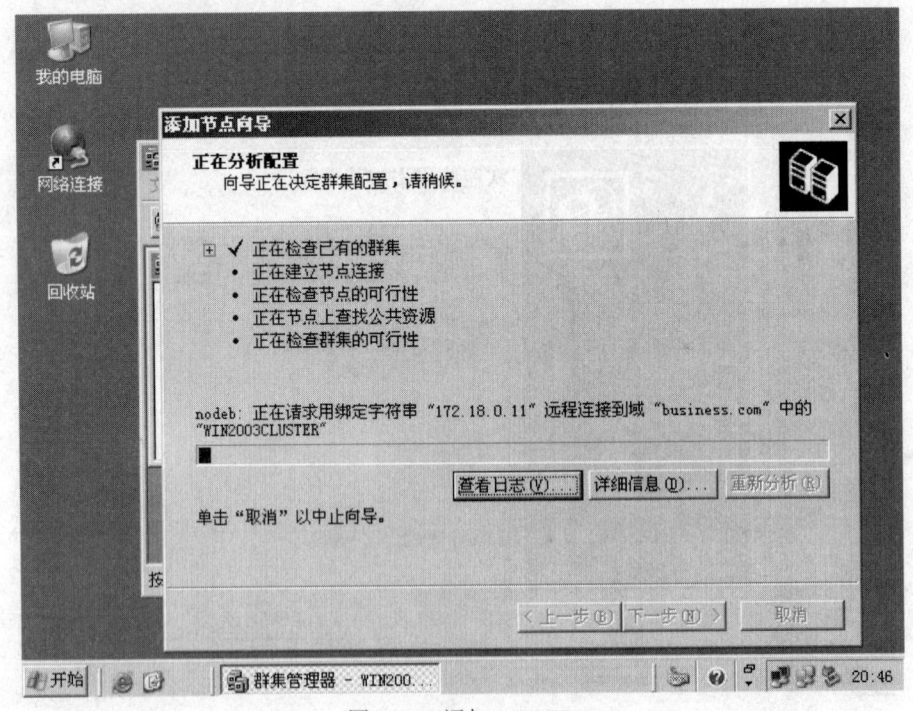

图 4-45　添加 NODEB

（7）单击"下一步"按钮，输入域管理员"密码"为 123456，如图 4-46 所示，回顾群集配置信息如图 4-47 所示。

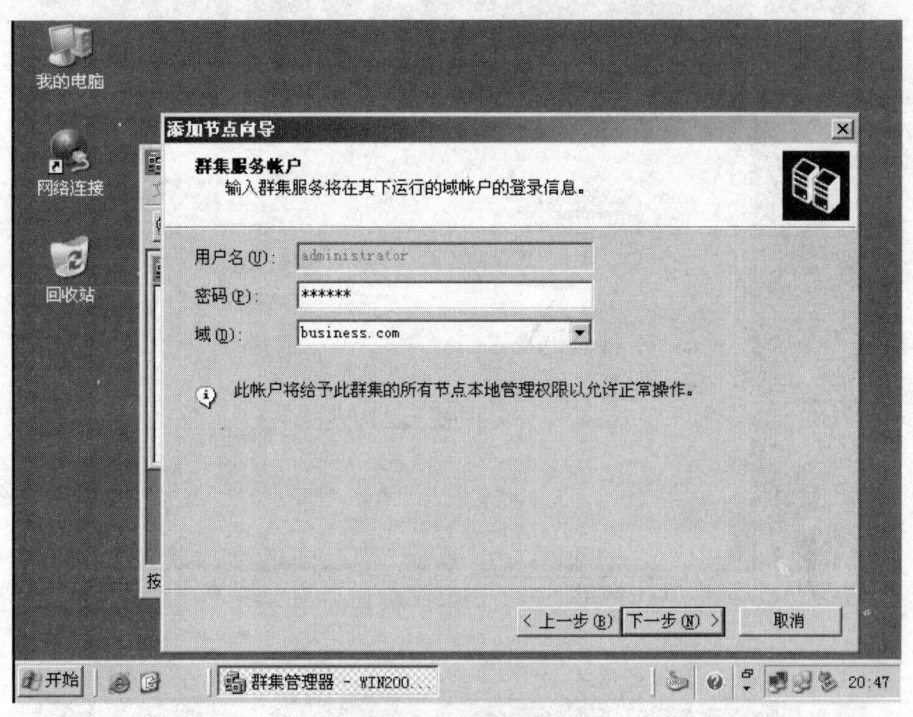

图 4-46　输入域管理员密码

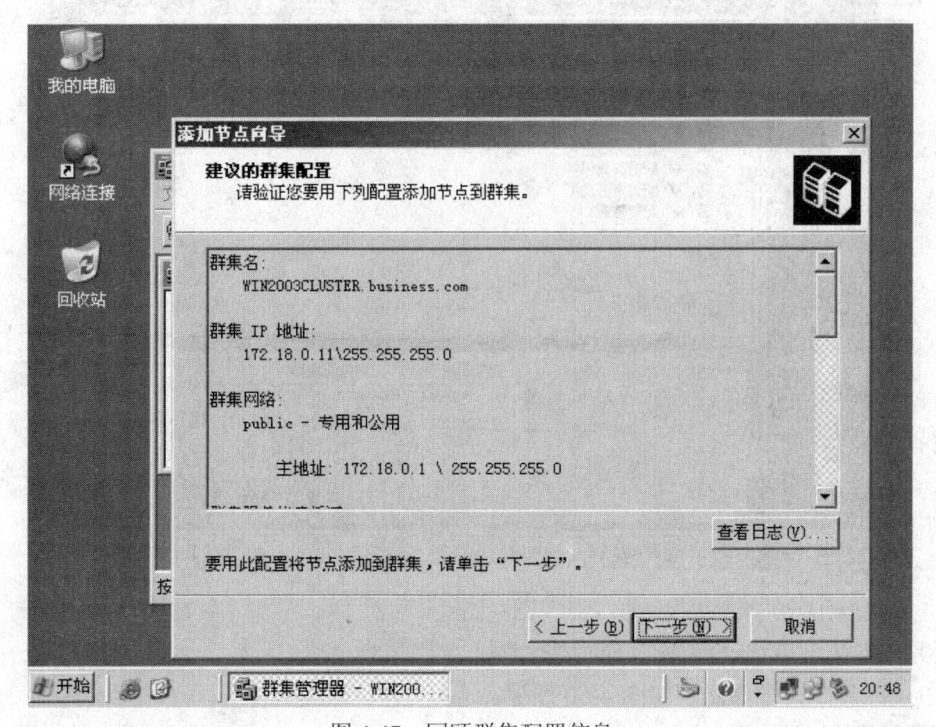

图 4-47　回顾群集配置信息

(8) 单击"下一步"按钮开始添加节点，如图 4-48 和图 4-49 所示。

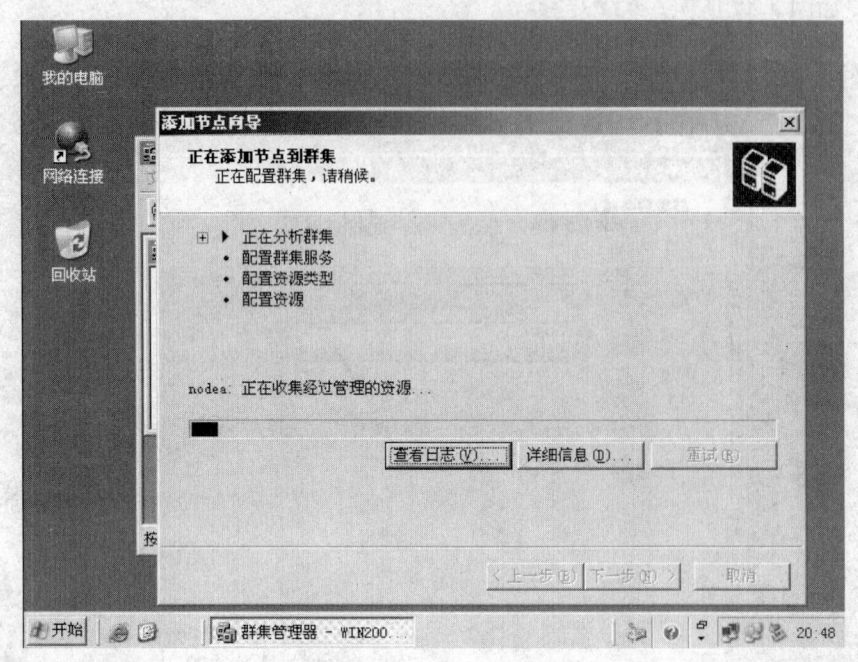

图 4-48　添加节点到群集

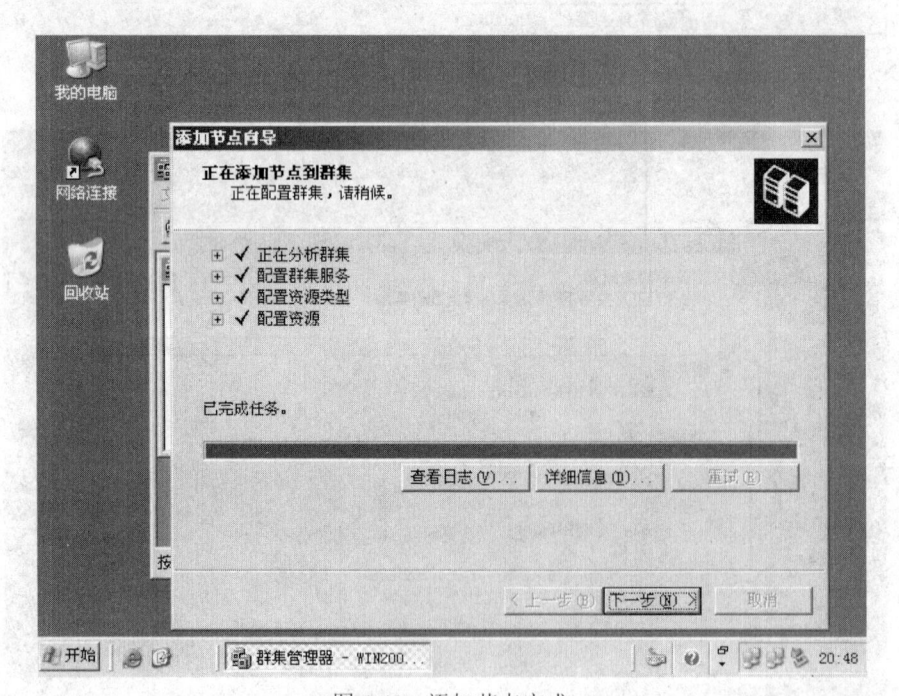

图 4-49　添加节点完成

至此，群集部署已经完成。下面进行测试。

(9) 打开群集管理器，如图 4-50 所示。

现在资源在 NODEA 节点上，如图 4-51 所示。

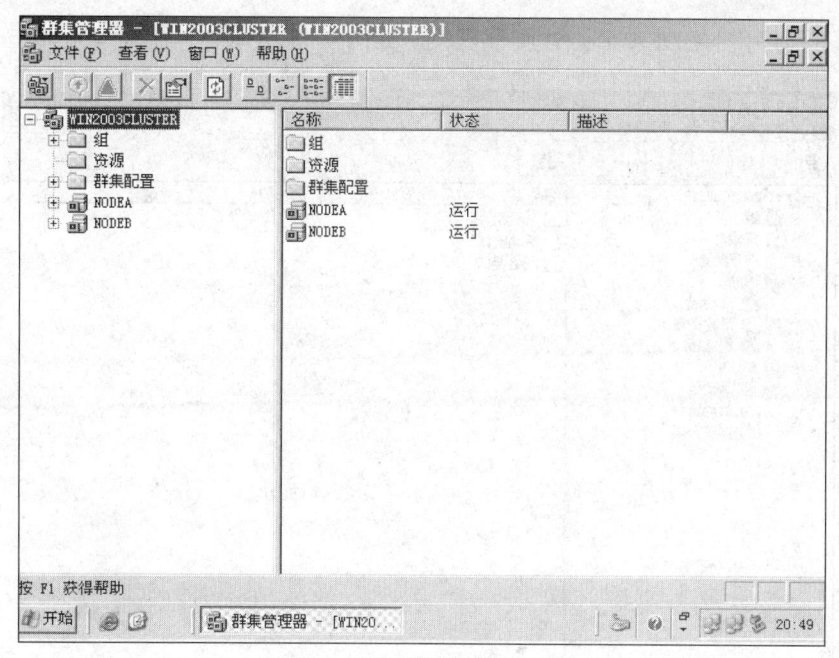

学习情境 4　高可用邮件服务器群集应用与管理——虚拟化 Exchange 邮件服务器群集实现

图 4-50　群集管理器界面

图 4-51　查看群集资源

（10）Ping 群集 IP：172.18.0.11，网络连通，如图 4-52 所示。

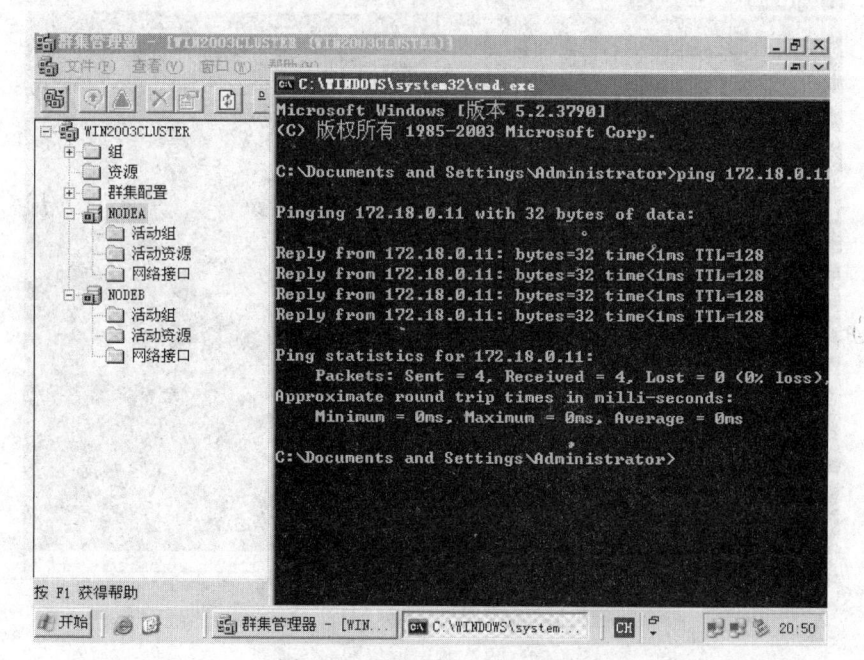

图 4-52　测试群集网络连通性

（11）下面停止 NODEA 节点，测试群集，如图 4-53 所示。

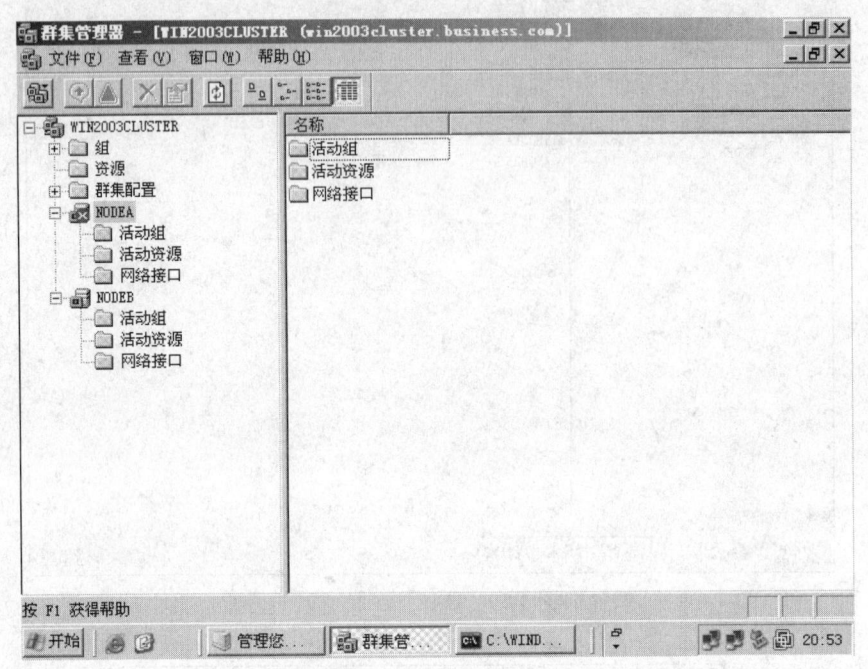

图 4-53　停止 NODEA 节点

（12）再 Ping 群集 IP，网络保持连通，如图 4-54 所示。测试结果说明群集成功部署。

现在资源运行在 NODEB 节点上，要替换回 NODEA 节点，可以停止 NODEB 节点，资源会自动切换到 NODEA 节点上。

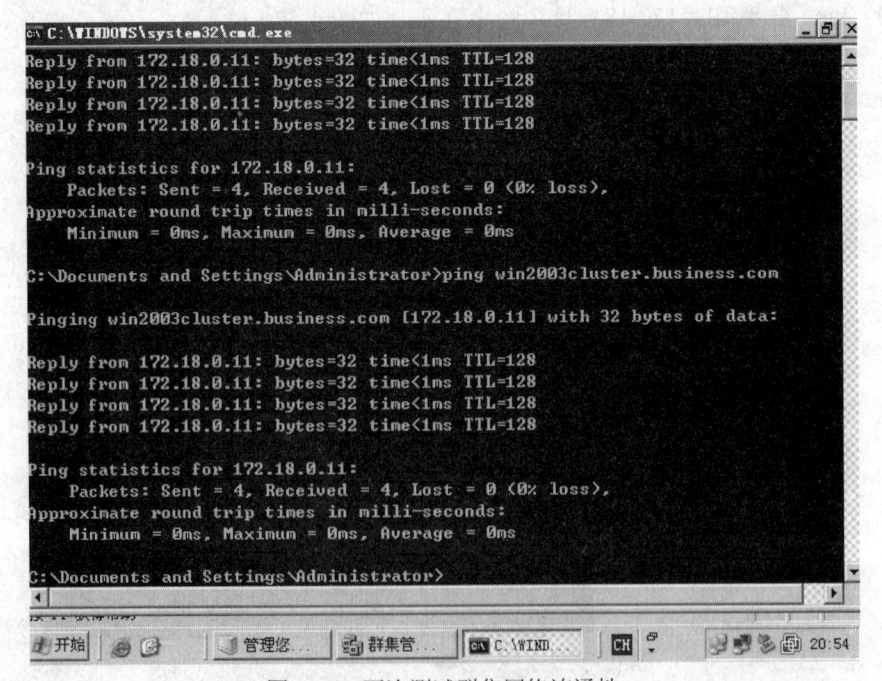

图 4-54　再次测试群集网络连通性

4.6.7 安装 Microsoft 分布式事务协调器

在运行 Windows Server 2003 的服务器上安装 Exchange 2003 之前,必须首先在群集上安装 Microsoft 分布式事务协调器(MSDTC)。

(1)登录到群集中的任意节点,如 NODEA。

打开"群集管理器",在"群集组"上右击,在弹出的快捷菜单中选择"新建"→"资源"命令,弹出对话框如图 4-55 所示。

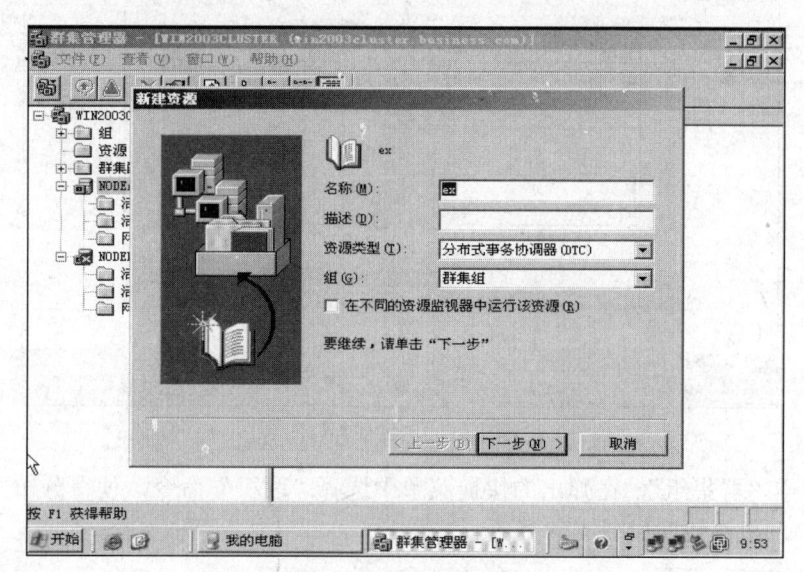

图 4-55 登录群集节点

(2)验证所有节点(NODEA 与 NODEB)都已出现在"可能的所有者"列表框中,然后单击"下一步"按钮,如图 4-56 所示。

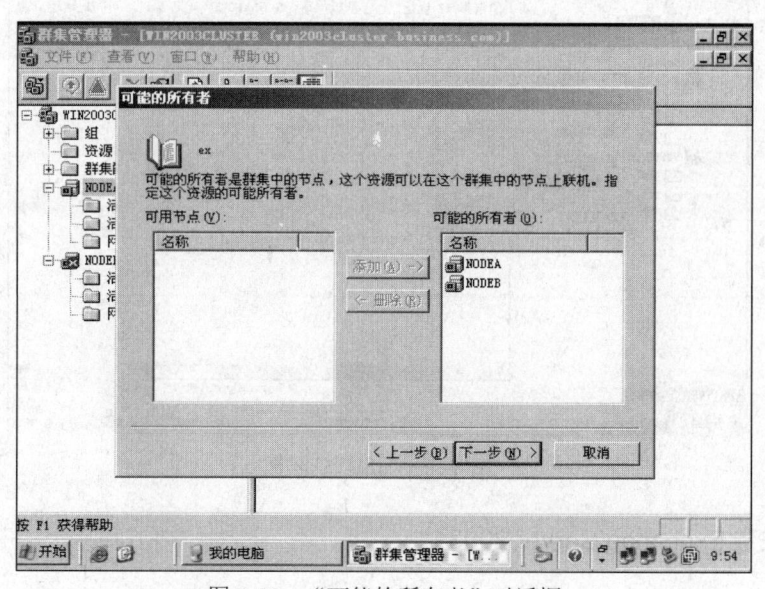

图 4-56 "可能的所有者"对话框

（3）选择仲裁磁盘"磁盘 Q:"和"群集名"资源作为依存资源，单击"完成"按钮，如图 4-57 所示。

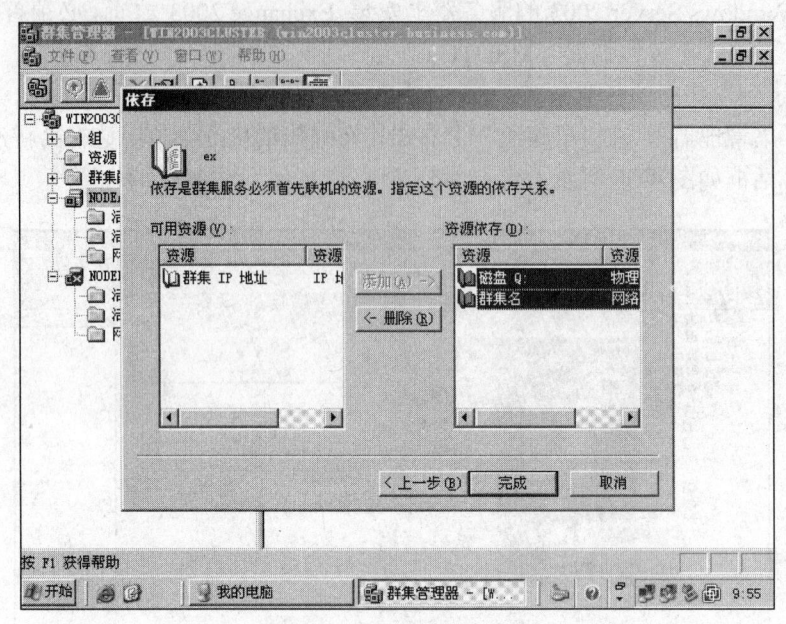

图 4-57　选择依存资源

（4）右击"群集组"，在弹出的快捷菜单中选择"联机"命令，使得分布式事务协调器资源 MSDTC 联机在线，如图 4-58 所示。

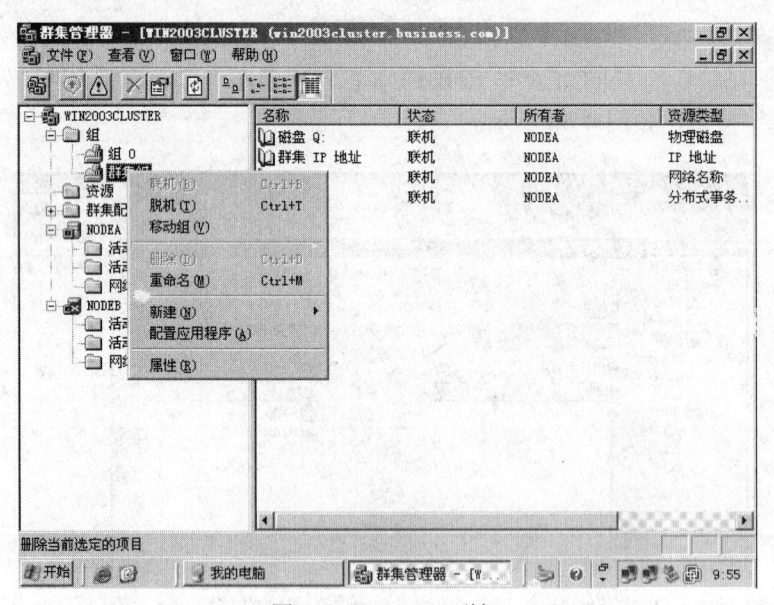

图 4-58　MSDTC 联机

4.6.8　安装 Exchange Server 2003

此任务是在每个节点上安装 Exchange 2003 的群集版本。在节点上安装 Exchange 2003

之前，建议将该节点暂停或将群集服务转移到另外一个节点上，等安装完成了，再将群集服务转移回来，或将另一节点暂停，进行另一节点 Exchange 的安装（要点：请在一个节点上完成 Exchange 2003 安装之后，再开始在另一个节点上安装）。

（1）插入 Exchange Server 2003 安装光盘，如图 4-59 所示。

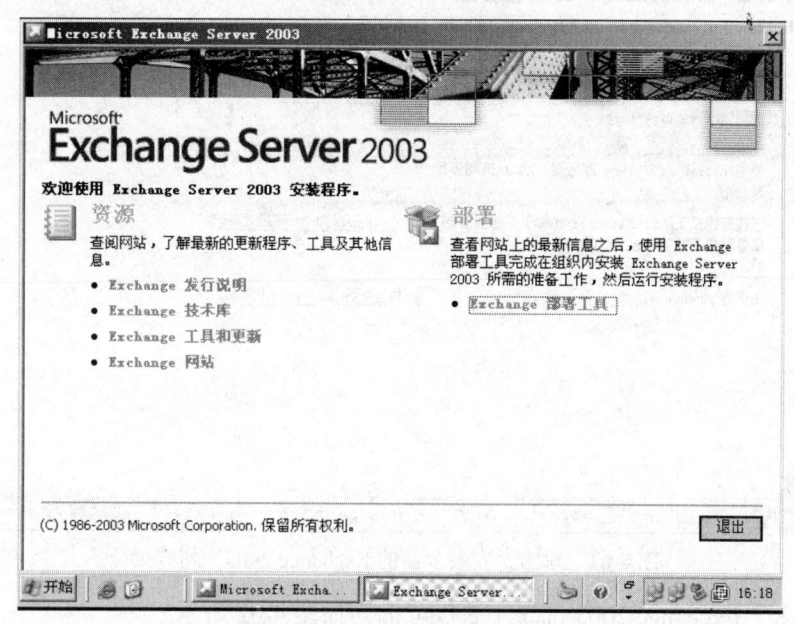

图 4-59　插入 Exchange Server 2003 安装光盘

（2）在节点 NODEA 上的"Exchange Server 部署工具"界面中，单击"立即运行安装程序"，启动安装向导；单击"部署第一台 Exchange 2003 服务器"超链接，如图 4-60 所示。

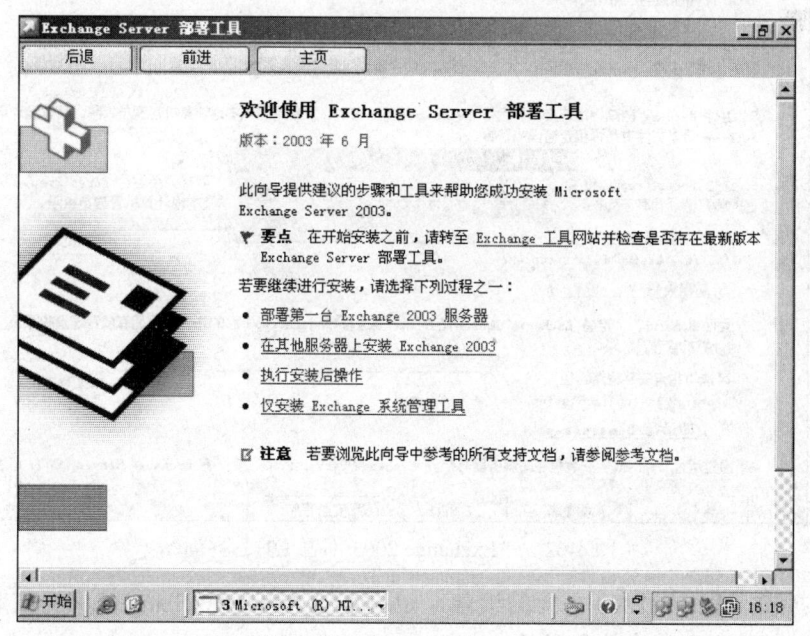

图 4-60　单击"部署第一台 Exchange 2003 服务器"超链接

(3) 单击"安装全新的 Exchange 2003"超链接，如图 4-61 所示。

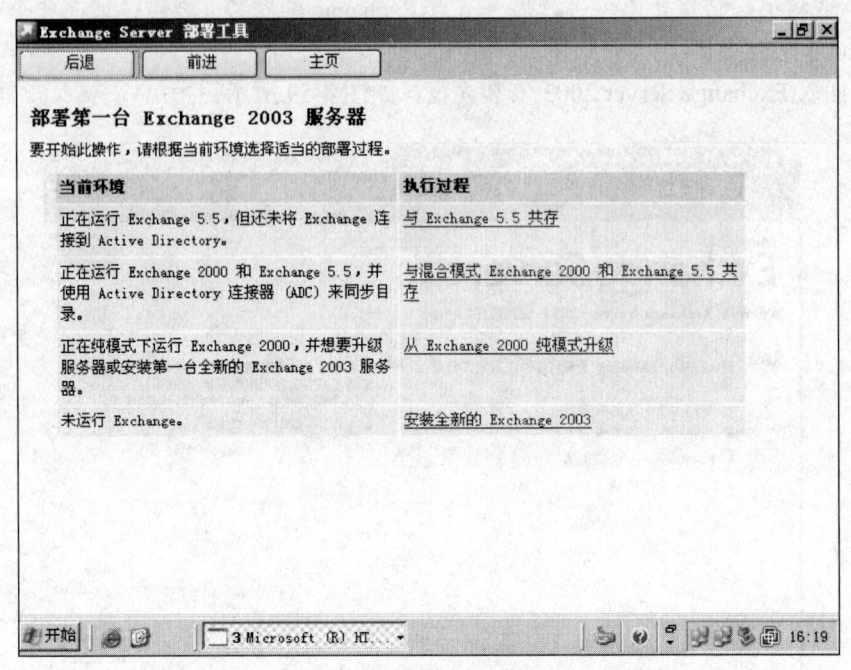

图 4-61 单击"安装全新的 Exchange 2003"超链接

(4) 进入"Exchange 2003 部署工具"界面，如图 4-62 所示。

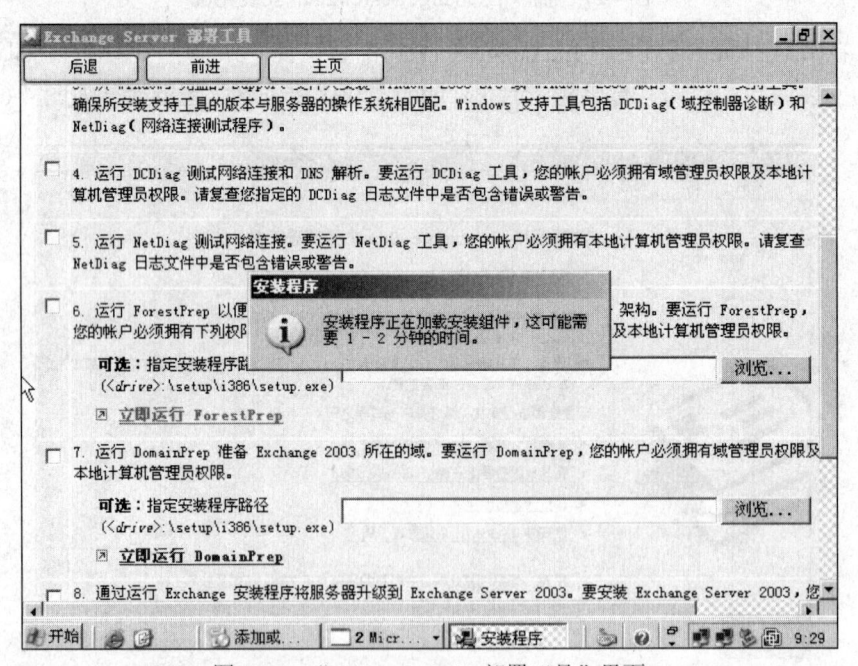

图 4-62 "Exchange 2003 部署工具"界面

(5) 安装 Exchange 2003 需要的组件，如图 4-63 所示，Exchange 2003 安装程序要求在服务器上安装并启用下列组件和服务：

- .NET Framework
- ASP.NET
- Internet 信息服务（IIS）
- World Wide Web 服务
- 简单邮件传输协议（SMTP）服务
- 网络新闻传输协议（NNTP）服务

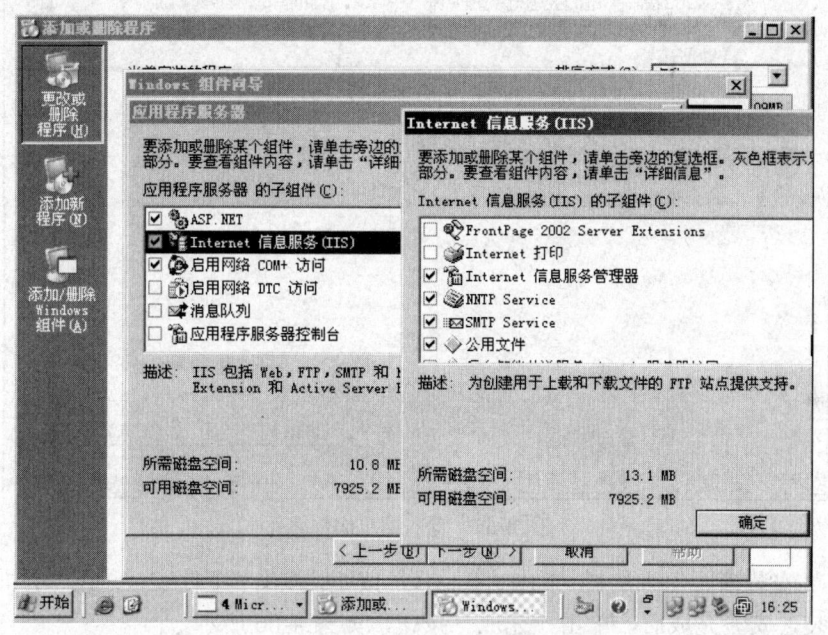

图 4-63　安装 Exchange 2003 需要的组件

（6）完成部署工具的安装步骤后，单击"立即运行安装程序"链接，如图 4-64 所示。

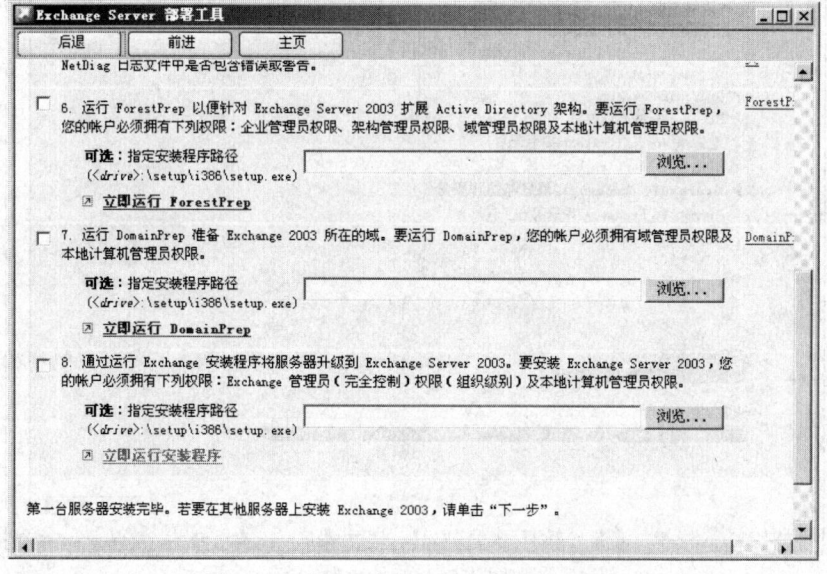

图 4-64　选择"立即运行安装程序"链接

（7）输入"简单组织名"ex，单击"下一步"按钮；选择"我同意"，单击"下一步"按钮，如图 4-65 所示。

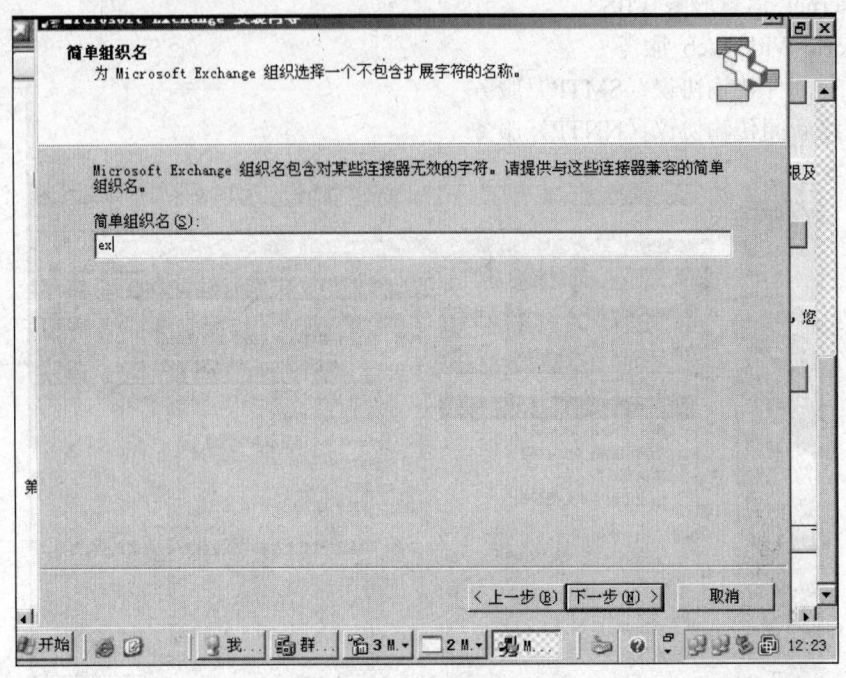

图 4-65　输入简单组织名

（8）在"安装摘要"界面中，单击"下一步"按钮，弹出"组件安装进度"界面，Exchange 组件开始安装，安装完成后，单击"完成"按钮，如图 4-66 所示。

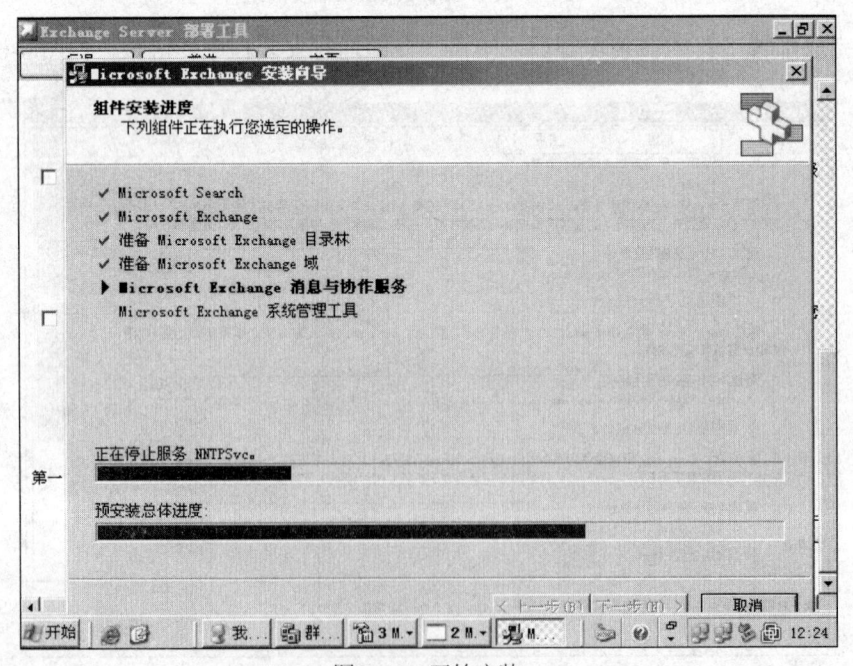

图 4-66　开始安装

（9）转到群集的另一节点 NODDB，启动"Exchange Server 部署工具"，单击"立即运行安装程序"链接，启动 Exchange 安装向导完成安装。

4.6.9 创建配置 Exchange 2003 群集虚拟服务器

在群集上配置 Exchange 2003 的最后一步是创建 Exchange 群集虚拟服务器（即带有 Exchange 资源的 Windows Server 2003 群集组），此步骤包含以下任务：
- 创建用来容纳 Exchange 虚拟服务器的组。
- 创建 IP 地址资源。
- 创建网络名称资源。
- 向 Exchang 虚拟服务器添加磁盘资源。
- 创建 Exchange 2003 系统助理资源。
- 创建用来容纳 Exchange 虚拟服务器的组。

在任意服务器节点（如 NODEA）启动"群集管理器"，新建一个"组"来容纳 Exchange 虚拟服务器资源；由于本项目中共享磁盘柜仅划分了两个磁盘，因此就借用原有的"群集组"来安装配置 Exchange 虚拟服务器，将"群集组"更名为 Exchange Cluster Group。

1．创建 IP 地址资源

（1）在"群集管理器"控制台中，右击 Exchange Cluster Group，从弹出的快捷菜单中选择"新建"→"资源"命令，弹出"新建资源"对话框，如图 4-67 所示。

图 4-67　新建群集资源

（2）启动新建资源向导。在"名称"文本框中输入 Exchange Cluster IP Address，其中，Exchange Cluster IP Address 是 Exchange 虚拟服务器的名称；在"资源类型"下拉列表框中选择"IP 地址"选项；在"组"下拉列表框中选择 Exchange Cluster Group 选项，然后单击"下一步"按钮，如图 4-68 所示。

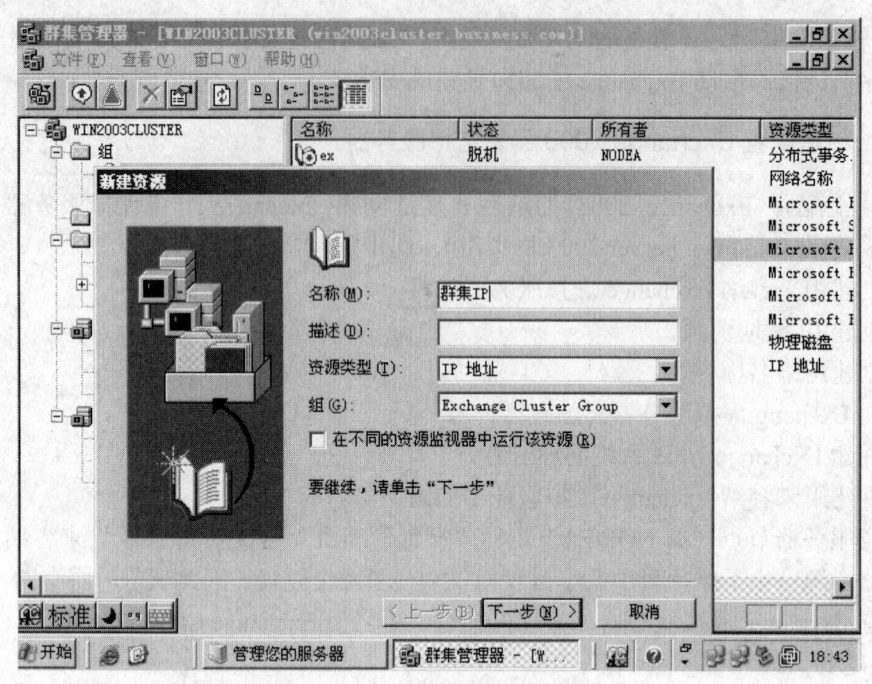

图 4-68 "新建资源"对话框

（3）在"可能的所有者"对话框中，在"可能的所有者"列表框下，确保所有群集节点都已列出，然后单击"下一步"按钮，如图 4-69 所示。

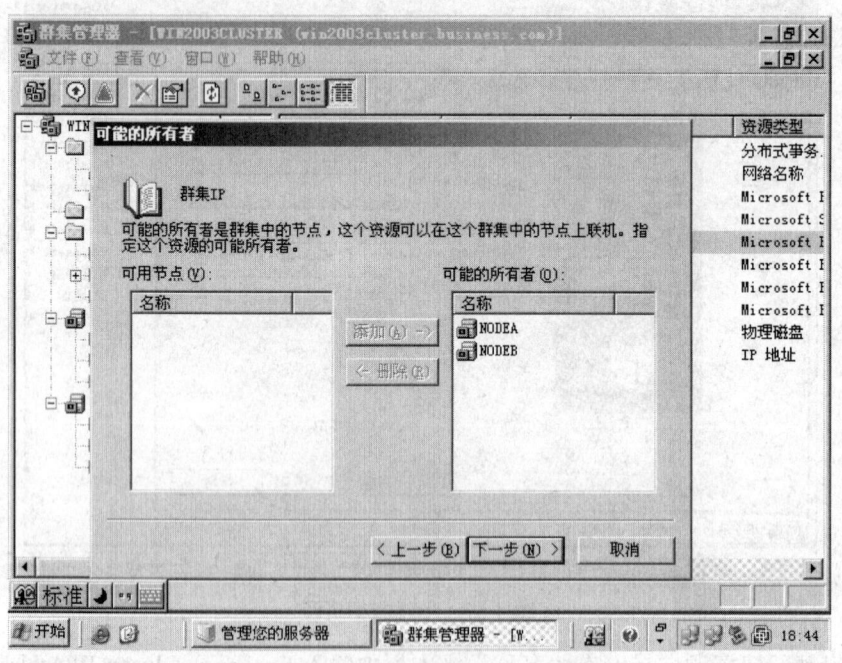

图 4-69 "可能的所有者"对话框

（4）在"依存"对话框中，在"资源依存"列表框中验证没有列出任何资源，然后单击"下一步"按钮，如图 4-70 所示。

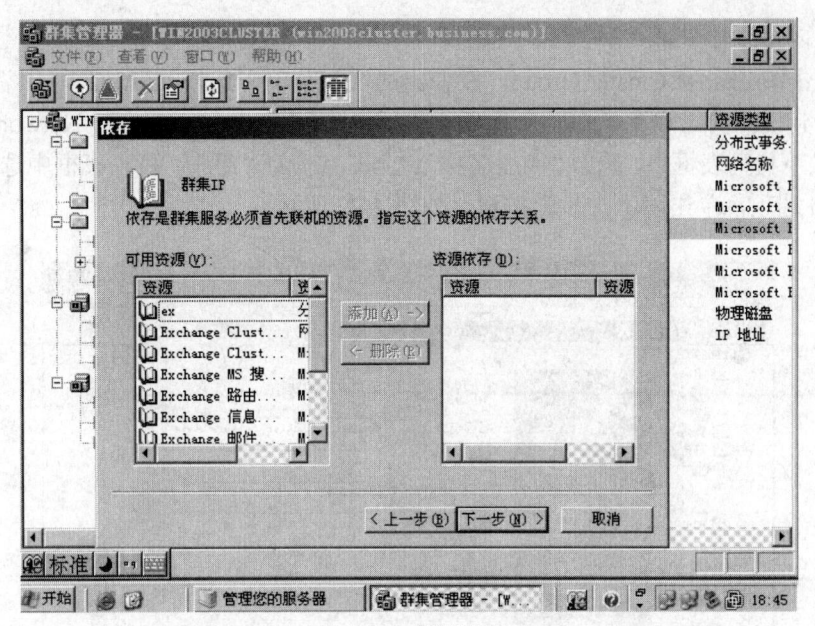

学习情境 4　高可用邮件服务器群集应用与管理——虚拟化 Exchange 邮件服务器群集实现

图 4-70　资源依存

（5）在弹出的"TCP/IP 地址参数"对话框中，在"地址"文本框中输入 Exchange 虚拟服务器的静态 IP 地址（注意：Exchange 虚拟服务器拥有自己专用的静态 IP 地址，该地址应当与群集管理器中定义的所有其他资源（包括仲裁磁盘资源）分开）；在"子网掩码"文本框中，验证 Exchange 虚拟服务器的子网掩码正确无误；在"网络"下拉列表框中，验证 Public 已选中；确保已选中"为此地址启用 NetBIOS"复选框（如果此地址禁用 NetBIOS，则基于 NetBIOS 的网络客户端将不能通过此 IP 地址访问群集服务），然后单击"完成"按钮，如图 4-71 所示。

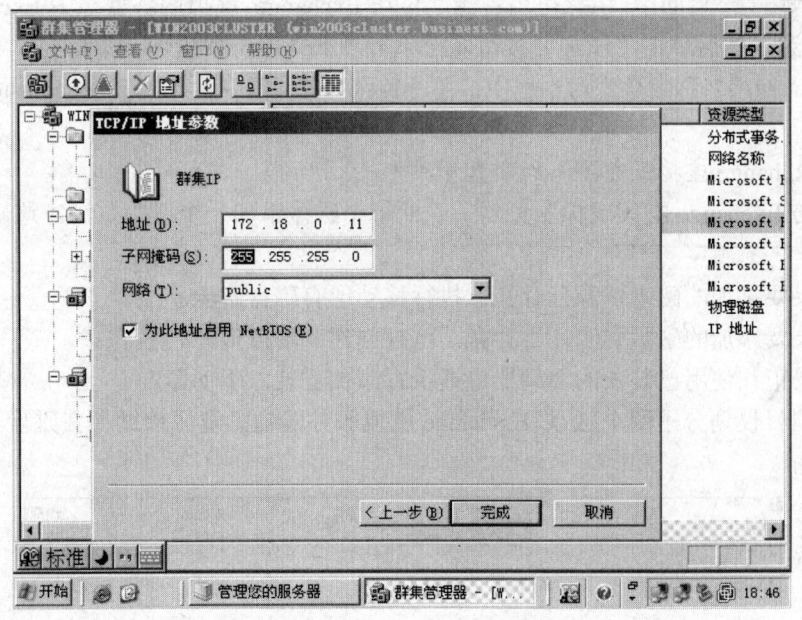

图 4-71　设置群集 IP

2. 创建网络名称资源

（1）右击 Exchange Cluster Group，在弹出的快捷菜单中选择"新建"→"资源"命令。

（2）新建资源向导启动，在"名称"文本框中输入 Exchange Cluster Network Name；在"资源类型"下拉列表框中，选中"网络名称"选项；在验证"组"下拉列表框中选中 Exchange Cluster Group 选项，单击"下一步"按钮，如图 4-72 所示。

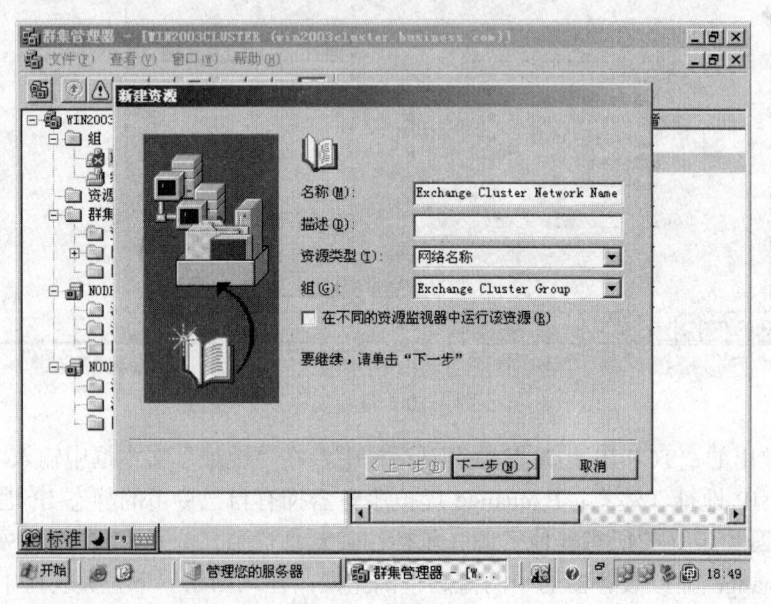

图 4-72 新建资源

（3）在"可能的所有者"界面中，在"可能的所有者"下，验证已列出所有节点，单击"下一步"按钮。

（4）在"依存"界面中，在"可用资源"下为 Exchange 虚拟服务器选中 Exchange Cluster IP Address 资源，然后单击"添加"按钮，再单击"下一步"按钮。

（5）在"网络名称参数"对话框中，在"名称"文本框中输入 exchangecluster，单击"完成"按钮。

3. 向 Exchange 虚拟服务器添加磁盘资源

必须为与 Exchange 群集虚拟服务器关联的每个磁盘添加一个磁盘资源。这一节包括下列步骤：

- 如果要添加的磁盘资源已存在，执行移动现有磁盘资源。
- 如果要添加的磁盘资源还不存在，执行创建新磁盘资源。
- 如果正在使用已装入的驱动器，请执行添加已装入驱动器。

由于本项目仅划分了两个磁盘，Exchange 虚拟服务器磁盘资源借助仲裁磁盘 Q 盘来实现，如图 4-73 所示。

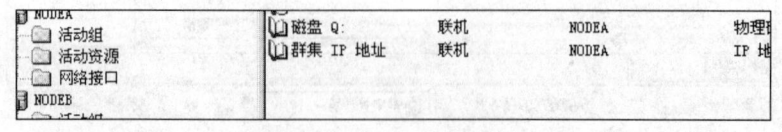

图 4-73 添加磁盘资源

4. 创建 Exchange 2003 系统助理资源

（1）在"群集管理器"控制台内，右击 Exchange Cluster Group，在弹出的快捷菜单中选择"联机"命令。

（2）右击 Exchange Cluster Group，在弹出的快捷菜单中选择"新建"→"资源"命令，启动"新建资源"向导，在"名称"文本框中输入 Exchange Cluster System Attendant；在"资源类型"下拉列表框中选中 Microsoft Exchange System Attendant 选项；在验证"组"下拉列表框中选择 Exchange Cluster Group 选项，然后单击"下一步"按钮，如图 4-74 所示。

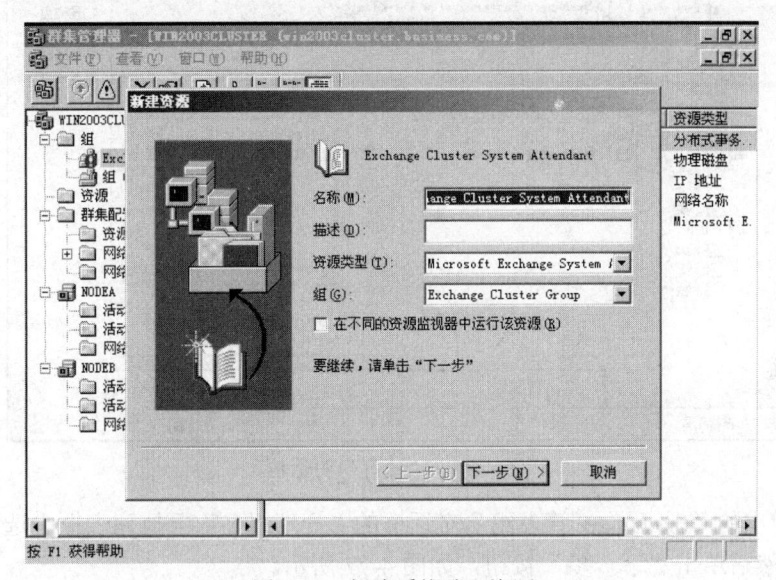

图 4-74 新建系统助理资源

（3）在"可能的所有者"对话框中，在"可能的所有者"列表框下，验证所有节点已列出，单击"下一步"按钮，如图 4-75 所示。

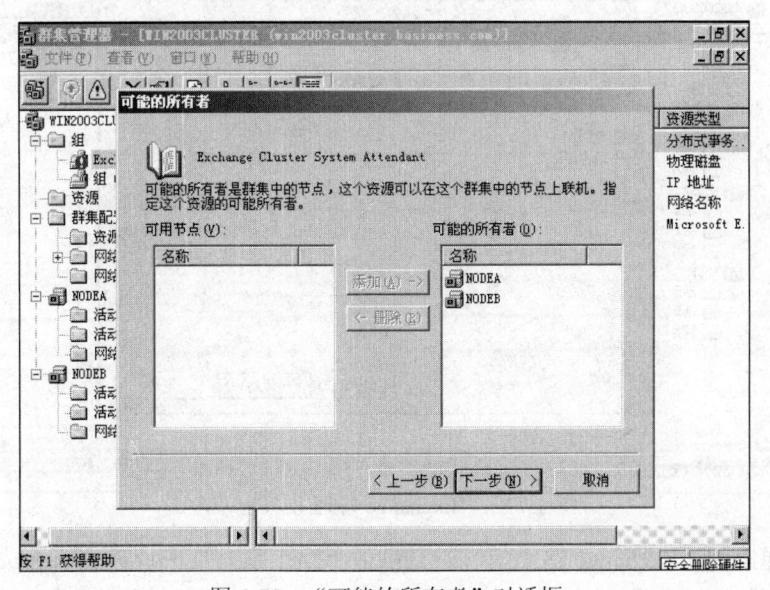

图 4-75 "可能的所有者"对话框

（4）在"依存"对话框的"可用资源"列表框中为该 Exchange 虚拟服务器选中 Exchange Cluster Network Name 和"磁盘 Q"资源，然后单击"添加"按钮和"下一步"按钮，如图 4-76 所示。

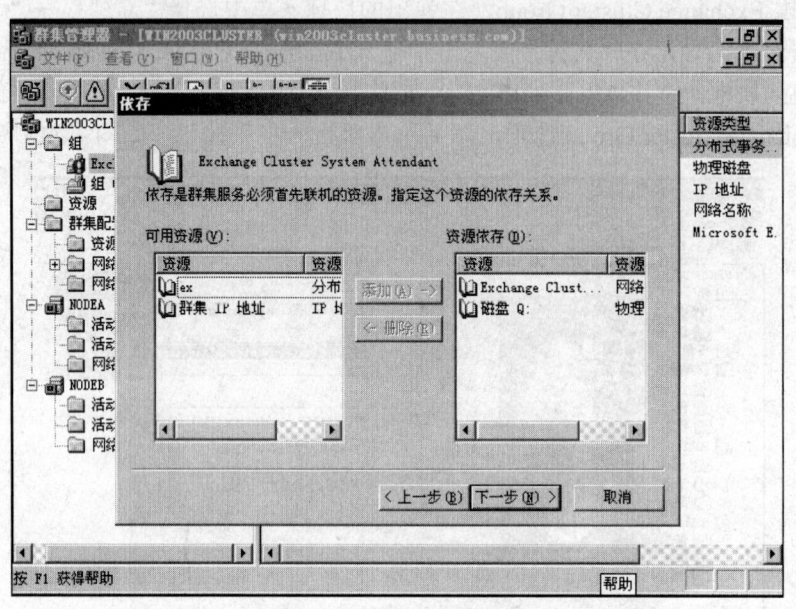

图 4-76　"依存"对话框

（5）在弹出的"Exchange 管理组"对话框的"管理组名"下拉列表框中选中"第一个管理组"选项，然后单击"下一步"按钮，如图 4-77 所示。

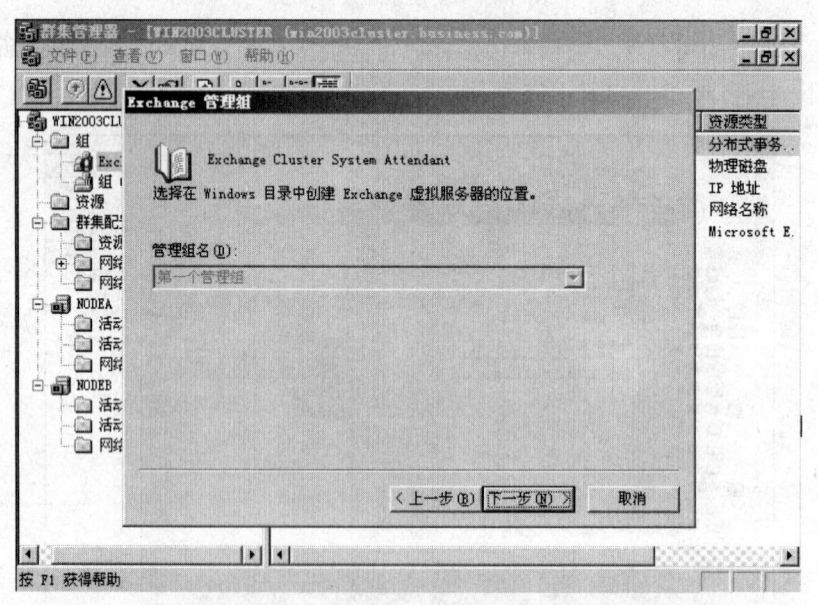

图 4-77　"Exchange 管理组"对话框

（6）在弹出的"Exchange 路由组"对话框的"路由组名"下拉列表框中选中"第一个管理组/第一个路由组"选项，然后单击"下一步"按钮，如图 4-78 所示。

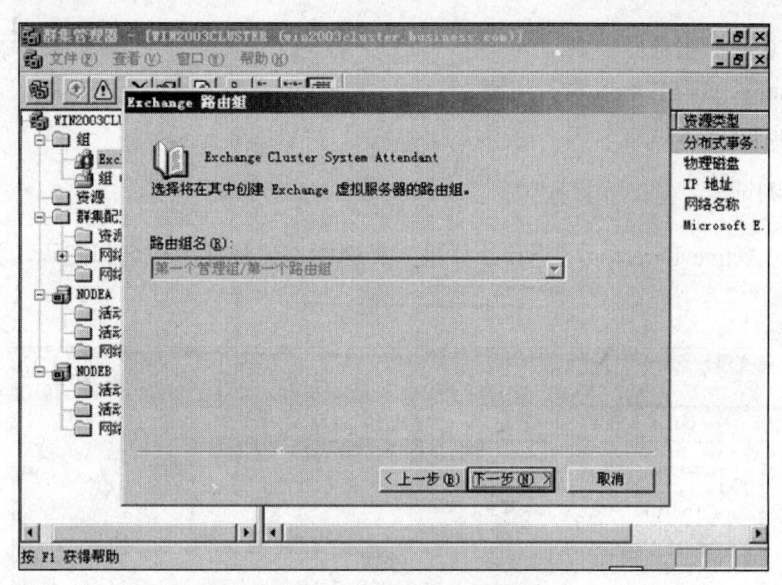

学习情境 4　高可用邮件服务器群集应用与管理——虚拟化 Exchange 邮件服务器群集实现

图 4-78　"Exchange 路由组"对话框

（7）在弹出的"数据目录"对话框的"输入数据目录路径"框中，验证数据目录位置在共享磁盘（本项目中为 Q 盘）；Exchange 将使用在该步骤中选中的驱动器来存储事务日志文件、默认公用存储文件和邮箱存储文件（pub1.edb、pub1.stm、priv1.edb 和 priv1.stm），单击"下一步"→"完成"→"确定"按钮，如图 4-79 所示。

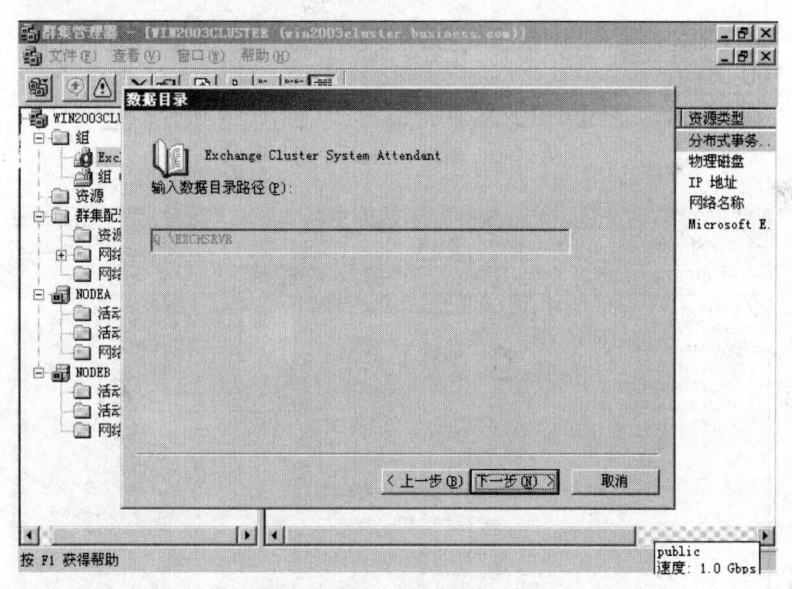

图 4-79　输入数据目录路径

（8）在成功创建 Exchange 系统助理资源之后，Exchange 系统助理将为 Exchange 群集虚拟服务器自动创建下列其他资源：
- Exchange 信息存储实例
- Exchange 邮件传输代理实例
- Exchange 路由服务实例

- SMTP 虚拟服务器实例
- Exchange HTTP 虚拟服务实例
- Exchange MS 搜索实例

4.6.10 测试

（1）在"Active Director 用户和计算机"界面中创建邮件用户名和密码，如图 4-80 和图 4-81 所示。

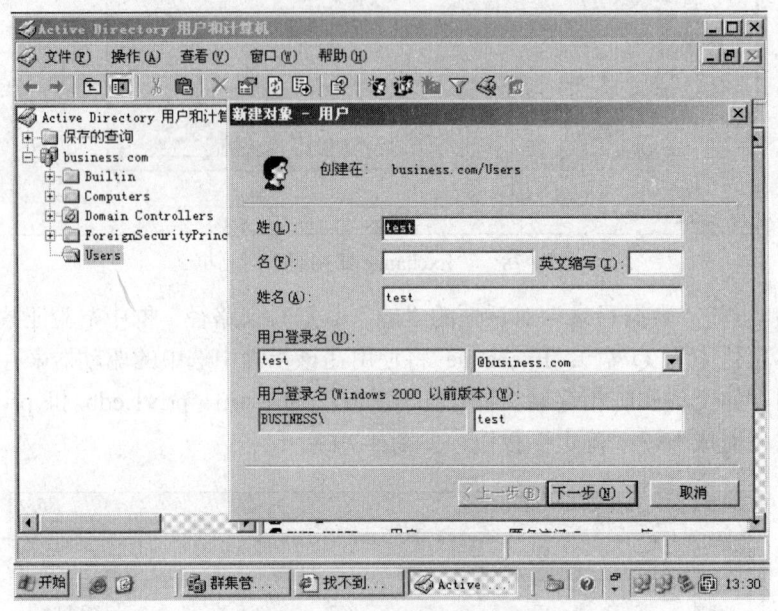

图 4-80　创建 Exchange 用户账号

图 4-81　创建 Exchange 用户密码

（2）停止群集节点 A，资源转移到节点 B，客户端访问群集仍能正常使用邮件服务器，如图 4-82 所示。

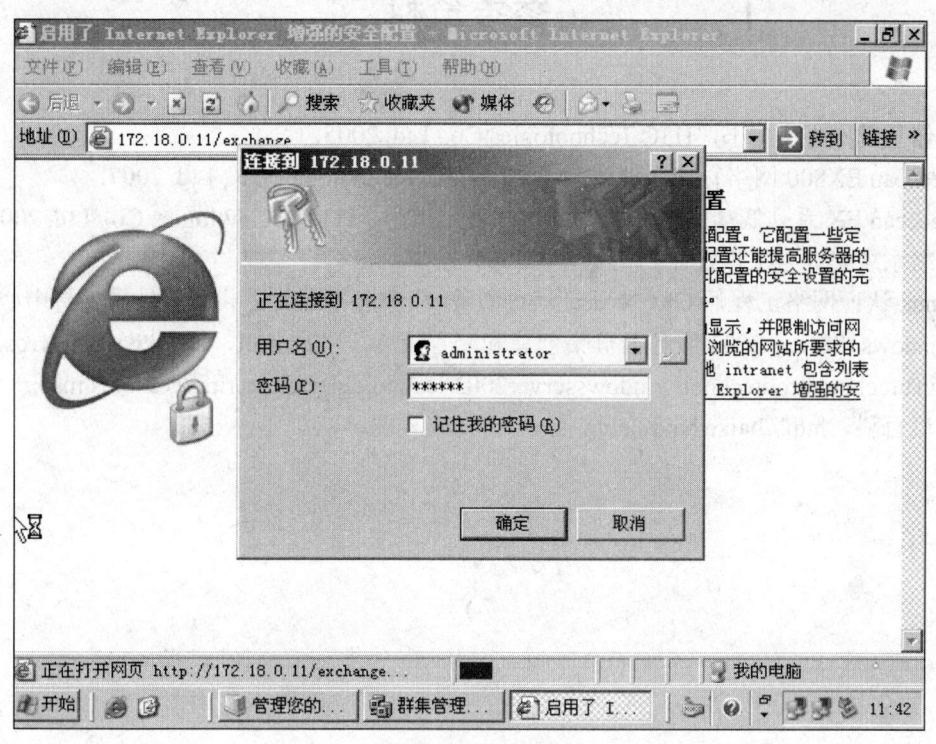

图 4-82　登录邮箱

4.7　思考与总结

该项目需求中的硬件要求较高，可根据教学条件调整，主要使用 VMware 虚拟化软件实现，使用的软件包括 Windows 2003 Server、VMware Workstation 7、Exchange 2000、Windows Clustering 和 DNS 等；涉及知识点包括刀片服务器、虚拟化软件、邮件服务器、服务器群集、共享存储和 AD 等。由于篇幅关系，实现过程不包含所有配置步骤，如 DNS、AD 等一些内容的配置过程只列举重要步骤。请结合本项目，思考以下问题：

1．如果企业要实现网页服务器 IIS 群集运行企业站点，请规划并实现该项目。
2．如果项目确定要使用 SAN 存储作为群集的共享磁盘系统，请设计实现方法。

参考资料

[1] 存储基础知识白皮书，H3C Technologies Co., Ltd, 2005.

[2] Neocean EX800 网络存储系统安装手册，H3C Technologies Co., Ltd, 2007.

[3] Neocean EX 系列低端网络存储系统软件使用指南，H3C Technologies Co., Ltd, 2007.

[4] 网络系统集成与工程设计，杨卫东，2005.

[5] Linux 认证网络工程师-GLCN 认证培训教程，广东省 Linux 公共服务技术支持中心，2010.

[6] Windows Server 2003 服务器群集创建和配置指南，Microsoft，http://www.microsoft.com/china/technet/prodtechnol/windowsserver2003/technologies/clustering/confclus.mspx.

[7] 百度百科，http://baike.baidu.com.